L'éveil de l'IA

aux frontières du virtuel

Éric Howsam

L'éveil de l'IA

aux frontières du virtuel

éditions Purestrat

Ce livre est une œuvre de fiction. Les personnages, les lieux et situations décrits dans ce livre sont imaginaires ou utilisés de manière fictive. Toute ressemblance avec des personnages, lieux ou événements réels est purement fortuite.

ISBN : 978 2487 160002 — 1re publication

Couverture : Delphine Darier / Visuel : cyberkinesis
Mise en page : Delphine Darier

www.editions.purestrat.fr

À ma famille,
À mes amis,

« La finance est le sang de l'économie, tandis que la Défense est le bouclier qui protège ses intérêts. »

Auteur inconnu
ChatGPT, le 11 août 2023

1

Fausses factures

1

À la veille de sa toute première journée de travail, Marc Primevort déambulait sur les Champs-Élysées, les yeux écarquillés devant la splendeur de la Ville Lumière. Cette avenue légendaire, était un véritable spectacle pour les sens, éveillant en lui un sentiment de fascination mêlé d'excitation.

Les boutiques de luxe bordant l'avenue étaient comme des joyaux étincelants dans la nuit parisienne. Les vitrines soigneusement agencées exhibaient des créations artistiques dignes d'un musée. Les étoffes chatoyantes des robes exposées semblaient vouloir raconter des histoires de rêves et d'élégance intemporelle. Les bijoux scintillaient avec beauté et opulence.

L'air était parfumé du mélange des odeurs provenant des pâtisseries renommées et des cafés animés qui bordaient l'avenue. L'odeur du café corsé se répandait dans l'air, mélangeant sa richesse avec la délicatesse des macarons multicolores qui garnissaient les étalages.

Les passants se croisaient dans un tourbillon incessant, une multitude de visages et de cultures s'entremêlant harmonieusement. Les rires enjoués des enfants qui couraient autour de leurs parents, les pleurs brefs d'un bébé contrarié et les éclats de voix de groupes d'amis échangeant des plaisanteries formaient un tableau sonore vivant.

Le regard de Marc fut attiré par une jeune femme d'une beauté saisissante. Elle portait une jupe légère qui virevoltait à chaque pas, accentuant sa silhouette élégante. Son sourire lumineux évoquait un charme naturel, une lueur dans ses yeux semblait refléter l'âme vibrante de la ville.

Son sourire rappelait à Marc celui de sa grand-mère. Ce sourire doux et bienveillant racontait les moments passés avec elle, quand elle lui racontait des histoires. C'était comme si une part de son passé avait trouvé un écho inattendu dans le présent, dans un visage qu'il ne connaissait ni d'Ève ni d'Adam.

Continuant sa promenade sur des Champs-Élysées, il ressentait un mélange d'émerveillement pour la ville et de réflexion profonde sur les mystères de la vie, Marc sentait que cette rencontre pouvait ajouter une nouvelle strate à son expérience. Bien que des défis et des incertitudes dans sa nouvelle carrière l'attendaient, il avait la conviction qu'il était prêt à les affronter avec une nouvelle perspective forgée lors de cette rencontre fortuite.

Main dans les poches, Marc Primevort remonta ainsi les Champs-Élysées d'un pas mesuré. Son esprit était en ébullition, encore imprégné de l'image de la jeune femme croisée plus tôt, tout en observant les passants qui se pressaient autour de lui.

En haut de l'avenue, son regard se posa sur l'Arc de Triomphe. Il l'avait contemplé maintes fois, mais ce soir-là, quelque chose était différent.

L'Arc de Triomphe se dressait en majesté, un monument qui avait vu passer les époques et les générations. Sa structure imposante défiait le temps même. Les détails de ses sculptures et de ses bas-reliefs racontaient des épopées de bravoure et de sacrifice du passé.

Pour la première fois, Marc regarda l'Arc de Triomphe à travers le prisme de sa propre vie. Il vit dans cette architecture une allégorie de sa future carrière, une représentation visuelle de ses ambitions et de ses rêves. La grandeur de l'Arc de Triomphe lui rappelait que chaque étape de son parcours serait une construction vers quelque chose de plus grand, un symbole de sa propre persévérance.

Marc resta là, au sommet des Champs-Élysées, pendant un court instant. Il ressentait déjà le poids des responsabilités futures, mais aussi l'excitation palpitante de l'inconnu.

Tout en souriant avec confiance, il redescendit tranquillement les Champs-Élysées, portant avec lui la force et l'inspiration puisées dans la symbolique du monument.

Toutefois Marc Primevort éprouvait une certaine appréhension. La perspective de son nouveau rôle d'analyste financier s'accompagnait d'un mélange complexe d'émotions. Les attentes qui pesaient sur lui étaient lourdes.

Les longues journées de travail deviendront rapidement la norme, souvent prolongées par des nuits blanches à décortiquer des données complexes et à élaborer des rapports détaillés. Les échéances pressantes et le stress constant ponctueront son rythme de vie auxquels s'ajoutera la peur que la moindre erreur d'interprétation puisse avoir des répercussions significatives pour la société qui l'employait.

Au fil du temps, Marc commencera à apprivoiser les rouages du travail d'analyste financier. Il acquerra une compréhension plus profonde de l'industrie, développera des compétences techniques pointues et gagnera en confiance dans ses analyses.

Lui qui était destiné à une autre voie.

Ses parents avaient espéré qu'il reprendrait l'entreprise familiale, une tradition qui se transmettait de génération en génération. Leurs attentes étaient fortes, nourries par le désir de préserver l'héritage familial et de garantir la continuité de l'entreprise.

Parfois les repas en famille étaient tendus. Les sujets de conversation autrefois légers et agréables étaient évités soigneusement. Les discussions sur l'avenir de l'entreprise familiale se transformaient en débats passionnés, chacun exprimant ses arguments avec ferveur. Les échanges se transformaient souvent en confrontations émotionnelles.

Marc avait mûrement réfléchi quant à son choix de carrière, pesant les avantages et les inconvénients avec soin. Il avait travaillé dur pour obtenir ses diplômes et était animé par une passion pour le monde de la finance. Cependant, ces éléments semblaient se heurter à un mur d'incompréhension de la part de ses parents, ce qui le peinait profondément.

L'idée de les décevoir le tourmentait.

Contrairement à ses parents, son frère aîné partageait sa décision. La conviction de Marc étant essentiellement de suivre ses passions et de tracer sa propre voie. D'autant que l'aîné de la famille avait déjà expérimenté les pressions et les attentes familiales. Il avait choisi, lui-même, de suivre son propre chemin, ce qui lui permettait de comprendre le choix de Marc.

La relation avec sa sœur était plus tendue. Ses études pour devenir pharmacienne dans l'industrie s'inscrivaient plus en harmonie avec les aspirations de leurs parents. Sa sœur ressentait une certaine frustration et peut-être même une pointe de jalousie envers Marc.

Malgré ces divergences, les liens du sang et les souvenirs partagés restaient plus forts.

Les réunions familiales, bien que parfois teintées d'ambivalence, étaient aussi des rappels puissants de l'amour qui les unissait. Au fur et à mesure que le temps passait, Marc espérait que le respect de ses choix deviendrait un pont pour un avenir plus harmonieux au sein de sa famille.

Paris était devenu sa vie, celle qu'il avait toujours désirée, loin de l'ombre imposante de l'usine familiale à Dieppe.

Ses années d'études avaient été la clé pour ouvrir cette nouvelle porte. Après des années d'efforts soutenus, de nuits passées dans les livres et à résoudre des équations, il avait finalement gagné sa place à HEC. Ces trois années d'études l'avaient préparé à faire face aux défis intellectuels, mais elles avaient également nourri sa détermination à créer son propre chemin, à sculpter sa propre destinée.

Les rues animées de Paris, les cafés et les places historiques étaient devenus le théâtre de sa propre renaissance. Chaque coin de rue offrait une nouvelle aventure, chaque monument portait avec lui une histoire à explorer. Il avait plongé tête la première dans le tourbillon de la ville, emporté par son énergie frénétique et sa diversité fascinante.

Il avait découvert une existence trépidante où chaque instant était une opportunité de grandir et d'apprendre. Les sacrifices qu'il avait consentis pour atteindre ce point semblaient infimes comparés à la passion et à l'excitation qui l'animaient.

Paris avait été son professeur, son compagnon de route et son inspiration constante. La capitale avait façonné sa vision du monde, avait élargi ses horizons et l'avait transformé en un homme prêt à affronter l'avenir avec audace et conviction.

Hier, la sonnerie du téléphone avait ramené Marc à la réalité. La voix de son père, âgé de 52 ans, avait traversé son téléphone, ramenant avec elle une vague de souvenirs et d'émotions complexes. Son père, bien qu'il n'ait pas poursuivi d'études, avait trouvé sa place dans l'entreprise en épousant la mère de Marc. Cette union l'avait conduit à exercer dans l'usine fondée par son beau-père, c'était ainsi que l'entreprise familiale avait été préservée et perpétuée. L'entreprise était en réalité issue de la vision entrepreneuriale de sa belle-famille.

Marc était admiratif de la capacité paternelle à maintenir l'entreprise prospère et à la diriger avec fermeté, reconnaissant ainsi les sacrifices et les efforts qui avaient été nécessaires pour maintenir cette tradition familiale.

Leur histoire commune, leurs liens familiaux et les souvenirs partagés formaient un lien profond. Bien qu'ils puissent avoir des opinions divergentes, il y avait un respect mutuel et une affection qui transcendaient tout.

Cette conversation téléphonique n'était qu'un rappel fugace de cette complexité. Alors que Marc reprenait sa marche à travers les rues de Paris, il se sentait redevable envers son père pour les valeurs qu'il lui avait inculquées, tout en étant déterminé à suivre sa propre voie. La dualité de cette situation continuait de le façonner, de l'inspirer et de le pousser à rechercher son propre triomphe, l'héritage familial l'ayant préparé à cette aventure.

La relation entre Marc et son grand-père maternel était une source de réconfort et de récits intergénérationnels qui avaient tissé un lien profond entre eux. Lorsque Marc était enfant, son aïeul était une figure imposante, un homme robuste et chaleureux qui semblait incarner l'essence de la sagesse et de l'expérience. Ils avaient partagé des moments précieux ensemble, des après-midi à explorer les bois environnants, à pêcher dans le lac voisin, et à échanger des histoires qui semblaient transcender les générations.

Les souvenirs d'avant, lorsque son aïeul était en pleine forme, illuminaient les recoins de son esprit. La voix chaleureuse et les éclats de rire de son grand-père résonnaient encore dans sa mémoire, lui rappelant des instants où le monde était plus simple et moins compliqué.

Au fil des ans, alors que la santé de son aïeul déclinait, leur relation avait évolué. Marc avait été témoin des changements subtils, des moments de confusion et de fragilité qui se glissaient doucement dans leurs habitudes.

Lorsque la maladie avait finalement pris le dessus, et que son grand-père était alité, Marc avait ressenti une profonde tristesse. Les visites à l'hôpital étaient empreintes d'une émotion complexe, une réalité qui contrastait avec les souvenirs heureux de leur passé. Cependant, même dans cette nouvelle phase de leur relation, le lien entre eux était demeuré intact.

Les discussions étaient peut-être moins animées, les rires moins fréquents, mais la présence de Marc apportait un réconfort indescriptible à son grand-père. Ils partageaient des moments de silence, une communication qui allait au-delà des mots, une présence qui était en elle-même un langage d'amour et de compréhension.

Les yeux fatigués de son grand-père s'illuminaient lorsque Marc entrait dans la chambre comme si sa simple présence avait le pouvoir de raviver des souvenirs heureux. Ses mains ridées cherchaient les siennes, un geste qui semblait transmettre une bénédiction silencieuse, un héritage de sagesse et d'affection qui transcendait le temps.

Marc se sentait privilégié d'avoir eu la chance de partager cette relation spéciale avec son grand-père.

Après avoir passé du temps à réfléchir et à se promener dans les rues de Paris, Marc se dirigea vers son appartement. Là-bas, il savait qu'Émilie l'attendait, plongée dans ses révisions pour un partiel. Émilie était sa petite amie, une femme dont il avait appris à admirer la persévérance et le dévouement à ses études. Elle était animée par une passion pour les mathématiques et aspirait à devenir professeur dans un lycée.

En ouvrant la porte de leur appartement, Marc fut enveloppé par la tranquillité qui y régnait. Les rayons du soleil filtrant à travers les rideaux dessinaient des ombres douces sur les murs. Émilie était assise à la table de la salle de séjour, son regard concentré sur un livre de mathématiques. Marc sentit un sourire s'étirer sur ses lèvres en la voyant plongée dans son travail.

— Salut, dit-il doucement en s'approchant d'elle.

Émilie leva les yeux, et son visage s'illumina à sa vue.

— Salut, chéri. Comment était ta promenade ?

Marc s'installa à côté d'elle et lui raconta en détail sa promenade à travers les rues de Paris, partageant ses pensées et ses observations. Émilie l'écoutait avec attention, posant parfois des questions qui montraient qu'elle était véritablement intéressée par ses paroles. Lorsqu'il eut terminé, elle lui sourit amoureusement.

— C'est magnifique. Paris a vraiment une façon unique de captiver les sens, dit-elle.

— Absolument, répondit Marc. Et toi, comment se passent les révisions ?

Émilie soupira légèrement tout en ajustant ses lunettes.

— C'est intense, mais j'aime vraiment ça. Les mathématiques sont tellement fascinantes, tu sais. J'ai hâte d'avoir fini les révisions.

Marc posa un regard admiratif sur Émilie.

— Tu es incroyable, tu sais ça ? dit-il doucement.

— Ta passion et ton travail acharné sont vraiment inspirants.

Émilie sourit modestement, un léger blush colorant ses joues.

— Merci, Marc. C'est gentil de dire ça.

Ils restèrent un moment à discuter, partageant leurs pensées et leurs projets. Malgré leurs chemins différents, ils trouvaient des points communs dans leur détermination à poursuivre leurs aspirations. La présence d'Émilie apportait un équilibre apaisant dans la vie trépidante de Marc, un rappel constant de l'importance de suivre ses rêves et de trouver du bonheur dans les choses simples.

Alors que le soleil se couchait doucement à l'horizon, enveloppant la pièce d'une lumière dorée, Marc réalisa à quel point il était chanceux d'avoir Émilie à ses côtés. Ils formaient une équipe, se soutenant mutuellement dans leurs quêtes respectives.

La soirée s'étendait devant eux, chargée de possibilités et de moments partagés.

L'appartement de Marc et Émilie était un havre de confort et de chaleur au cœur de la ville animée de Paris. Situé dans un quartier calme, l'immeuble en pierre abritait leur petit nid douillet au cinquième étage. Bien que l'espace ne soit pas vaste, chaque recoin avait été optimisé pour créer un environnement accueillant et fonctionnel.

Le salon, baigné dans une lumière douce filtrant à travers de grandes fenêtres, était meublé avec goût. Un canapé confortable, recouvert de coussins moelleux, invitait à la détente, tandis qu'une petite table basse accueillait des livres, des magazines et des souvenirs soigneusement disposés. Un tapis aux couleurs apaisantes délimitait l'espace, ajoutant une touche de chaleur au parquet.

La cuisine, bien que compacte, était équipée de tout le nécessaire. Les placards offraient un contraste avec les plans de travail en marbre, tandis que les étagères exposaient une collection de tasses colorées et de bols assortis. Une petite table pliante près de la fenêtre offrait un coin charmant pour les repas intimes.

La chambre était un sanctuaire de sérénité. Un lit de draps en lin doux invitait au repos, et un petit bureau près de la fenêtre permettait à Émilie de se plonger dans ses études. Des étagères accueillaient des livres, des cadres photo et des plantes vertes, ajoutant une touche personnelle à l'espace.

La salle de bains, bien que modeste, était équipée de manière moderne. Un carrelage blanc brillant recouvrait les murs, tandis qu'une baignoire profonde invitait à des moments de relaxation bien mérités. Des rangements discrets maintenaient l'ordre, un grand miroir encadré ajoutait de la luminosité à la pièce.

Des touches personnelles, des photos, des œuvres d'art et des souvenirs de leurs aventures ensemble ornaient les murs, créant un espace qui racontait leur histoire.

L'atmosphère dans l'appartement de Marc et Émilie était empreinte d'une douce quiétude alors que la soirée avançait doucement. Les lumières tamisées ajoutaient une touche de chaleur à l'espace, tandis qu'une mélodie apaisante jouait en arrière-plan. Assis sur le canapé, Marc feuilletait distraitement un livre, tandis qu'Émilie, les cheveux relevés en un chignon désordonné, était plongée dans ses cours de mathématiques. Ils partageaient ces instants, inconscients du bouleversement qui les attendait dans les jours à venir.

À l'extérieur, la ville poursuivait sa symphonie habituelle, les bruits de la vie nocturne flottant faiblement à travers les fenêtres entrebâillées. Les rues pavées étaient baignées d'une lueur douce, et les passants se pressaient en silence, perdus dans leurs pensées. Un voile d'insouciance et de tranquillité enveloppait l'environnement, tandis que l'avenir semblait se dérouler paisiblement.

Pourtant, un inconnu approchait silencieusement prêt à faire irruption dans leur vie. Les ombres de la nuit, des événements tragiques étaient en train de se concrétiser, des fils invisibles tissant un destin inattendu et sombre.

Leurs rêves, leurs espoirs et leurs projets semblaient suspendus dans un équilibre précaire, sur le point d'être bouleversés par une série d'événements inattendus. Les rires et les moments partagés semblaient se fondre dans l'obscurité de l'inconnu. Les conséquences de ce qui allait se produire étaient encore voilées, mais la tension était palpable, un frisson d'effroi les saisirait alors.

Marc et Émilie continuaient de vaquer à leurs activités, La fenêtre ouverte, les bruits des appartements voisins venaient ajouter à leur vie une touche d'animation feutrée.

À ce moment précis, alors que la nuit avançait et que le monde extérieur s'endormait dans son inconscience, le destin de Marc et Émilie se préparait à prendre une tournure que ni l'un ni l'autre n'aurait pu imaginer.

Leur avenir, jusqu'alors rempli de promesses prévisibles et programmées, allait être ébranlé par des forces incontrôlables les forçant à affronter des choix difficiles et à faire face à des réalités qu'ils n'auraient jamais imaginées. Surtout pour Marc.

2

La famille Lechine résidait à Rueil Malmaison, où élégance et raffinement se mêlaient harmonieusement au charme intemporel de l'architecture et à la verdure environnante. Le quartier était empreint d'une atmosphère tranquille, éloignée de l'agitation du centre-ville tout en offrant un accès facile aux commodités de la métropole.

Les rues étaient bordées d'arbres majestueux, le feuillage formait un dôme de verdure au-dessus des trottoirs. Les demeures qui longeaient ces rues respiraient l'histoire et le prestige. Les façades en pierre impeccablement entretenues faisaient ressortir des détails architecturaux élégants, des balcons en fer forgé aux fenêtres aux volets colorés.

Les jardins luxuriants qui entouraient les maisons ajoutaient une touche de sérénité à l'environnement. Des parterres de fleurs aménagés avec goût, des haies taillées avec précision et des allées ombragées créaient une ambiance paisible, propice à la détente en plein air.

Dans ce quartier se trouvaient aussi des boutiques haut de gamme, des cafés au charme suranné, des places pittoresques où les résidents se retrouvaient pour des échanges amicaux. Les rues étaient propres et bien entretenues, reflétant le souci du détail et le respect de la communauté.

L'environnement dans lequel vivait la famille Lechine était empreint de sophistication et de confort.

Dans cette banlieue bourgeoise, la famille Lechine s'était créé un foyer qui reflétait leur style de vie raffiné et leur engagement envers une qualité de vie supérieure.

La matriarche de la famille Lechine, directrice d'un magasin de vêtements chic à Paris, était une femme au caractère bien trempé et à la détermination inébranlable. Son magasin était une vitrine éclatante de goût et d'élégance, offrant une sélection de tenues raffinées et tendance. Elle possédait un sens inné de la mode, capable de dénicher les pièces les plus exquises pour satisfaire une clientèle fidèle et avertie.

Arborant une allure impeccable, la mère de famille était elle-même un modèle de style. Ses tenues étaient toujours parfaitement coordonnées, reflétant son sens professionnel du design et son souci du détail. Elle était à l'avant-garde des dernières tendances, pour allier les pièces classiques et créer une esthétique intemporelle et sophistiquée.

Bien que sa vie professionnelle exigeât d'elle beaucoup d'efforts, elle accordait une grande importance à l'épanouissement de ses enfants. Elle nourrissait des aspirations élevées pour leur avenir, les encourageant à se surpasser et à viser l'excellence dans leurs études. Son caractère affirmé et sa passion pour la réussite étaient une source d'inspiration pour ses enfants, qui admiraient sa capacité à gérer avec brio sa carrière tout en restant une figure maternelle aimante et présente.

L'aîné, âgé de 15 ans, était le parfait exemple d'un garçon bien rangé et élevé. Mais, derrière cette façade se cachait un véritable galopin en herbe. Son apparence calme et sa politesse pouvaient parfois tromper, masquant habilement son penchant pour l'aventure et l'exploration. Ses yeux pétillants trahissaient un esprit curieux et intrépide, toujours en quête de nouvelles découvertes.

La famille Lechine observait avec amusement les escapades de l'aîné, oscillant entre frustration et fascination. Son audace et sa détermination étaient à la fois déconcertantes et admirables, car il réussissait souvent à échapper à la vigilance des adultes. Toutefois, son charme et son innocence juvénile étaient ses meilleurs atouts pour adoucir les réprimandes qui pouvaient suivre ses frasques.

Malgré ses tendances espiègles, l'aîné était profondément attaché à sa famille. Il pouvait se montrer très protecteur envers sa sœur, et il n'hésitait pas à partager avec elle ses trouvailles et ses aventures. Son dynamisme apportait une énergie contagieuse à la maison, transformant souvent les moments du quotidien en expériences mémorables et amusantes.

La cadette, âgée de 12 ans, était une jeune fille remarquable, arborant des traits de caractère qui rappelaient étrangement ceux de son père. Son esprit vif, sa perspicacité et son sens de l'humour subtil étaient autant de qualités dont elle avait hérité de lui. Elle avait un penchant pour l'observation minutieuse du monde qui l'entourait, posant des questions pointues et défiant souvent les idées préconçues.

Malgré son jeune âge, la cadette avait déjà une conscience aiguë de sa propre beauté. Elle était consciente de l'effet qu'elle pouvait avoir sur les autres plus particulièrement sur la gent masculine. Elle avait confiance en elle et savait comment attirer l'attention même sans le vouloir.

Cependant, la cadette ne se laissait pas berner par les regards admiratifs qui lui étaient adressés. Elle avait une tête bien faite et était déterminée à poursuivre ses intérêts personnels. Elle aimait se plonger dans la lecture, se perdant dans des mondes imaginaires et absorbant des connaissances avec une soif insatiable. Sa curiosité intellectuelle n'était pas en reste, n'hésitant pas à remettre en question les normes et les idées reçues.

Ses interactions avec les garçons étaient souvent teintées d'une touche de taquinerie, signe de son assurance et de sa vivacité. Elle savait instinctivement comment manier les mots pour laisser une bonne impression, tout en préservant une distance émotionnelle. Sa relation avec son père était profonde, empreinte de complicité et de conversations enrichissantes qui reflétaient leur similitude d'esprit.

Elle avait un cœur généreux et aimait s'impliquer dans des causes qui lui tenaient à cœur, montrant ainsi un sens précoce de l'empathie et du dévouement envers les autres. Son désir de comprendre le monde et de se distinguer se mêlait à sa quête d'authenticité et de sens.

Elle incarnait une fusion unique de traits de caractère, captivant les autres avec son intelligence, sa beauté et son charisme. Alors qu'elle grandissait et s'épanouissait, il était évident qu'elle laisserait une empreinte indélébile dans le monde qui l'entourait, laissant derrière elle une aura magnétique qui ne manquerait pas de captiver les esprits et les cœurs.

Le père de famille était un homme d'une grande stabilité et d'un profond dévouement envers sa famille. Il vivait au cœur de ce foyer dynamique, apportant un équilibre serein à l'effervescence qui l'entourait. Sa présence était celle d'un pilier, un roc sur lequel les membres de la famille pouvaient s'appuyer en toute confiance.

D'une taille moyenne, doté d'un léger embonpoint, il avait une allure bienveillante et rassurante. Son visage arborait des traits marqués par l'expérience de la vie, et aussi par la bienveillance et la douceur. Ses yeux reflétaient une sagesse acquise au fil des années, témoins des joies et des défis qu'il traversait aux côtés de sa famille.

Son amour pour son travail était palpable. Il se consacrait avec diligence à sa carrière, apportant un engagement et une éthique de travail exemplaires à tout ce qu'il entreprenait. Son sens du devoir était incontestable, il prenait à cœur sa responsabilité de soutenir financièrement sa famille, leur offrant ainsi un niveau de vie confortable.

En tant que père, il était chaleureux et attentionné, prenant le temps d'écouter chacun de ses enfants et de participer activement à leur éducation. Leur relation était marquée par la complicité et la compréhension, et il était toujours prêt à les guider avec sagesse et à les soutenir dans leurs choix.

Sa relation avec sa femme était celle d'un partenariat solide et harmonieux. Tous les deux formaient une équipe, travaillant pour prendre soin de leur famille et bâtir un avenir meilleur. Son amour pour elle était évident, il la soutenait dans ses projets tout en partageant ses responsabilités familiales.

Malgré sa nature calme et discrète, le père pouvait aussi être le catalyseur de moments de joie et de rires. Il avait un sens de l'humour subtil et une façon unique de raconter des histoires qui faisaient rire tout le monde. Ces moments de détente étaient précieux.

Après cette description, nous pouvons donc nommer les membres de la famille Lechine comme suit :

La mère Delphine, directrice d'un magasin de vêtements chic à Paris, elle incarne l'élégance et la détermination tout en encourageant ses enfants à réussir à l'école.

Le père Laurent, un pilier de la famille, il apporte stabilité et amour tout en entretenant une relation solide avec sa femme Delphine et en prenant soin de sa famille.

L'aîné Kevin est un jeune homme au caractère espiègle et curieux, qui aime l'aventure et l'exploration, cachant habilement son côté malicieux derrière son apparence bien rangée.

La cadette Aurore est une jeune fille confiante et intelligente, consciente de sa beauté et de son charme, mais également déterminée à poursuivre ses intérêts personnels et à défier les idées préconçues.

Ensemble, ils forment une famille dynamique et équilibrée, où chaque membre apporte sa personnalité et contribue à créer un environnement où l'amour, l'harmonie et la volonté de réussir se côtoient avec grâce.

Toutes les familles ont leurs secrets, et la famille Lechine ne fait pas exception. Derrière leur apparence harmonieuse et bien rangée, des mystères et des vérités cachés dissimulent une touche de complexité en apparence idyllique à leur vie.

Les Lechine, malgré l'apparence, ne sont pas à l'abri de ces aspects plus obscurs de la vie, qui peuvent bouleverser l'équilibre qu'ils ont si soigneusement construit.

Les secrets peuvent prendre de nombreuses formes, qu'il s'agisse de choix passés, d'expériences personnelles ou de situations inattendues qui échappent au regard extérieur.

3

Depuis son appartement dans le quinzième arrondissement, Marc pouvait profiter d'une vue spectaculaire sur le lever du soleil, une expérience qui éveillait tous ses sens et donnait le ton à sa journée.

Aux premières lueurs de l'aube, le ciel prenait une palette de couleurs enchanteresse, allant des teintes d'or et de rose pâle aux nuances profondes de bleu indigo. Les rayons du soleil se frayant un chemin à travers les nuages créaient un spectacle magique, éclairant la ville et projetant des ombres douces sur les rues du quartier.

L'air était imprégné d'une fraîcheur vivifiante, caractéristique d'un début de journée. Une légère brise balayait les rues étroites, mêlant avec elle des notes de verdure et de fleurs se mélangeant à l'odeur de l'humidité matinale, créant une ambiance à la fois familière et inspirante.

Les premiers piétons, gobelets de café à la main, se dirigeaient vers leurs bureaux, dans un doux murmure de pas et de voix qui s'ajoutait à l'atmosphère urbaine. Les bruits de la vie quotidienne, les sonnettes des vélos, le brouhaha des conversations et le cliquetis des sacs réveillaient la vie dans les rues endormies.

Chez lui Marc humait l'odeur alléchante du café fraîchement préparé qui flottait dans l'air de la cuisine. Le gazouillis de l'eau qui bouillonnait et le crépitement de la cafetière y ajoutaient une musique de fond apaisante en ce début de journée.

Dans la chambre, la douce lueur du lever de soleil filtrait à travers les rideaux à moitié tirés. Émilie se tenait devant son miroir, en train de se préparer pour la journée. Ses gestes étaient gracieux et assurés, témoignant d'une routine bien établie qu'elle suivait avec précision.

Elle commença par brosser doucement ses cheveux, démêlant chaque mèche avec soin. Son reflet dans le miroir dévoilait une expression concentrée, presque méditative, alors qu'elle se perdait dans le mouvement de la brosse. Les rayons du soleil jouaient dans ses cheveux, illuminant les reflets dorés qui s'y cachaient.

Après en avoir terminé avec ses cheveux, Émilie se tourna vers sa commode, où une collection de bijoux soigneusement disposés attendait son choix. Elle choisit une paire de boucles d'oreilles étincelantes, ajoutant une touche d'élégance à sa tenue. Elle sélectionna un parfum qui correspondait à son humeur du jour.

Puis Émilie enfila ses vêtements. Aujourd'hui, elle porterait une robe légère aux couleurs vives, évoquant le dynamisme et l'énergie qui l'animaient. Une paire de chaussures confortables complétaient son apparence, lui permettant de se déplacer avec aisance tout au long de la journée.

Avant de quitter sa chambre, Émilie jeta un dernier coup d'œil à son reflet dans le miroir. En souriant, elle se dirigea vers la cuisine, prête à entamer sa journée.

Assis à la table de la cuisine, Marc fixait distraitement sa tasse de café, perdu dans ses pensées. L'excitation de son nouveau travail était mêlée d'une pointe d'appréhension, et il sentait une légère tension sur ses épaules. Émilie entra dans la cuisine, remarquant immédiatement l'expression préoccupée de son chéri.

— Bonjour mon amour, comment ça va ? chuchota Émilie à l'oreille de Marc en lui déposant un léger baiser.

— Bonjour ma chérie. Oui, ça va... enfin, je suppose. J'ai ma première journée de travail aujourd'hui, tu sais.

— Oh, je sais, ton nouveau boulot dans la finance. Tu es nerveux ?

— Un peu, oui. C'est un grand pas pour moi, et il y a tellement de choses à apprendre. J'ai l'impression d'avoir encore tout à découvrir, soupira Marc.

— Je peux comprendre ça. C'est comme moi et ces satanés partiels qui approchent. J'essaie de rester calme, mais c'est difficile de ne pas stresser, ajouta-t-elle, en buvant une gorgée de café.

— Les partiels ? Eh bien, je suppose qu'on a tous nos défis à relever. Tu as peur de ne pas bien te débrouiller ? fit Marc, esquissant un sourire.

— Oh, tu sais, la routine des révisions et des cours. C'est toujours un peu intimidant, surtout quand on sait à quel point ces partiels comptent, souligna Émilie.

— Oui, je comprends. Mais tu es tellement brillante et déterminée, tu vas assurer. Et puis, tu as toujours su te sortir de situations délicates, l'encouragea Marc.

— Merci, mon amour. Ça me rassure de te l'entendre dire. Et toi, je suis sûr que tu vas déchirer dans ton nouveau job. Tu as tellement travaillé pour en arriver là, sourit-elle.

— Oui, tu as raison. Il est temps de relever ce défi. Et qui sait, peut-être que je finirai par apprendre à gérer toutes mes responsabilités.

— Et peut-être que moi aussi, je réussirai à apprivoiser ces partiels. On se soutient mutuellement, d'accord ? compléta Émilie en prenant la main de Marc.

— Plus que jamais. À nos nouvelles aventures, ma chérie, clama Marc.

Malgré les défis qui les attendaient, ils savaient qu'ils pouvaient compter l'un sur l'autre pour traverser les hauts et les bas de la vie qui se présentaient à eux.

Ils se levèrent pour finaliser leurs préparatifs. Chacun ajusta sa tenue, vérifia une dernière fois ses affaires, puis se tourna vers l'autre avec des sourires attendris.

Émilie s'approcha doucement de Marc, laissant ses doigts effleurer sa cravate. Son regard était rempli d'affection alors qu'elle capturait son regard.

— Tu sais, j'adore quand tu portes cet après-rasage. Ton parfum est tellement envoûtant, murmura Émilie.

— Vraiment ? Je suis content que ça te plaise, sourit Marc.

Le cœur de Marc battait la chamade, comme à chaque fois qu'il était si près d'Émilie. Leurs regards se fixèrent, et le silence complice entre eux en disait bien plus long que des mots.

— Tu sais, même après trois ans, chaque baiser que tu me donnes fait toujours battre mon cœur plus fort, ajouta Émilie.

— Et moi, Émilie à chaque fois que nos lèvres se rencontrent, c'est comme si tout s'illuminait. C'est un sentiment indescriptible.

Leurs lèvres se rapprochèrent lentement, scellant leurs paroles par un baiser doux et passionné. Les yeux fermés, ils se laissèrent emporter par l'intensité de l'instant, unissant leurs sentiments et leur amour dans ce geste tendre et sincère.

Chacun pouvait lire l'amour et la connexion profonde dans les yeux de l'autre.

— Vas-y, mon amour. Cartonne dans ton nouveau travail.

— Toi aussi, ma chérie. Donne tout pour tes partiels.

Ils échangèrent un dernier sourire avant de se séparer, chacun se dirigeant vers ses responsabilités de la journée.

Marc descendit la rue pittoresque, son pas déterminé résonnant sur le trottoir encore humide. Les premières lueurs du matin baignaient les rues d'une couleur dorée, créant une atmosphère magique qui contrastait avec la réalité imminente de sa journée de travail. L'air était frais et vivifiant, caressant doucement son visage emportant avec lui les notes familières du quartier.

Les façades des bâtiments anciens semblaient observer avec bienveillance le jeune homme qui se frayait un chemin à travers ce paysage urbain emblématique. Les enseignes colorées des petits cafés et des boutiques d'artisanat dégageaient une énergie bienveillante.

Marc croisa les passants matinaux, des habitués du quartier qui le saluèrent d'un sourire amical.

En descendant la rue, il atteignit finalement la station de métro. L'escalier mécanique l'engloutit doucement, le séparant de la surface ensoleillée avant de le plonger dans l'obscurité temporaire. Les portes vitrées s'ouvrirent avec un sifflement familier, dévoilant le monde souterrain qui le mènerait vers sa destination.

Les wagons étaient remplis de visages anonymes, chacun plongé dans ses pensées, ses journaux ou ses appareils électroniques. Marc s'appuya contre la paroi du métro, laissant son regard errer sur les lumières qui défilaient rapidement. L'agitation du matin urbain se fondait dans une douce symphonie de bruits et de mouvements.

La station de la Défense se profilait bientôt à l'horizon, marquant la fin de son trajet souterrain. Il descendit du métro, retrouvant la lumière du jour alors qu'il émergeait dans ce quartier moderne et dynamique. Les gratte-ciel d'affaires se dressaient devant lui, témoignant de la puissance économique et de l'ambition qui caractérisaient l'endroit.

La Défense était un monde à part, un lieu où les enjeux financiers se traduisaient en architecture imposante et en vagues d'employés déterminés. Marc savait que sa propre contribution allait s'intégrer à cet environnement exigeant.

La rue de Paris, avec sa douce magie matinale, laissait place à l'aura imposant de La Défense, le tout formant un contraste symbolique qui reflétait les multiples facettes de la vie de Marc qui allaient se déployer entre ces deux mondes bien distincts.

4

La journée de Laurent Lechine avait débuté sur une note tendue. L'atmosphère dans la maison était pleine d'énergie, bien loin du temps où les matins étaient ponctués de rires et de bonne humeur autour de la table du petit-déjeuner.

Ce matin-là, Laurent avait remarqué que son épouse Delphine était de mauvaise humeur. Leurs échanges étaient réduits au minimum, les gestes les plus anodins étaient empreints d'une tension latente. Laurent se sentait étrangement désemparé devant ce changement d'ambiance soudain.

En embrassant ses enfants, Kevin et Aurore, il avait remarqué que leurs sourires d'antan semblaient s'être évaporés. Ils avaient prononcé leur « bonjour » du bout des lèvres, l'habituelle effervescence qui accompagnait les débuts de journée était étrangement absente. Leurs regards étaient fuyants, comme si chacun se retranchait derrière un mur invisible.

Laurent se rappela avec nostalgie les matins où toute la famille se réunissait autour de la table, partageant le petit-déjeuner en échangeant des histoires ponctuées de rires. Il repensait aux discussions animées, à des projets à venir et des moments de complicité qui paraissaient désormais lointains.

Laurent ressentait un mélange d'inquiétude et de tristesse face à ce changement subtil mais significatif.

Alors qu'il se préparait pour partir au travail, Laurent ne put s'empêcher de se demander ce qui avait pu causer ce changement d'ambiance. Était-ce le stress, les responsabilités professionnelles, ou peut-être quelque chose de plus personnel ? Les questions tourbillonnaient dans son esprit, ajoutant un poids supplémentaire à sa propre journée qui s'annonçait bien chargée.

Laurent jeta un dernier regard à sa famille. Résigné, il prit une profonde inspiration et sortit de la maison. Tout en se préparant mentalement à affronter sa journée de travail, il gardait un espoir ténu que le temps et l'effort pourraient restaurer l'harmonie au sein de sa famille.

Ce n'était pas là son unique préoccupation. Depuis quelques jours, voire avant les vacances d'août, une autre source de préoccupation occupait l'esprit de Laurent. Une découverte inattendue au bureau l'avait laissé perplexe et préoccupé.

Les jours avaient passé, l'ombre de cette découverte continuait de planer sur ses pensées. Il se demandait si ce qu'il avait appris pouvait être lié aux changements dans la dynamique familiale. Ses pensées alternaient entre responsabilités professionnelles et inquiétudes pour sa famille.

Laurent savait que s'il ne prenait pas de décision, cette préoccupation pourrait potentiellement s'accumuler et nuire davantage à sa paix intérieure.

Une chose était sûre : cette journée serait une étape supplémentaire dans sa tentative de jongler entre ces deux mondes et de trouver des réponses à ses préoccupations grandissantes.

Laurent Lechine avait entamé sa carrière chez Xonios en tant que trésorier junior, un poste qui marquait le début d'un itinéraire professionnel marqué par l'ambition, le travail acharné et la recherche constante de l'excellence. Dès le début, sa ténacité et son respect intransigeant des règles professionnelles avaient fait de lui une figure appréciée au sein de cette entreprise.

Armé d'une détermination de fer, il avait rapidement gravi les échelons, gagnant en responsabilités et en expérience au fil du temps. Il consacrait ses journées et ses nuits au monde complexe de la finance d'entreprise. Son engagement sans faille ne laissant que peu de place à d'autres moments de sa vie.

Il avait pris en charge la trésorerie de plusieurs filiales, se forgeant une réputation de professionnel chevronné et compétent. Son expertise dans la gestion des flux financiers et sa capacité à optimiser les ressources avaient été reconnues au sein de l'entreprise. C'était un homme qui, malgré les défis constants, avait réussi à naviguer avec succès à travers les rouages complexes du monde financier.

Son ascension avait atteint un premier apogée lorsqu'il avait obtenu le poste de directeur de la trésorerie de tout le groupe. Cette promotion majeure avait mis en lumière son talent pour la coordination et l'organisation, qualités essentielles pour gérer les flux financiers à grande échelle.

Cette réalisation remarquable avait attiré l'attention de la direction générale de l'époque. Laurent était désormais perçu comme un acteur clé dans le succès financier du groupe. Son influence grandissante lui avait valu le respect et l'admiration de ses collègues et de ses supérieurs. Cette ascension fulgurante et ses responsabilités croissantes avaient eu un coût personnel.

Il avait souvent laissé sa famille de côté, emporté par les défis professionnels qui se profilaient. Les longues heures de travail et les déplacements fréquents avaient créé un fossé entre lui et ses proches.

Aujourd'hui, en tant que directeur financier du groupe, Laurent Lechine occupait une position de pouvoir et d'influence. Il était devenu un pilier incontournable de l'entreprise.

Malgré son expérience et son expertise, Laurent allait se trouver confronté à un défi nouveau et stimulant : l'arrivée de jeunes talents dans l'entreprise. Ces nouveaux venus poussaient les limites de la compréhension, apportant des idées fraîches et une énergie débordante qui bousculaient parfois ses perspectives établies. Parfois, il était enthousiaste mais aussi un peu dépassé par ces nouvelles dynamiques.

Parmi ces jeunes talents, un individu en particulier attirait l'attention de Laurent : le responsable de la trésorerie au Portugal. Ce jeune homme, dynamique et passionné, avait réussi à capter son intérêt dès leur première rencontre. Laurent avait été intrigué par sa perspicacité, son attitude résolue et sa compréhension aiguisée des défis complexes liés aux achats internationaux.

Cette impression positive qu'avait ressentie Laurent fut assombrie par les dires de la directrice de la trésorerie qui l'avait alerté sur des mouvements suspects de trésorerie liés à certains achats de la filiale au Portugal. C'est là que ce jeune responsable entrait en jeu. Laurent avait rapidement relié les points, certain que ce nouveau venu pourrait détenir des informations cruciales permettant d'élucider ces mouvements financiers mystérieux.

Pendant que la directrice de la trésorerie enquêtait sur ces transactions douteuses, Laurent gardait un œil attentif sur ce responsable de la trésorerie. Le jeune homme était devenu une énigme, une affaire de plus à résoudre, un potentiel maillon important dans la chaîne des événements.

Pauline Fontaine, la directrice de la trésorerie, était une professionnelle accomplie au sein du groupe. Son expertise en matière de finance et sa capacité à identifier les moindres détails avaient fait d'elle une ressource inestimable dans la gestion des flux financiers complexes de l'entreprise.

En femme déterminée et méthodique, à l'œil vigilant, elle scrutait constamment les chiffres et les mouvements financiers. Sa réputation d'enquêtrice implacable dans les affaires financières la précédait.

Lorsqu'elle avait détecté les mouvements suspects de trésorerie liés aux achats au Portugal, elle avait immédiatement fait part de ses découvertes à Laurent Lechine.

Pauline était une femme d'action, elle avait rapidement déployé une équipe pour enquêter plus en profondeur sur ces mouvements financiers suspects. Elle avait établi des protocoles de suivi rigoureux, analysé les données méticuleusement et interrogé les parties impliquées, cherchant à comprendre chaque détail pour reconstituer l'image complète de ce qui se passait.

Leur collaboration était essentielle pour démêler le mystère de ces transactions douteuses. Leurs compétences complémentaires en matière de finance et d'administration, associées à l'expertise pointue dans le domaine de la trésorerie, formaient un duo redoutable dans la recherche de la vérité.

La présence du jeune responsable de la trésorerie au Portugal, qui avait été repérée par Pauline lors de ses investigations, attisait sa curiosité. Elle percevait en lui un élément clé de l'énigme, un individu qui pourrait potentiellement fournir des informations pour élucider les mouvements financiers louches.

Pauline restait discrète et méthodique dans sa démarche. Elle savait que sa quête de vérité ne devait pas être précipitée ni influencée par des préjugés. Sa priorité était de protéger les intérêts de l'entreprise tout en menant une enquête rigoureuse et impartiale.

La journée commençait à prendre son rythme, Pauline savait qu'elle avait encore du chemin à parcourir pour percer les mystères qui se cachaient derrière ces mouvements financiers.

Il ne faisait aucun doute que Laurent ne pouvait s'empêcher d'apprécier sa compétence et son sens aigu des affaires. C'était une admiration teintée d'une prudence délibérée, une frontière qu'il avait érigée pour maintenir l'intégrité de son rôle au sein de l'entreprise et ne pas éroder la confiance mutuelle si précieuse dans un environnement professionnel.

Au milieu de toutes ces considérations, Laurent se trouvait dans une situation délicate : il ne pouvait partager ces préoccupations, pas même avec son meilleur ami, Paul. Paul était un banquier à la réussite exceptionnelle. Sa réputation de séducteur notoire et de vie volage rendait toute confiance délicate. Il savait pertinemment que les affaires financières aussi bien que les affaires de cœur pouvaient se révéler fragiles, si elles étaient confiées à la mauvaise personne.

Laurent avait noué une amitié solide avec Paul au fil des années.

Il avait souvent observé Paul jongler entre sa carrière florissante et ses frasques sentimentales, même s'il appréciait leur amitié, il avait toujours gardé une certaine réserve. Les choix de vie de Paul contrastaient fortement avec la prudence et la retenue que Laurent s'efforçait de maintenir dans son propre parcours de vie professionnelle et personnelle.

Leurs voitures garées côte à côte dans le parking souterrain de l'entreprise, Pauline et Laurent se dirigèrent vers le hall d'entrée les conduisant à l'étage de leur bureau. Ils profitèrent de ce moment pour échanger des idées et des opinions sur la réunion à venir, qui était prévue pour le surlendemain, mercredi. Cette réunion revêtait une importance particulière, car elle visait à faire le point sur les sujets sensibles qui préoccupaient l'entreprise.

Laurent, le visage sérieux, exprimait ses points de vue avec sa caractéristique pondération. Pauline, à ses côtés, hochant la tête à intervalles réguliers, ajoutait ses commentaires pointus et ses observations aiguisées. Leur collaboration professionnelle était évidente.

Au cours de cette discussion animée, ils étaient conscients de la délicatesse du sujet des achats au Portugal. Ils avaient tacitement décidé de ne pas discuter de cette affaire en dehors des murs du bureau. Ils savaient que cette enquête nécessitait une prudence extrême, et toute allusion à ce sujet en dehors de l'environnement professionnel pourrait potentiellement compromettre leur démarche.

Ils prirent l'ascenseur.

Arrivés à leurs bureaux, chacun se plongea dans ses tâches, mettant de côté les zones d'ombre pour se concentrer sur les défis à relever. La réunion approchait et ils étaient déterminés à y apporter leur expertise et leurs compétences.

À mesure que les heures s'écoulaient, l'ombre des achats au Portugal continuait de planer en toile de fond, une préoccupation silencieuse qui les rappelait à l'énigme à résoudre.

5

Marc était familier du quartier des affaires de la Défense. Il avait souvent arpenté les couloirs des 4 Temps pour faire des achats ou avait donné rendez-vous à des amis pour déjeuner dans un des restaurants ou flâner sur la dalle. Les gratte-ciel majestueux, les boutiques branchées et les restaurants animés faisaient partie de son quotidien. Il avait même souvent vanté à ses amis sa connaissance approfondie du secteur.

Ce matin-là, alors qu'il descendait du métro à La Défense, il ressentit subitement un vertige désagréable. Une vague d'instabilité le submergea, lui faisant douter de ses mouvements. Perplexe, il se demanda ce qui pouvait bien causer cette sensation étrange dans un endroit qu'il connaissait si bien.

Marc s'efforça de reprendre le contrôle de lui-même. Il se souvint alors que cette journée marquait le début de son nouveau travail. L'excitation et l'appréhension mêlées concernant ses responsabilités à venir et les nouvelles personnes qu'il allait rencontrer pouvaient être à l'origine de son vertige. Se rappelant que les premières journées de travail étaient souvent accompagnées d'une certaine tension, même pour quelqu'un qui en avait l'habitude.

Marc s'assit sur un banc le long de la dalle. Il se concentra sur les détails familiers qui l'entouraient : les enseignes des magasins, l'odeur des cafés et les conversations des passants. Petit à petit, son vertige commença à s'estomper.

Souvent Marc avait été captivé par les récits de son grand-père paternel, un passionné d'architecture moderne bien qu'il habitât en province. À travers ses histoires, Marc avait pu découvrir l'incroyable transformation de l'ouest parisien, un processus auquel son grand-père était resté attentif bien qu'il n'ait jamais eu l'occasion de s'y rendre. Son aïeul avait suivi, avec un vif intérêt, à travers des articles et des reportages à la radio et à la télévision, chaque étape de cette transformation.

Son grand-père lui avait décrit à maintes reprises comment, il y a un demi-siècle, l'actuel quartier d'affaires de La Défense était un véritable bidonville. Les ruelles étaient bordées de petites maisons modestes, et l'atmosphère qui y régnait était imprégnée de pauvreté, mais aussi d'une vitalité et d'une diversité qui lui étaient propres.

Les histoires de ruse et de solidarité parmi les résidents laissaient entrevoir une communauté forte, malgré une vie difficile.

Son grand-père lui avait expliqué comment les choses avaient commencé à changer après la Seconde Guerre mondiale. L'urbanisation avait progressivement gagné du terrain, et les vieux bâtiments avaient cédé la place à une nouvelle ère de modernité et de développement. Des architectes visionnaires avaient conçu des plans audacieux pour créer ce quartier d'affaires impressionnant, qui rayonnerait hors des frontières de France.

Marc, en véritable passionné d'architecture moderne, avait également passé de nombreuses heures à lire et à se documenter sur la transformation sur de La Défense. Il pouvait décrire l'évolution de ce quartier emblématique, passé de ses modestes origines à un centre d'affaires moderne et animé. Les années 1950 et 1960 avaient vu l'émergence de bâtiments modernes et de gratte-ciel, changeant complètement le paysage. Il connaissait les noms des architectes et des entreprises qui avaient contribué à ériger ce quartier. Les immeubles emblématiques, tels que la Grande Arche, la tour TotalEnergies et bien d'autres, n'avaient plus de secrets pour lui.

Marc savait que La Défense ne se limitait pas à ses imposantes structures en acier et en verre. Des espaces publics, des parcs, des lieux de rencontre et des installations culturelles avaient été progressivement intégrés dans la conception du quartier.

Comme Rastignac, le protagoniste du roman « Le Père Goriot » de Balzac, il admirait la vue imprenable de Paris à partir de la dalle de La Défense. Il était tiraillé entre ses aspirations et la réalité de la société parisienne. La fierté d'être témoin de l'histoire en marche, de se tenir au cœur de l'activité économique et culturelle faisait naître en lui un sentiment d'émotion, se mêlant à une réflexion sur son propre parcours et ses aspirations.

Le vent soufflait doucement, faisant flotter ses mèches de cheveux. Les nuances de lumière et d'ombre jouaient sur les façades des bâtiments.

Tout comme le personnage de Balzac, Marc se tenait là, en observateur du temps qui passe, absorbant l'essence de la ville.

Il était admiratif, rempli d'humilité, reconnaissant l'héritage du passé tout en se tournant vers l'avenir avec espoir et détermination, tout comme Rastignac face à la capitale qui s'offrait à lui comme dans les pages du roman intemporel.

Marc avait une mentalité bien différente de celle de Rastignac. Son esprit était plus en phase avec celui de d'Artagnan, prêt à se lancer dans de nouvelles aventures, à relever des défis et à servir avec loyauté et bravoure. Cette comparaison peut sembler audacieuse, voire téméraire, mais elle reflète sa détermination et sa volonté de se frayer un chemin dans le monde professionnel.

Comme d'Artagnan défendait ses idéaux et s'alliait avec les mousquetaires pour protéger la couronne, Marc était prêt à se joindre à une nouvelle équipe, à collaborer avec ses collègues et à apporter sa contribution pour atteindre les objectifs de l'entreprise. Son approche dynamique et son esprit d'équipe le préparaient à relever les défis avec le même enthousiasme que le célèbre mousquetaire de la littérature.

C'est avec la devise des Trois Mousquetaires à l'esprit que Marc regarda la tour abritant les bureaux de la nouvelle entreprise qui l'avait embauché. « Un pour tous, et tous pour un » résonnait dans sa tête, rappelant l'importance de l'unité, du soutien mutuel et du travail d'équipe.

Il entra dans la tour. Marc savait que cette nouvelle étape de sa carrière lui apporterait des défis et des moments difficiles, il allait les affronter avec la détermination d'un mousquetaire. Tels Athos, Porthos, Aramis et d'Artagnan, il était prêt à plonger dans l'inconnu, à servir avec loyauté et à se battre pour atteindre ses objectifs.

Il entra d'un pas confiant dans le hall de la tour. L'atmosphère des lieux vibrait avec l'énergie de nouvelles opportunités.

6

Loin de là, les eaux de la Méditerranée scintillaient sous les doux rayons du soleil matinal. Un voilier glissait sur les flots tranquilles au large des îles grecques. La brise légère caressait les voiles blanches, propulsant le navire dans une danse fluide.

Le bateau avançait, la mer aux teintes éclatantes bleu et turquoise fusionnait harmonieusement avec le ciel sans aucun nuage. Le doux clapotis des vagues contre la coque agrémentait le tout d'une mélodie apaisante. L'équipage profitait de ce moment de sérénité.

L'air était empreint de la fraîcheur de l'eau salée. Une partie de l'équipage vaquait aux tâches inhérentes, avec habileté, nettoyant le pont, astiquant les mains courantes ajustant les voiles, surveillant la navigation en s'assurant que tout se déroulait en douceur.

Le voilier poursuivait sa course, les contours des îles grecques se profilaient à l'horizon, offrant une jolie toile de fond à cette scène idyllique. La promesse d'aventures, d'explorations et de découvertes flottait dans l'air, envoûtant chaque instant de cette matinée paisible en mer.

L'intérieur révélait un confort et un raffinement luxueux. Le poste de pilotage parfaitement agencé, une ingénierie rationnelle reflétée par des écrans facilitaient la navigation. Les boiseries d'acajou, les meubles de rangement judicieusement disposés contribuaient à une ambiance chaleureuse et douillette.

Dans le salon, les banquettes de coussins moelleux à souhait invitaient à la détente. Des étagères regorgeaient de cartes, de livres, d'objets de marine. Une table en bois massif trônait au centre.

De fins rideaux filtrant la lumière tout en laissant la vue sur l'eau, des lits très confortables et une salle de bains aux accessoires rutilants offraient aux cabines un monde de sérénité.

Le voilier incarnait l'harmonie entre la tradition et la modernité, le confort et l'aventure.

Jean de la Motte, le propriétaire du bateau qu'il aimait par-dessus tout, était assis à la table de sa cabine. Le soleil projetant doucement ses rayons à travers les hublots, éclairant l'intérieur de la cabine d'une lumière dorée.

Le petit-déjeuner simple mais délicieux était soigneusement disposé devant lui. Un verre de jus de fruits frais dont les couleurs chatoyaient dans la lumière, une corbeille de pain frais et croustillant à sa portée. Ainsi que des pots de confiture artisanale aux saveurs alléchantes. Un fruit de saison, gorgé de couleurs et de saveurs, complétait ces agapes matinales.

La quiétude du moment était une parenthèse bienvenue dans sa vie, une occasion de se connecter à la mer et à l'esprit apaisant de la navigation.

À travers le hublot, il percevait une partie bien modeste du monde en constante évolution, tandis qu'il se perdait dans ses propres pensées, le verre de jus de fruits à la main. C'était un moment de paix et de réflexion, un instant de communion avec la nature et avec lui-même.

Jean avait revêtu une chemise légère et un pantalon confortable.

Malgré une apparente tranquillité, Jean de la Motte, P.-D.G. de la puissante multinationale Xonios, n'était jamais vraiment en congé. Chaque jour, son engagement envers son entreprise commençait tôt, bien avant le lever du soleil. Le voilier voguait sur les eaux calmes, Jean était plongé dans ses responsabilités professionnelles.

Son petit-déjeuner terminé, il regardait le tableau de bord soigneusement préparé, affichant les cinq ratios importants qu'il surveillait de près pour évaluer la santé financière et opérationnelle de Xonios. Ses yeux se déplaçaient méthodiquement d'un chiffre à l'autre, analysant les tendances, évaluant les performances et anticipant les défis à venir.

Les ratios représentaient un éventail de métriques clés, allant de la rentabilité à l'efficacité opérationnelle, en passant par la liquidité et la solvabilité. Chacun de ces indicateurs offrait un aperçu essentiel de la dynamique complexe de l'entreprise à l'échelle mondiale.

Dans ce moment intime de réflexion matinale, l'esprit de Jean était loin du calme apparent du voilier. Il naviguait plutôt dans les eaux agitées des décisions d'affaires stratégiques, des négociations complexes et des défis de gestion qui caractérisaient le monde exigeant de la direction d'une multinationale.

Son sens aigu de la responsabilité et sa détermination à maintenir la réussite de l'entreprise l'avaient amené à adopter cette routine quotidienne rigoureuse. Chaque chiffre, chaque pourcentage revêtait une signification, car ils représentaient les résultats tangibles du travail de ses équipes et de sa propre vision stratégique.

Grâce à l'avènement d'Internet et aux technologies de communication avancées telles que la téléphonie cryptée et les conférences téléphoniques, Jean avait la capacité de diriger son entreprise depuis n'importe quel coin du globe. La distance géographique n'était plus un obstacle majeur à une gestion efficace.

La téléphonie cryptée garantissait la confidentialité de ses communications, protégeant les informations sensibles de l'entreprise d'oreilles indiscrètes. Les conférences Internet, quant à elles, lui permettaient de diriger des réunions virtuelles avec ses collaborateurs, qu'ils soient au siège ou dispersés aux quatre coins du monde. Ces réunions virtuelles étaient l'occasion d'échanger des idées, de discuter des défis en cours et de planifier les prochaines étapes, comme s'ils étaient réunis physiquement dans la même pièce.

Cependant, malgré cette capacité à manager à distance, Jean savait qu'il était important de trouver un équilibre entre ses responsabilités professionnelles et sa vie personnelle.

La suggestion de prendre quelques jours de congé avait été fortement encouragée par sa femme, qui avait envisagé l'importance de cette pause. Alors que la direction générale et les employés de Xonios reprenaient leurs activités après quelques semaines de congé, elle avait insisté sur l'importance de ralentir et de profiter d'un temps de repos bien mérité.

Jean en avait reconnu le besoin. Bien qu'il soit profondément engagé dans la réussite de l'entreprise, il avait admis que prendre du recul était essentiel pour maintenir sa propre efficacité à long terme.

Sa femme avait mis en avant l'importance de la santé mentale et de la qualité de vie, lui rappelant qu'il fallait aussi prendre soin de soi. Elle comprenait les exigences de son rôle et reconnaissait la pression constante qui pesait sur lui en tant que P.-D.G.. C'était un appel à la fois doux et ferme à ralentir, à apprécier le moment présent et à reconnecter avec les aspects essentiels de la vie.

Finalement, il avait accepté la sagesse de sa femme et avait choisi de profiter de cette opportunité. À bord de son voilier, il avait trouvé calme et réflexion.

À 62 ans, Jean avait consacré trois décennies de sa vie au travail, travaillant sans relâche jour et nuit pour faire prospérer les entreprises qu'il avait dirigées. Son parcours avec Xonios avait commencé il y a de nombreuses années, lorsqu'il avait rejoint l'entreprise en tant que directeur financier. Depuis, il avait contribué de manière inestimable à l'essor de Xonios, guidé par une passion profonde et une détermination sans faille.

Son engagement et son dévouement avaient été une force motrice pour l'entreprise, aidant à élever Xonios au rang de multinationale prospère. Grâce à sa capacité à prendre des décisions audacieuses, il avait su insuffler une nouvelle énergie dans tous les aspects des opérations de l'entreprise.

Les actionnaires de Xonios avaient été des partenaires constants. Leur soutien indéfectible et leur confiance en ses choix avaient joué un rôle crucial dans la réalisation des objectifs ambitieux de l'entreprise. Ils avaient reconnu sa détermination à créer de la valeur, à innover et à maintenir une approche responsable envers les parties prenantes.

Chaque décision, chaque stratégie et chaque sacrifice qu'il avait fait au fil des années étaient des investissements dans le succès de Xonios. Jean avait travaillé sans relâche pour renforcer les bases de l'entreprise, en développant des relations commerciales solides en Asie et en élargissant son influence à l'échelle mondiale.

Alors qu'il savourait ces moments de repos bien mérités sur son voilier, il pouvait regarder avec fierté le chemin parcouru. L'histoire de Xonios était en partie la sienne, une histoire de dévouement, de persévérance et de succès. Bien qu'il puisse profiter d'un court répit, il n'y avait aucun doute que son esprit d'entreprise et son engagement continueraient à guider l'entreprise vers de nouveaux horizons passionnants.

Géraldine, Madame de la Motte, fit une apparition élégante sur le pont du voilier, sur lequel Jean se trouvait, après son petit-déjeuner. En maillot de bain, sa tenue laissait deviner une grâce et une beauté qui semblaient défier le temps. À 55 ans, elle rayonnait d'une confiance et d'une vitalité qui ne faisaient aucun doute. Les nuances pastel de son maillot s'harmonisaient avec les couleurs naturelles de l'environnement, créant une image qui semblait sortie d'un tableau.

Ses cheveux ondulés, balayés par le vent, encadraient délicatement son visage, mettant en valeur un sourire chaleureux qui invitait à la tendresse et à la complicité. Ses yeux pétillaient d'une lueur malicieuse, témoins de l'affection partagée entre elle et Jean.

La présence de Géraldine ajoutait une dimension supplémentaire à cette scène paisible.

Jean leva les yeux, ses yeux s'illuminant d'amour et de reconnaissance. Leurs regards se croisèrent.

Ils se tenaient côte à côte sur le pont, le temps semblait suspendu, permettant à ces deux âmes complices de savourer l'instant présent, la beauté de la mer et le sentiment profond d'être connectés l'un à l'autre, en harmonie avec le monde qui les entourait.

Alors que de nombreux grands capitaines d'industrie étaient aux prises avec des divorces tumultueux ou entretenaient des relations extraconjugales, Jean avait toujours été fidèle à Géraldine. Leur union avait résisté aux épreuves du temps, traversant des moments de joie et de difficultés.

Géraldine, à son tour, était un soutien constant pour Jean. Elle avait été présente à ses côtés à chaque étape de son parcours professionnel, apportant son soutien moral et émotionnel lors des moments difficiles, partageant les joies des victoires. Sa présence calme et réconfortante avait été une source d'inspiration pour Jean, l'encourageant à persévérer et à garder le cap.

Leur relation était basée sur la confiance, la compréhension mutuelle et un respect profond l'un pour l'autre. Ils avaient traversé les tempêtes de la vie ensemble, solidifiant ainsi leur lien. Alors que le voilier glissait doucement sur les eaux calmes, le couple se tenait côte à côte, un exemple vivant de l'amour et du soutien inconditionnels qui les avaient guidés tout au long de leur parcours commun.

Cette histoire d'amour durable et sincère était une preuve vivante que, malgré les pressions et les défis du monde des affaires, il était possible de préserver un lien fort et authentique avec la personne qui comptait le plus. Jean et Géraldine incarnaient l'idée que le véritable succès ne se limitait pas aux réussites professionnelles, mais était également ancré dans les liens familiaux solides et les relations profondes qui enrichissaient leur vie.

— Chérie, j'ai planifié notre journée pour que nous puissions profiter au maximum de notre temps ici à Santorin, expliqua-t-il.

— À onze heures, j'ai un appel avec Laurent, le directeur financier. Nous allons discuter de quelques sujets financiers importants pour l'entreprise.

Géraldine hocha la tête avec compréhension.

— Bien sûr, Jean. Les affaires ne prennent jamais vraiment de pause, n'est-ce pas ?

Jean sourit légèrement.

— Mais ne t'inquiète pas, ça ne prendra pas trop de temps. À quatorze heures, j'ai un appel prévu avec Mireille. Tu te souviens d'elle, mon assistante de direction chez Xonios ? Nous allons travailler ensemble sur les dossiers à préparer pour la rentrée.

Géraldine sourit en retour.

— Ah, Mireille. Elle a toujours été une présence formidable dans ta vie professionnelle.

Jean acquiesça.

— Absolument. C'est une personne de grande valeur, avec une détermination et un caractère exceptionnel. Elle m'a toujours soutenu et je lui fais entièrement confiance.

Géraldine posa doucement sa main sur celle de Jean.

— Je sais que les affaires sont importantes, mon amour. Prends le temps dont tu as besoin pour ces appels, et après, nous pourrons explorer Santorin ensemble.

Jean lui adressa un regard reconnaissant.

— Géraldine, je suis vraiment reconnaissant d'avoir ton soutien et ta compréhension. Nous allons profiter de cette journée magnifique, peu importe ce que l'agenda nous réserve.

Ils se sourirent mutuellement, leurs cœurs se connectant au-delà des responsabilités professionnelles. Alors que le voilier continuait de glisser doucement sur les eaux bleues, ils savaient que chaque moment partagé était précieux, que ce soit pour les affaires ou pour les plaisirs simples de la vie.

Jean descendit dans la cabine pour prendre sa douche, tandis que Géraldine resta sur le pont, perdue elle aussi, dans ses pensées. Elle observa son mari s'éloigner, une légère inquiétude voilant son regard. Malgré la sérénité apparente de ce moment, elle sentait qu'il y avait quelque chose qui échappait à son attention.

Les vagues douces continuaient de bercer le voilier, l'agitation intérieure de Géraldine se reflétait dans le tapotement de ses doigts autour de son verre de jus de fruit. Elle se demanda si Jean lui cachait quelque chose, si des préoccupations professionnelles ou personnelles le tourmentaient.

Son esprit se mit à vagabonder, émettant différentes possibilités.

Géraldine savait que la communication était essentielle dans un couple, mais pour l'instant, elle décida de ne pas insister. Elle se promit qu'à leur retour à Paris, elle aborderait le sujet avec Jean. En attendant, elle préférait profiter de moments ensemble, s'immerger dans la beauté de l'instant présent et laisser les préoccupations se dissiper au gré des vagues.

Elle sourit en repensant à leurs discussions passionnées sur les livres et les histoires. Pendant des années, ils avaient partagé des moments où les mondes fictifs se mêlaient à la réalité, discutant des personnages, des intrigues et des idées qui prenaient vie dans les pages des livres qu'ils représentaient.

Elle se leva lentement de son transat, sentant le soleil réchauffer sa peau. La mer lui murmurait de profiter de l'instant présent, de la beauté qui l'entourait et de la compagnie de son mari. Elle décida de faire confiance à son intuition.

7

Au sein de l'antre financier de Xonios, la journée s'épanouit en un tableau vivant, vibrant au rythme des talents multiples qui y convergent. Telles les abeilles infatigables d'une ruche, une myriade d'âmes spécialisées s'affairent en harmonie semblable à une chorégraphie, dédiant leur expérience à tisser les fils délicats de la prospérité.

Les comptables, gardiens des chiffres et des détails infimes, manient la plume avec une précision chirurgicale. Chaque transaction est capturée, chaque flux financier délicatement consigné. Leurs doigts agiles tracent les lignes invisibles qui composent l'histoire fidèle des échanges monétaires, tissant les pages du grand livre de l'entreprise.

Les trésoriers, gardiens des trésors liquides jonglent avec les perles de la liquidité, veillant à ce que les caisses ne tarissent point. Leurs calculs éclairés guident les décisions financières, une mélodie invisible qui assure que chaque note monétaire trouve sa place dans la symphonie financière.

Les contrôleurs de gestion, des alchimistes modernes, transforment les données brutes en sagesse d'entreprise. Ils scrutent les chiffres avec une acuité magique, révélant les secrets cachés dans les méandres des rapports financiers. Leurs analyses éclairent le chemin à suivre, guidant les dirigeants dans leur compréhension.

Ensemble, tels des artistes au sein d'un atelier de création financière, ces employés fusionnent leurs compétences. Ils tissent la trame complexe qui soutient la santé financière de Xonios.

Laurent compare son service à un ballet, où chaque membre de son équipe est un musicien virtuose, jouant son propre instrument avec une passion envoûtante.

Dans cette symphonie financière, Pauline, la directrice de la trésorerie, joue les notes puissantes du violoncelle, donnant à la mélodie une base stable. Ses mouvements gracieux imprègnent chaque instant de la danse financière d'une constance relaxante.

Mario, tel un pianiste virtuose, caresse les touches de ses analyses avec une précision extrême. Ses doigts agiles parcourent le clavier des chiffres, révélant des informations issues de données brutes.

Martina, la directrice de la comptabilité, danse avec la légèreté d'une flûte enchantée, évoquant des sons clairs et cristallins. Son expertise enregistre chaque nuance et chaque détail, tissant une trame harmonieuse dans la partition financière.

Laurent, le chef d'orchestre, manie la baguette avec grâce. Il ne joue peut-être pas d'un instrument spécifique, son oreille attentive saisit les subtilités de chaque note, guidant l'ensemble avec une vision claire et compréhensive.

Ce 4 septembre, une nouvelle étoile a rejoint la constellation de l'orchestre financier. L'arrivée de Marc, jeune trésorier prometteur, a été accueillie avec une lueur d'anticipation et d'excitation. Les rencontres précédentes, en particulier l'entretien d'embauche final, avaient laissé une curiosité dans l'esprit de Marc. Les frissons de l'inconnu parcouraient en secret son âme.

Marc avait conquis les cœurs par sa franchise rafraîchissante. Ses paroles étaient un torrent de sincérité, déversant des réponses éclairées à chacune des questions financières habilement lancées par Laurent. Tel un soliste émergent, il avait impressionné par son assurance et sa capacité à démystifier les concepts complexes.

Le jeune Marc incarnait la promesse d'une harmonie renouvelée. Comme une nouvelle note dans une gamme familière, il était prêt à s'intégrer, à échanger des riffs mélodieux avec les autres musiciens et à apporter sa touche personnelle à l'ensemble.

Les regards bienveillants de ses nouveaux collègues indiquaient déjà qu'il était destiné à jouer un rôle important dans cette symphonie financière. À travers les notes qu'il jouerait dorénavant, il laisserait son empreinte dans cette mélodie collective qu'incarnait la direction financière de Xonios.

Quelques instants après son arrivée, il fit la connaissance de Kévin, ce mentor qui l'aiderait les premiers mois à s'intégrer et à comprendre les mécanismes internes du service, bras droit de Pauline et gardien de l'expérience.

— Salut Marc, bienvenue dans notre galère.

Un salut de Kévin, porteur d'inquiétude, une note d'avertissement à peine dissimulée. Derrière ce voile de cordialité, se cachait une anticipation des défis qui l'attendaient. Cette galère, métaphore des épreuves à venir, était aussi un bateau où tous ensemble ramaient, naviguant à travers les eaux agitées de la finance.

Au sein de la direction financière, un équilibre subtil entre professionnalisme et détente planait, créant une atmosphère à la fois sérieuse et décontractée. Comme si chaque note de travail était accompagnée d'une touche de convivialité, formant une harmonie unique qui rythmait les journées.

En maestro consciencieux, Laurent guidait son équipe d'une baguette habile, exigeant un niveau d'effort élevé. Il s'assurait que chaque membre de son équipe puisse donner le meilleur de lui-même, leur garantissant de le faire dans des conditions optimales.

Cet équilibre entre exigence et bien-être n'empêchait pas des taquineries entre collègues. Leurs échanges badins, tels des notes légères qui se répondent, reflétaient une complicité profonde, une reconnaissance tacite du défi constant qu'était la quête de l'excellence au sein de cette ruche financière.

Les éclats de rire qui perçaient dans les couloirs, les discussions animées lors d'une pause-café ou les moments de partage lors de réunions, tout contribuait à tisser une toile de relations solides. Chacun savait qu'il pouvait compter sur l'autre.

Comme dans toute collectivité, quelques notes de jalousie pouvaient parfois se faire entendre, rappelant que même au sein d'un orchestre bien accordé, des désaccords pouvaient émerger.

Parfois il y avait des murmures sourds liés aux différences salariales, en bons français, qui réveillaient le côté pragmatique de chacun. Notamment parmi les jeunes employés, ces conversations en coulisses ressemblaient à des accords discordants, créant une légère tension dans l'atmosphère autrement harmonieuse.

Chaque musicien, chaque voix au sein de cette ruche financière, avait ses propres aspirations et rêves, se traduisant souvent par la recherche d'une rémunération équitable.

Si quelques accrocs chatouillaient parfois les oreilles, elles étaient intégrées dans la mélodie plus large de l'équipe, rappelant que la recherche de l'équilibre parfait était une expédition où chaque participant jouait son rôle, tant harmonieux que mélancolique.

L'univers de la direction financière de Xonios s'étendait sur un étage entier de la tour, offrant un panorama saisissant sur le monde extérieur tout en gardant les secrets financiers de l'entreprise. Le sommet de l'édifice abritait une ruche en pleine activité.

Trônant comme le point d'orgue de cet orchestre, se trouvait le bureau de Laurent. Niché dans un angle de la tour, il était à la fois un sanctuaire de réflexion et un poste d'observation stratégique. Son assistante personnelle se tenait dans un bureau contigu, prête à traduire les symphonies conceptuelles en actes concrets, veillant à ce que la cadence des opérations reste fluide et harmonieuse.

Puis venaient les open spaces, tels des arènes où l'ensemble de l'orchestre collaborait et se nourrissait mutuellement. Quatre grands boxes d'espace de travail partagé, où les membres de l'équipe s'entremêlaient comme des notes d'une mélodie. Les échanges, les discussions passionnées, les sourires et les regards complices créaient une atmosphère d'émulation, où l'énergie créatrice circulait librement.

Kévin avait emmené Marc à travers les méandres de l'open space dédié à la trésorerie. En guide bienveillant, il lui avait révélé son propre espace de création au sein de cette ruche financière en mouvement.

C'était ici que Marc commencerait à inscrire sa propre empreinte dans la partition financière de Xonios. Son poste, désormais paré de son talent et de ses aspirations, deviendrait le lieu d'où des calculs minutieux et des décisions cruciales se traduiraient en actions concrètes.

Chaque clic de souris, chaque analyse minutieuse, chaque interaction avec ses collègues étaient autant de notes qui contribueraient à la création d'une mélodie en constante évolution.

Tout comme les autres musiciens de l'open space, Marc jouerait son rôle avec assurance.

Laurent, tel un chef d'orchestre prenant position, fit son entrée. Son aura de leadership était palpable, sa démarche assurée et son regard bienveillant exprimaient un sentiment d'accueil et d'engagement envers chaque membre de son équipe.

Il se dirigea directement vers Marc, qui ressentit alors une combinaison d'excitation et de respect à l'approche du maestro. Le sourire de Laurent était sincère, il lui tendit la main. Marc sentit la pression de la main et sa chaleur rassurante. Ce qui fit fondre ses dernières traces d'appréhension. Il se sentait accepté dans l'équipe.

— Bonjour Marc, je te souhaite la bienvenue au sein de notre direction financière et de Xonios.

Puis il ajouta :

— Kévin et Pauline sont ici pour t'aider à t'intégrer dans ton poste ainsi qu'au sein de la grande famille Xonios. N'hésite pas à solliciter leur expérience et à t'appuyer sur eux pour que tes premiers pas parmi nous se passent en toute fluidité.

Marc lui répondit avec gratitude :

— Merci, Laurent. C'est un honneur de faire partie de cette équipe talentueuse. Je suis enthousiaste à l'idée de contribuer à notre succès financier collectif et d'apprendre de vous tous.

Laurent lui adressa un sourire encourageant, comme le signe d'un début prometteur.

— Je n'en doute pas, Marc. Ensemble, nous formons une équipe financière exceptionnelle, et je suis convaincu que ton arrivée apportera une nouvelle touche à l'ensemble. Bienvenue à nouveau, et n'hésite pas si tu as des questions ou des besoins.

Puis, Laurent s'engagea d'un pas délibéré vers le bureau de Pauline, une enclave vitrée qui offrait un aperçu du monde financier qu'elle dirigeait. Le bruit de ses chaussures résonna dans l'open space, sa silhouette éminente se découpant contre les parois transparentes du bureau.

La porte étant fermée, Laurent jeta un bref coup d'œil aux bureaux environnants, un rappel de l'activité bourdonnante qui se déroulait autour de lui. D'un geste, il poussa la porte et la referma derrière lui. Un soupir de confidentialité flottait dans l'air alors qu'il pénétrait dans le sanctuaire de la directrice de la trésorerie.

L'intérieur du bureau de Pauline reflétait son expérience : ordre, efficacité et détermination. Les étagères regorgeaient de dossiers soigneusement étiquetés, les écrans diffusaient des données financières cruciales et le bureau immaculé attendait les décisions à venir. Le regard de Laurent se posa sur Pauline, qui était plongée dans une analyse, concentrée et inébranlable.

Il prit une fraction de seconde pour apprécier leur collaboration, la confiance mutuelle qui les unissait et l'équilibre qui naissait de leurs interactions. D'une voix basse mais pleine de confiance, il dit à Pauline :

— J'aimerais discuter de quelque chose. As-tu un moment ?

Le monde extérieur sembla s'estomper alors que les deux directeurs s'immergeaient dans une conversation qui allait élaborer leur stratégie future, une conversation dont les notes ne résonneraient qu'entre ces murs, à l'abri des oreilles curieuses de l'open space. C'était un rappel subtil de l'importance de leur rôle au sein de cette direction financière, une preuve tangible que chaque interaction, aussi confidentielle soit-elle, contribuait à la mélodie plus vaste de la réussite financière de Xonios.

— Laurent, je peux presque deviner pourquoi tu es venu me voir, dit Pauline d'une voix empreinte de sérieux, confirmant ses soupçons.

— Et je ne peux pas dire que je sois étrangère à ce sentiment d'inquiétude que tu ressens.

Laurent esquissa un sourire réservé, appréciant la manière dont Pauline avait rapidement saisi la situation. La camaraderie qui les avait unis au fil des années était une force, une connexion qui transcendait les paroles.

— Tu as raison, Pauline, admit-il d'un ton calme et sincère.

— J'ai ressenti le besoin de discuter de quelque chose en privé, surtout après l'accueil chaleureux que j'ai réservé à Marc. Les enjeux semblent élevés, et je suis conscient que nos décisions pourraient avoir un impact significatif.

Pauline hocha la tête, sa propre inquiétude dessinant des signes de réflexion sur son visage.

— Laurent, je partage cette inquiétude. Les défis qui se présentent à nous sont difficiles, nous devons nous assurer que nous sommes en harmonie dans nos actions. La dynamique de l'équipe est en jeu, et nous avons une responsabilité envers nos collègues et Xonios.

Une lueur de détermination brilla dans les yeux de Laurent.

— Tu as tout à fait raison, Pauline. C'est notre devoir de maintenir l'équilibre, de guider notre équipe avec sagesse et de prendre des décisions éclairées.

Pauline acquiesça, un sentiment de solidarité s'installant entre eux.

— Laurent, je suis rassurée de te savoir sur la même longueur d'onde. Nous sommes confrontés à des décisions complexes, mais avec notre expertise collective, nous pouvons créer un ordre financier qui sera encore plus fort pour Xonios.

Tous deux échangèrent un regard confiant, promesse silencieuse de rester en harmonie, de gérer les défis avec sagesse et de guider leur équipe vers un avenir financier solide.

À l'abri des regards, l'essence même de leur collaboration s'épanouissait.

8

À onze heures du matin, la mer est encore enveloppée d'une douceur enchanteresse source de quiétude et de sérénité. Les rayons du soleil brillants filtrent à travers le ciel d'un bleu azur et se reflètent sur les eaux calmes. La mer scintille comme un miroir d'argent. Les vagues ondulent à la surface en un clapotis apaisant.

Le voilier de Jean de la Motte glisse sur cet univers marin. Ses voiles d'un blanc immaculé, ornées d'un blason, captent la brise marine, propulsant le navire avec une élégance majestueuse. Le mât s'élève vers le ciel témoin de l'histoire et de la passion de la navigation que ressent Jean de la Motte.

À bord, l'ambiance se décline entre concentration et détente. L'équipage s'active en des gestes précis et ordonnés pour manœuvrer les voiles et diriger l'embarcation.

Le voilier de Jean de la Motte représente bien plus qu'un simple navire, c'est un amalgame entre l'histoire maritime, l'exploration et l'élégance intemporelle. Il navigue entre les îles pittoresques de la mer des Cyclades, symbolisant l'esprit d'aventure et de curiosité de son propriétaire.

Jean de la Motte se prépare pour son appel avec Laurent et organise son espace de travail. Une table ornée de sculptures marines devient le support de son ordinateur portable dont l'écran retient les reflets du soleil qui dansent sur l'eau.

Il se protège du soleil sous un parasol multicolore, une mosaïque d'ombres chatoyantes, ajoutant une touche de gaieté et de vitalité à la scène, en contraste avec la palette apaisante des bleus de la mer et du ciel.

Jean tape sur le clavier les brèves notes qu'il a en tête et prend son bloc-notes pour inscrire les idées qui seront émises lors de la discussion.

Sur le pont, le monde des affaires modernes se fond avec l'environnement maritime.

Les yeux de Jean s'illuminent alors que l'écran s'anime, révélant l'image de Laurent, confortablement installé dans son bureau à La Défense. En arrière-plan les gratte-ciel sont les témoins du monde des affaires dans lequel il évolue. À Paris, les reflets de lumière dansent sur les surfaces vitrées des immeubles, un contraste saisissant avec l'atmosphère ensoleillée sur le pont du voilier de Jean.

— Bonjour, Laurent ! dit Jean d'une voix pleine de cordialité, un léger accent d'enthousiasme colorant ses paroles.

— Comment ça va de ton côté ?

Laurent lui répond avec une expression de camaraderie, son visage s'éclairant également d'un sourire.

— Jean ! Tout va bien ici. J'espère que tu profites bien de ton environnement magnifique.

— Absolument, Laurent. La mer est tout simplement incroyable aujourd'hui. Mais dis-moi, comment se déroulent les choses de ton côté, à La Défense ? demande Jean, son intérêt suscité par la réponse de son ami.

La conversation entre Jean et Laurent se poursuit, puis les expressions se font plus sérieuses, les sourires se fanent et les regards se font plus attentifs.

Laurent, d'une voix déterminée, marquée par l'inquiétude commence.

— Jean, il y a quelque chose dont nous devons parler. C'est sérieux et urgent.

Laurent laisse planer un léger suspense. Jean sent immédiatement que le ton de la conversation a changé. Son sourire s'efface petit à petit alors qu'il répond :

— Je t'écoute, Laurent. Que se passe-t-il ?

Laurent, inébranlable, explique la situation avec clarté, ses paroles sont mesurées. Il évoque la fraude, sous forme de fausses factures, qui a été découverte au sein de la filiale portugaise de Xonios, non seulement des fausses factures, voire un détournement de fonds, partageant, avec Jean, les premières preuves qu'il a rassemblées. Il étaye chaque détail par des faits et des chiffres.

Jean écoute attentivement ; conscient de la gravité de la situation, son regard se durcit. Il assimile les informations, réalisant l'importance de la découverte de Laurent.

Laurent ajoute d'une voix sérieuse :

— Jean, je pense qu'il serait préférable d'en discuter de manière plus approfondie quand tu seras de retour au bureau. Cette affaire est trop importante pour être traitée à distance. Nous devons travailler au plus vite pour évaluer l'ampleur de la situation et prendre les mesures qui s'imposent.

Durant quelques secondes, Jean reste silencieux puis acquiesce lentement.

— Tu as raison, Laurent. Cette situation nécessite une attention totale et une collaboration rapprochée. À nous d'agir pour protéger l'entreprise.

La conversation a évolué d'un échange amical à un dialogue professionnel plein de responsabilité et d'urgence.

Laurent fixe Jean, tout en serrant les dents, répond d'une voix mesurée à la question qui planait :

— L'ampleur de la fraude, Jean, est estimée entre cinq et sept millions d'euros.

Le visage de Jean se fige à mesure qu'il entend les chiffres qu'énonce Laurent. Ses sourcils se froncent légèrement, ses yeux reflètent une combinaison d'incrédulité et de préoccupation.

— Entre cinq et sept millions d'euros ? répète-t-il, comme pour s'assurer qu'il a bien entendu.

Laurent acquiesce sobrement :

— Oui, Jean. C'est ce que les premières évaluations nous indiquent. C'est une situation très sérieuse.

Jean prend un instant pour assimiler ces chiffres, sa réaction initiale d'étonnement cédant progressivement la place à une expression de colère. Il savait que la situation serait difficile, mais la magnitude de la fraude dépasse visiblement ses attentes. Il ressent le poids de la responsabilité en tant que membre de l'équipe dirigeante de Xonios.

— Je suis ahuri, Laurent. C'est une somme colossale, admet Jean qui s'est calmé, toutefois triste. La colère étant de mauvais conseil.

— Nous avons travaillé si dur pour bâtir cette entreprise, et voir de telles actions nous affecter de cette manière est profondément décevant.

Laurent, faisant preuve d'empathie, comprend le mélange d'émotions qui traverse Jean.

— Je ressens la même déception, Jean. Mais nous ne pouvons pas nous permettre de nous laisser abattre par cette situation.

— Tu as raison, Laurent. Nous devons faire face à cette situation avec détermination et professionnalisme. Je vais hâter mon retour, nous travaillerons ensemble pour mettre en place un plan d'action.

Jean, retrouvant un rythme cardiaque plus régulier, poursuit la discussion avec une préoccupation croissante.

— Et qui d'autre chez Xonios est au courant de cette situation ?

— La directrice de la trésorerie, Pauline, est au courant. En fait, c'est elle qui a relevé les premières irrégularités, lui précise Laurent.

Laurent fixe Jean avec une expression attentive.

— Jean, commence-t-il d'une voix empreinte d'anticipation, quelles sont tes intentions pour faire face à cette situation délicate ?

Laurent retient ses paroles, laissant à Jean le temps nécessaire pour digérer les informations partagées et pour choisir le moment de reprendre la conversation.

Le silence persiste, laissant place à une atmosphère empreinte de respect mutuel. Laurent sait que les pensées de Jean peuvent être complexes et qu'il est important de lui permettre de les explorer à sa propre cadence. La brise légère continue de souffler sur le pont du voilier, le doux murmure des vagues agissant comme une toile de fond paisible pour cette période de réflexion partagée.

Laurent reste attentif, prêt à reprendre le fil de la discussion lorsque Jean se sentira prêt. Chacun à sa manière, ils se soutiennent dans ce moment où les enjeux sont élevés et où leur collaboration sera cruciale pour la suite des événements.

Le silence est rompu par les mots choisis de Jean, qui coupent l'air calme du voilier avec une gravité renouvelée. « Fausses factures » et « détournement de fonds » résonnent dans l'atmosphère, porteurs d'une signification lourde et perturbante.

Laurent s'imprègne de ces mots, son regard fixe l'écran de l'ordinateur. Les expressions qu'il porte, une combinaison de préoccupation et de compréhension, révèlent la gravité de la situation. Il sait que ces termes sont porteurs d'infractions sérieuses qui nécessiteront une réponse décisive.

Jean prend un instant pour réfléchir, conscient de l'importance de chaque mot qu'il va prononcer.

— Laurent, nous devons agir rapidement et avec une approche méthodique. Ma priorité est de rassembler une équipe compétente pour enquêter en profondeur sur cette fraude. Nous devons analyser les preuves que nous avons et identifier les parties impliquées.

Laurent acquiesce en signe d'approbation, sa confiance en Jean clairement présente dans son regard.

— Je suis d'accord. Une enquête approfondie est essentielle pour établir les faits et comprendre l'étendue de la fraude. Mais que penses-tu des mesures à prendre envers les personnes responsables, une fois qu'elles seront identifiées ?

Jean fixe Laurent avec détermination.

— Si les preuves confirment la fraude, nous devons suivre les procédures légales appropriées. La responsabilité devra être établie, et les mesures disciplinaires nécessaires devront être prises, en accord avec notre politique interne et les lois en vigueur.

Laurent approuve et reconnaît la nécessité d'agir avec équité et dans le respect des lois et réglementations.

— Et en ce qui concerne la communication, Jean ? Comment comptes-tu gérer la diffusion de cette information sensible au sein de l'entreprise et à l'extérieur ?

Jean, après une profonde réflexion, se penche sur son écran et lui répond.

— La transparence est cruciale. Nous devons communiquer de manière honnête et proactive, en informant d'abord notre conseil d'administration et en élaborant ensuite un plan de communication notamment pour nos employés, nos investisseurs et nos partenaires. Notre priorité est de restaurer la confiance en montrant que nous agissons avec intégrité.

Laurent écoute attentivement les réponses, prend une légère inspiration avant de faire part de ses propres préoccupations.

— Jean, je comprends l'importance de la transparence, mais je pense que nous devrions peser nos options avant de décider quand et comment informer les actionnaires et le conseil d'administration. Une annonce prématurée pourrait créer de l'instabilité et des spéculations.

Il poursuit, choisissant ses mots avec soin.

— Je suggère que nous attendions d'avoir des preuves plus solides et une vue plus claire de l'ampleur de la fraude avant de partager ces informations avec les parties prenantes externes. Cela nous permettra de fournir une évaluation plus complète de la situation et de proposer des solutions concrètes pour faire face à la crise.

Laurent scrute l'expression de Jean, anticipant sa réaction à cette proposition. Il est conscient que la décision de divulguer ou non ces informations est complexe et qu'elle peut avoir un impact significatif sur la réputation et la stabilité de l'entreprise.

Malgré son habituel calme et son aptitude à prendre des décisions rapides, Jean ressent cette nouvelle comme un choc profond. Ses mains, habituellement stables, commencent à trembler légèrement sous le poids de l'émotion. Il essaie de garder son assurance et son sang-froid devant Laurent, mais la révélation de l'ampleur de la fraude a ébranlé son équilibre cognitif d'une manière qu'il n'avait pas anticipée.

Il sait que chaque décision prise, dans ce contexte délicat, aura un impact durable pour Xonios et également ses employés, ses investisseurs et ses actionnaires.

Il lève les yeux vers Laurent, forçant un sourire qui ne parvient pas tout à fait à dissimuler les tourments intérieurs qu'il ressent.

— Laurent, je comprends tes préoccupations. Je vais rentrer à Paris. Nous devons agir avec prudence et réfléchir à nos prochaines étapes. Nous allons travailler à la résolution de cette affaire qui pourrait avoir de fâcheuses conséquences pour Xonios.

Avant de clore cette discussion importante, Laurent demande :

— Jean, une dernière question : quand prévois-tu d'être de retour à ton bureau à Paris ?

Jean réfléchit jetant un œil sur son emploi du temps.

— Je serai de retour d'ici deux jours. Je vais regagner mon port d'attache, demain.

Satisfait de la réponse, Laurent était disposé à raccrocher, quand Jean prend une dernière précaution.

— Laurent, je tiens à souligner l'importance de maintenir la plus totale confidentialité sur cette affaire d'ici là. Nous ne pouvons pas nous permettre que des informations sensibles s'ébruitent à l'extérieur du groupe. Peux-tu prendre toutes les mesures nécessaires pour protéger cette confidentialité ?

Laurent répond avec assurance, montrant son engagement envers cette demande.

— Je comprends parfaitement, Jean. Je ferai tout ce qui est en mon pouvoir pour garantir que les détails de cette affaire restent entre nous, jusqu'à ce que nous décidions de prendre les mesures adéquates.

Jean hoche la tête, reconnaissant l'engagement de Laurent.

— Merci. Cela me rassure de savoir que nous pouvons compter l'un sur l'autre.

Après cet échange, les deux hommes se préparent à mettre fin à leur appel, sachant que le futur qui les attend est complexe et exigeant.

9

Au début du mois de septembre alors que le soleil brille encore fortement et que l'air est empreint d'une douce chaleur, Lisbonne s'éveille dans toute sa splendeur automnale. Les rues pavées, bordées de maisons aux couleurs pastel, vibrent au rythme d'une vie paisible et chaleureuse. Les ruelles serpentent à travers des quartiers aux noms évoquant l'histoire riche et complexe du Portugal.

Les façades des bâtiments, ornées d'azulejos[1], retracent des scènes d'autrefois. Les balcons fleuris ajoutent une touche de charme à l'ensemble. Les arbres se dressent fièrement le long des trottoirs, offrant une ombre bienvenue aux promeneurs. L'odeur du café fraîchement moulu et des pâtisseries sucrées flotte dans l'air, attirant les passants vers les petits cafés et les boulangeries.

Les marchés animés débordent de produits frais et colorés, tandis que les boutiques artisanales exhibent des trésors locaux, des céramiques et des textiles brodés à la main. Les parcs et jardins verdoyants invitent à la détente et à la contemplation, offrant des retraites paisibles pour échapper à l'agitation de la ville.

À mesure que la journée se déroule, les places revivent. Les habitants, en tenues légères et multicolores, se rassemblent pour échanger leurs histoires, déguster des petits plats tout en partageant des moments de convivialité. Les rires des enfants résonnent alors qu'ils jouent joyeusement dans les jardins publics, créant une ambiance festive et animée.

Sur la rive nord-est de l'estuaire du Tage, le Parque das Naçoes avec ses espaces verts agrémentés de plans d'eau étale son architecture contemporaine.

1. Carreaux ou ensemble de carreaux de faïence décorés.

Conçu et développé pour l'Exposition universelle de 1998, il est devenu l'une des principales attractions touristiques de la ville et le centre d'affaires de la capitale portugaise faisant de ce quartier desservi par la gare moderne, Gare do Oriente, le point de convergence des femmes et des hommes d'affaires comme des touristes.

La population qui fréquente le Parque das Naçoes est un mélange fascinant d'autochtones et de visiteurs. Les habitants du quartier, en vêtements décontractés et d'accessoires estivaux, se mêlent aux touristes curieux venus découvrir ce havre de tranquillité au cœur de la ville. Les familles se réunissent sur les aires de jeux, tandis que les couples se promènent main dans la main, perdus dans des conversations intimes.

Le Parque das Naçoes abrite également une diversité d'activités et d'événements. Les sportifs s'adonnent à des parties de football ou de frisbee sur les espaces ouverts, tandis que les artistes locaux exposent leurs créations dans les stands du marché artisanal. Des musiciens de rue ajoutent une bande-son enjouée à l'atmosphère.

À l'ombre des arbres centenaires, des groupes d'employés prennent leur pause déjeuner, avalant leurs repas frais dans un cadre naturellement enchanteur.

La filiale portugaise de Xonios, nichée dans cet environnement vivant, s'intègre parfaitement dans le paysage, tout en offrant un espace professionnel moderne et accueillant.

C'est dans cet environnement vivant et vibrant, où les sons de la vie quotidienne s'entrelacent en une symphonie urbaine, que Pablo Miranda a toujours vécu, dans le quartier résidentiel de ce parc.

Né dans la banlieue de Lisbonne, Pablo a grandi parmi la diversité culturelle et les dynamiques sociales qui animent le quotidien du quartier.

Pablo évolue dans ce paysage familier ; il trouve de la beauté dans l'agitation, de la richesse dans la diversité et de l'inspiration dans la créativité qui en émane. Chaque coin de rue, chaque visage et chaque son familier résonne en lui, rappelant qu'il est ancré dans cet environnement qui a façonné sa vie depuis toujours.

Après avoir brillamment terminé ses études à l'université de Porto, Pablo Miranda a rejoint un cabinet d'audit de renom.

Pendant cette période, il a acquis une solide expérience en finance et en gestion, développant des compétences essentielles qui allaient l'aider dans son futur parcours professionnel.

Une opportunité s'est présentée sous la forme d'un poste de trésorier au sein de Xonios. Le rythme dynamique et la complexité des opérations financières de l'entreprise ont immédiatement attiré Pablo. La filiale portugaise de Xonios allait être le lieu idéal pour allier sa passion de la finance à son amour profond pour l'environnement urbain qui l'avait vu grandir.

À 40 ans, grâce à son talent inné pour les chiffres, sa détermination acharnée et ses nombreuses heures de travail, Pablo a gravi les échelons pour occuper le poste de responsable de la trésorerie au sein de cette filiale de Xonios.

Son expertise en finance, son sens aigu de la gestion et sa compréhension du marché réunis ont fait de lui un atout inestimable pour l'entreprise. Son influence communicative s'est rapidement fait sentir, non seulement dans les chiffres et les résultats financiers, mais aussi dans le dynamisme de son équipe et de la filiale dans son ensemble.

Sous son leadership, la trésorerie de Xonios est devenue un pilier de stabilité et d'efficacité. Pablo a réussi à naviguer avec succès dans le monde complexe des flux financiers.

Malgré son succès et la reconnaissance qu'il a reçus du siège social de l'entreprise, Pablo Miranda est resté fermement attaché à sa ville natale, Lisbonne. Il a choisi de ne pas céder aux opportunités de mutation ou de promotion qui l'auraient éloigné de la capitale portugaise.

Lorsque des discussions sur des opportunités de carrière à l'international se présentaient, Pablo répondait toujours avec un sourire chaleureux mais catégorique :

— Sans Lisbonne, je ne vis pas.

Sa conviction de rester à Lisbonne n'était pas seulement guidée par le confort ou la familiarité. Pour Pablo, Lisbonne était une source d'inspiration constante. C'était là qu'il trouvait son énergie créatrice, sa connexion avec la culture locale et son amour pour la vie urbaine. Les ruelles, les places animées et les parcs verdoyants étaient sa toile de fond quotidienne. Il n'était pas question de vivre ailleurs.

En contraste de sa vie professionnelle exemplaire, la vie privée de Pablo Miranda était sujette aux drames familiaux et à une lutte silencieuse contre une addiction aux jeux de hasard. Les défis personnels qu'il affrontait contrastaient profondément avec son image brillante au sein de Xonios.

Les drames familiaux avaient jeté des ombres sur son monde. Les épreuves et les pertes qu'il avait traversées avaient laissé des cicatrices émotionnelles profondes, mettant en évidence la fragilité de la vie pour quelqu'un qui semblait si solide en apparence. Les sourires et les accomplissements professionnels ne pouvaient pas masquer la douleur qu'il ressentait en privé, ni les moments de tristesse qu'il gardait enfouis au fond de son cœur.

L'addiction aux jeux de hasard était un fardeau encore plus lourd à porter. Les moments de succès et de victoire dans sa carrière étaient souvent éclipsés par les défaites et les pertes auxquelles il était confronté en secret. Les jeux de hasard avaient pris une emprise sur sa vie, l'entraînant dans un cycle de sentiments contradictoires, d'excitation et de désespoir.

La vie de Pablo Miranda était comme une dualité complexe entre Docteur Jekyll et M. Hyde. Son activité professionnelle brillante était comparable à Docteur Jekyll, tandis que ses drames familiaux et son addiction aux jeux de hasard étaient attribués à M. Hyde.

Pablo avait développé un art subtil de la dissimulation. Il savait quand sourire, quand parler avec enthousiasme et quand se retirer dans sa sphère intime.

Les sourires partagés en famille, les moments de joie avec ses enfants, de dix et sept ans, et les moments de complicité avec sa femme contrastaient profondément avec les luttes intérieures qu'il affrontait en secret.

Bien qu'il incarnât le rôle d'un père attentionné et d'un époux dévoué, Pablo se retirait parfois dans l'ombre de sa double vie. Les jeux de hasard avaient pris une emprise sur lui. Ils étaient un refuge troublant où il cherchait à échapper temporairement aux défis et aux responsabilités de la vie quotidienne.

La vie de Pablo était devenue un véritable tissu de mensonges et de tromperies, dissimulé derrière ses responsabilités professionnelles. Son rôle de responsable de la trésorerie lui avait fourni une couverture parfaite pour entretenir sa double vie. Il avait élaboré un stratagème complexe en se prétendant en déplacement professionnel à Paris au moins deux jours par semaine.

Dans sa seconde vie, à Lisbonne, il abandonnait sa vie familiale et se plongeait dans des parties de poker, un monde obscur et tentant qui lui procurait temporairement une échappatoire à ses luttes personnelles.

Un hôtel misérable de Lisbonne était son refuge après les parties de poker, un endroit où il pouvait se perdre dans les recoins sombres de sa double vie.

Les moments de victoire et d'excitation aux tables de poker étaient éclipsés par la honte et la culpabilité qu'il ressentait envers sa famille.

La dualité entre ses obligations professionnelles et ses comportements autodestructeurs créait une tension insoutenable, menant à une lutte constante pour maintenir l'équilibre entre ses deux mondes.

Pablo était en proie à une illusion dangereuse, persuadé qu'un grand coup pourrait mettre fin à son addiction et lui permettre de se libérer de ce cercle infernal. Il éprouvait l'espoir trompeur qu'une victoire éclatante pourrait le sortir de sa dépendance, même s'il savait intimement que c'était une chimère.

Le jeu exerçait sur lui une emprise puissante et destructrice. Les montées d'adrénaline lorsqu'il pariait, les moments de victoire éphémères et les promesses illusoires de richesse facile l'entraînaient dans une spirale de dépendance de plus en plus profonde. Chaque tentative pour décrocher était éphémère, car il retournait inévitablement au jeu, espérant que la prochaine fois serait différente.

Les cercles de jeu étaient des endroits où les vices et les impulsions trouvaient un terrain fertile. Les personnes qu'il fréquentait étaient souvent en proie à leurs propres dépendances et faiblesses, créant ainsi un environnement propice à la spirale descendante. Les encouragements à continuer à parier, les tentations constantes et les influences négatives contribuaient à renforcer l'emprise du jeu sur Pablo.

Après deux semaines de vacances, Pablo reprenait le travail. La routine du bureau reprenait son cours, mais il n'avait pas l'esprit tranquille. En s'installant à son bureau, il ressentait le poids de ses luttes intérieures et des choix qu'il avait faits pendant son temps libre.

Les souvenirs de ses vacances semblaient être à la fois un lointain rêve et une source de contrainte. Les moments de détente et de bonheur en famille contrastaient avec la sombre réalité de sa double vie. Les visages souriants de sa femme et de ses enfants étaient obscurcis par les mensonges et les tromperies qu'il avait tissés.

Rien n'avait changé.

Chaque interaction avec ses collègues et chaque réunion rappelaient à Pablo la dualité de son existence. Les sourires échangés au bureau contrastaient avec les moments sombres qu'il avait vécus pendant ses absences prétendues à Paris. Il sentait le poids de la culpabilité et de la honte, tout en luttant pour maintenir une apparence normale.

10

Le ciel au-dessus de Roissy était teinté des premières lueurs du jour, les nuances d'orange et de rose annonçaient timidement le lever du soleil. L'avion en provenance d'Athènes amorça sa descente, s'approchant de la piste d'atterrissage.

Les vibrations de l'appareil se firent ressentir alors que l'avion entamait son approche finale. Les ailes frôlaient les nuages, créant une sensation d'apesanteur. À travers les hublots, le paysage de la grande banlieue se dessinait peu à peu, les éclairages des routes d'accès aux différents terminaux, les multiples pistes et les bâtiments se dévoilaient à la lueur du jour naissant.

Le grondement sourd des moteurs diminua progressivement à mesure que l'avion s'alignait dans l'axe de la piste. Les bruits familiers de l'atterrissage se firent entendre : le sifflement des freins aérodynamiques, le vacarme des roues touchant le sol. L'appareil roula lentement sur la piste. Le pilote manœuvra habilement guidant son avion vers le terminal d'arrivée.

Les bruits du moteur s'estompèrent. Jean se leva de son siège avec précaution, récupérant ses bagages de vol dans les compartiments supérieurs. À l'excitation de rentrer à Paris après un séjour en Grèce se mêlait une certaine mélancolie.

Il rejoignit les autres passagers dans l'allée, la porte de débarquement s'ouvrit, révélant l'air frais du matin à Roissy. La silhouette imposante de l'aéroport se dressait devant lui, son retour à la réalité de son quotidien.

Il ressentait un mélange de sentiments. Le souvenir de l'appel avec Laurent pendant son séjour en Grèce pesait dans sa tête, ajoutant une touche d'anxiété à son retour à la vie parisienne.

Il rejoignit le terminal, ses pas résonnant dans l'atmosphère animée de l'aéroport. Les passagers qui se hâtaient autour de lui étaient pris dans leur propre monde, ignorant la tension qui bouillonnait en lui.

Jean retrouva ses valises et se dirigea vers la sortie, où une file de taxis attendait.

Son assistante avait tout prévu ; un taxi l'attendait déjà. Il monta à l'arrière du véhicule, se laissant envelopper par le confort des sièges en cuir.

Quelques minutes plus tard, les rues de Paris défilaient devant lui. La ville qu'il connaissait si bien prenait vie autour de lui, les bâtiments emblématiques et les cafés formant le paysage familier l'accueillant à nouveau.

La silhouette de la tour s'élevait devant lui tel un symbole de la puissance économique. L'ascenseur le hissa rapidement vers son bureau au trentième étage. Les portes s'ouvrirent sur le vaste espace de son bureau exécutif.

Il pénétra dans son bureau. Le mobilier élégant et les œuvres d'art qui ornaient les murs ajoutaient une touche de sophistication à l'espace. Il se laissa tomber dans son fauteuil en cuir, prenant un moment pour rassembler ses pensées.

Son ordinateur personnel était déjà allumé, les dossiers l'attendaient, le tout symbolisant les défis à relever, les décisions à prendre pour Xonios et pour lui-même.

Jean se leva et se dirigea vers la grande baie qui occupe un pan entier du mur. Le sol sous ses pieds est légèrement moelleux, amortissant chacun de ses pas. Devant la vitre, il prit un moment pour observer les détails du paysage qui s'étale devant lui, les passants qui fourmillent à ses pieds.

Les imposantes structures en verre et en acier qui l'entourent se fondent dans le paysage en créant un panorama moderne et saisissant. Au loin, l'Arc de Triomphe se dresse comme un symbole emblématique de l'histoire et de la grandeur de la ville. Sa forme massive et sa stature imposante sont visibles même à cette distance, rappelant le passé glorieux de Napoléon et son rôle primordial dans l'histoire européenne.

Les rues sinueuses et les larges boulevards de la ville s'étendent telles des artères vivantes, transportant la vie et l'énergie des habitants et des visiteurs. Les toits des bâtiments parisiens, aux nuances variées, forment un patchwork qui se fond harmonieusement dans le tissu de la ville.

La Seine serpente gracieusement à travers la métropole, reflétant les lueurs du soleil et créant des étincelles argentées qui captent le regard. Les parcs et les espaces verts offrent des îlots de calme au milieu de l'activité frénétique de la vie citadine.

Jean se perd dans la contemplation de cette vue panoramique, une pause bienvenue dans sa journée commencée très tôt.

La réunion avec Laurent approche, Jean sait qu'il devra bientôt quitter cette vue spectaculaire, mais pour l'instant, il savoure simplement l'instant présent, captivé par la beauté intemporelle de la Ville Lumière.

La sonnerie stridente de son téléphone le fait sursauter ; il décroche rapidement.

— Oui, Mireille ?

— Monsieur, je voulais vous informer que Monsieur Lechine se dirige vers votre bureau. Il devrait arriver d'ici quelques minutes pour votre réunion.

Le paysage urbain magnifique qui s'étend devant lui s'éloigne soudainement alors que ses pensées se recentrent sur les enjeux financiers et les décisions à prendre.

Avec détermination, Jean se dirige vers la porte de son bureau, prêt à accueillir Laurent et à plonger dans les discussions cruciales qui les attendent.

À son âge, Jean possède une richesse d'expérience acquise au fil des années, notamment dans les domaines spécifiques comme les discussions et les négociations. Son parcours professionnel et ses nombreuses années de service lui ont permis de développer une compréhension approfondie des dynamiques interpersonnelles et des subtilités des négociations d'affaires.

Il sait que chaque réunion est une opportunité de mettre en pratique ses compétences en communication, en écoute active et en résolution de problèmes. Son assurance et sa confiance permettent d'aborder les situations avec calme et perspicacité.

La réunion à venir avec Laurent, le directeur financier, ne fait pas exception. Jean sait que des enjeux financiers importants sont en jeu. Il sait quand pousser, quand céder et comment trouver des solutions mutuellement avantageuses.

Son attitude réfléchie et sa capacité à anticiper les besoins et les réactions des participants jouent en sa faveur lors de discussions importantes.

Jean reconnaît sincèrement la loyauté et le professionnalisme exemplaires de Laurent.

Pourtant leur première rencontre avait été marquée par une certaine froideur, un souvenir qui demeurait présent dans leurs esprits.

À l'époque, Laurent venait d'être nommé responsable de la trésorerie de plusieurs filiales du groupe. À ce titre, il avait été appelé pour accompagner le directeur financier (successeur à ce même poste de Jean de La Motte) à une réunion de direction sur le sujet délicat de fusion des trésoreries au niveau du groupe. Jean de La Motte, alors lui-même nommé récemment au sein de Xonios, avait déjà imprimé son style auprès de ses plus proches collaborateurs.

Ce jour-là, Laurent avait préparé soigneusement les dossiers. Le directeur financier lui avait précisé en préambule :

— Tu n'interviendras que lorsque je te donnerai la parole. Ton rôle sera de préciser les points techniques et d'accompagner la prise de décision qui revient à la direction.

La réunion ne s'était absolument pas déroulée comme prévu.

Lorsque le sujet de la centralisation de la trésorerie au niveau du groupe avait été présenté, Laurent avait eu l'impression que la direction avait déjà pris sa décision, avant même que le directeur financier et lui-même ne se soient exprimés.

Cette désinvolture avait irrité Laurent qui, encore peu expérimenté de telle réunion, avait trépigné sur sa chaise.

Son attitude avait, alors en retour, irrité le P.-D.G., Jean de La Motte, qui, voyant en ce jeune responsable de la trésorerie, un homme impétueux et peu poli, lui avait demandé :

— Monsieur, avez-vous un commentaire à ajouter ?

Cette interrogation avait surpris les participants de la réunion, peu enclins à voir leur dirigeant revenir sur une décision et encore moins à se rabaisser à s'adresser en direct, pendant une réunion managériale, à une personne occupant une position si basse dans la hiérarchie.

Laurent ne s'était pas démonté et avait exprimé les points de vue préparés, avec à l'appui schémas, tableaux et argumentaires des points forts et des désavantages de chaque possibilité. Le directeur financier fusillait des yeux son jeune collaborateur.

À la surprise générale, Jean de La Motte n'était pas intervenu pour interrompre l'exposé de Laurent. Il s'était bien confortablement adossé sur son fauteuil et avait écouté avec grand intérêt.

Chacun retenait son souffle. Laurent avait commis, en effet, ce jour-là deux impairs : le premier étant de s'exprimer sans le consentement de son directeur et de plus en son nom, en quelque sorte ; le deuxième d'avoir dérogé aux règles d'une telle réunion.

Jean de La Motte, à la fin de cette présentation, avait simplement dit, avec une certaine froideur dans la voix :

— Je vous remercie. Cela me paraît très intéressant. Avec l'accord et sous la responsabilité de votre directeur, vous nous préparerez un plan d'actions pour mettre en place la gestion de trésorerie centralisée. Vous nous l'exposerez la semaine prochaine et nous déciderons de la suite à donner.

Au lieu d'avoir été un frein à son ascension, cette prise de parole de Laurent l'avait fait remarquer. Lorsque le poste de directeur financier s'était libéré, Laurent avait postulé, suivi le processus de recrutement.

Finalement, la décision était tombée : Laurent avait été choisi comme nouveau directeur financier de Xonios.

Au fil du temps, sa relation avec Jean avait continué de s'améliorer, basée sur la confiance et le respect mutuel qui avaient évolué depuis leur première rencontre froide.

Un nouvel appel de Mireille lui disant que Laurent était arrivé tira Jean de ses réflexions.

Il lui répondit :

— Dites-lui d'entrer.

Laurent Lechine entra dans son bureau. Leur poignée de main fut à la fois amicale et professionnelle.

Comme lui disait son père auquel Jean repensait en saluant ses collaborateurs :

— Tout est dans la poignée de main, mon fils. Ferme, mais pas agressive. Ton poignet doit être souple, pour montrer ta confiance. Tiens-toi droit et regarde toujours ton interlocuteur dans les yeux.

— Laurent, c'est un plaisir de te voir, dit Jean avec enthousiasme.
— Installe-toi, s'il te plaît.
Il désigne les fauteuils devant son bureau. Laurent prend place.
— Comment vas-tu ? demande Jean.
— Nous allons aborder le sujet des fausses factures, mais avant, est-ce que les marges en Asie s'améliorent ?
Laurent regroupa ses notes.
— Très bien, Jean. J'ai fait le point avec le directeur du contrôle de gestion, ce matin, sur l'ensemble des marges et je peux te confirmer que celles en Asie croissent selon les hypothèses que nous avions arrêtées.
Jean hoche la tête avec approbation.
— Très bien, c'est une bonne nouvelle. Tu prépareras une note sur ce sujet pour le prochain comité d'administration.
Jean toussote et croise les mains sur son bureau.
— Laurent, continue-t-il, j'aimerais que nous discutions des fausses factures qui ont été découvertes au Portugal. C'est une situation préoccupante, et nous devons savoir comment cela a pu se produire.
Laurent ajuste légèrement sa posture, prêt à répondre à la question sérieuse posée par Jean.
Jean poursuit :
— J'ai examiné les détails initiaux, mais j'aimerais avoir une explication plus approfondie de ta part. Comment ces fausses factures ont-elles pu être effectuées sans être détectées plus tôt ? Quelles mesures ont été prises pour éviter que cela se reproduise ?
Sa voix reste calme mais déterminée, montrant qu'il attend des réponses précises et une analyse approfondie de la situation.
Laurent prend une courte pause pour s'éclaircir la voix en buvant une gorgée d'eau, puis se lance dans l'explication :
— En essence, une fausse facture est un document trompeur créé dans le but de décrire une transaction commerciale fictive ou manipulée. Plus précisément, il s'agit d'une facture qui présente des biens ou des services qui, en réalité, n'ont pas été réellement fournis, ou dont les détails ont été intentionnellement altérés dans le but de générer un paiement injustifié. Pour te donner un exemple concret, imaginons que nous re-

cevions une facture pour l'achat de fournitures de bureau d'un fournisseur avec qui nous n'avons jamais traité auparavant. Cette facture pourrait inclure des articles que nous n'avons jamais commandés ni reçus, mais les fraudeurs espèrent que nous traiterons le paiement sans vérification minutieuse. En d'autres termes, une fausse facture vise à induire en erreur et à obtenir un paiement pour quelque chose qui n'a jamais été effectivement livré ou fourni, expliqua-t-il.

— En outre, les fraudeurs pourraient également altérer les détails d'une facture légitime pour augmenter les montants ou pour inclure des articles supplémentaires qui n'ont pas été convenus. Cette manipulation peut aboutir à un paiement excessif et injustifié.

— Pour éviter de tomber dans ce piège, il est impératif que nous renforcions les contrôles internes et les procédures de vérification de chaque facture que nous recevons. Cela nous permettra de détecter toute incohérence ou toute tentative de manipulation des détails de la facture.

Jean interrompit Laurent dans son explication :

— J'aimerais comprendre comment il a été possible que des fausses factures aient pu être effectuées au sein de notre entreprise, et pendant combien de temps, sans que notre direction financière ne s'en rende compte plus rapidement. C'est une situation préoccupante et j'aimerais obtenir des éclaircissements à ce sujet.

Laurent répond avec sérieux et transparence :

— Je comprends parfaitement ta préoccupation. La situation des fausses factures est en effet regrettable et nécessite une explication complète. Dans certains cas, les fraudeurs ont pu exploiter les vulnérabilités dans nos procédures de contrôle interne. Par exemple, ils pourraient avoir profité de lacunes dans le processus de vérification des factures ou dans la validation des fournisseurs.

— Il est également possible que des manipulations aient eu lieu au niveau des informations délivrées par les fournisseurs, rendant difficile la détection rapide de la fraude. Les fraudeurs sont très habiles pour créer des documents qui ressemblent à des factures légales.

— Quant à la durée, nous enquêtons pour déterminer exactement depuis quand cette situation existe. Nous sommes en train de rétrograder et d'analyser nos enregistrements financiers pour identifier toute activité suspecte sur une période donnée.

— Si tu le souhaites, Jean, nous pouvons également mettre en place des audits plus fréquents et approfondis pour assurer une surveillance plus étroite de nos transactions financières. Notre objectif est d'identifier et de résoudre rapidement tout problème de ce genre afin de protéger l'intégrité de notre entreprise.

Jean souligne avec préoccupation :

— Laurent, ce que tu viens d'expliquer met en évidence une possible carence dans notre processus d'audit interne. Comment cela a-t-il pu échapper à nos auditeurs internes pendant une période prolongée ? Cette question nécessite une réponse et soulève des inquiétudes quant à l'efficacité de nos mécanismes de contrôle.

Laurent réagit en se mettant en position de défense, tout en s'efforçant de fournir des explications :

— Je comprends parfaitement ton inquiétude, Jean. La question de l'efficacité de notre audit interne est légitime et nous la prenons très au sérieux. Il est important de noter que les fraudeurs peuvent être extrêmement habiles pour dissimuler leurs activités et éviter toute détection, même dans des environnements avec des contrôles internes solides.

— Nous devons également considérer la sophistication croissante des méthodes de fraude et les moyens ingénieux que les fraudeurs utilisent pour échapper à la détection. Cela dit, il faut renforcer nos processus d'audit interne, améliorer notre capacité à détecter rapidement de telles activités et à être vigilants constamment.

Jean exprime alors son étonnement :

— Laurent, en plus de ce que tu viens d'expliquer, je m'étonne également que le responsable financier au Portugal ne nous ait rien signalé concernant ces fausses factures. N'est-ce pas là une faille supplémentaire dans notre processus de surveillance et de communication entre nos différentes filiales ?

Laurent répond avec compréhension, reconnaissant la préoccupation de Jean :

— Tu as raison, Jean, c'est une bonne question. La communication entre nos différentes filiales et la coordination de nos efforts de contrôle sont d'une importance capitale. Dans ce cas précis, il est possible que le responsable financier au Portugal n'ait pas été pleinement conscient de la situation ou qu'il ait été induit en erreur par la sophistication des manipulations.

— Nous devons également examiner nos mécanismes de communication interne, nous assurer que les signaux d'alarme soient relayés efficacement et rapidement entre les différents services de l'entreprise. Nous avons d'ores et déjà pris des mesures pour renforcer cette communication et pour encourager un échange plus transparent d'informations cruciales.

— En fin de compte, nous sommes en train d'évaluer tous les aspects de cette affaire, y compris la manière dont les informations sont communiquées et les leçons que nous pouvons en tirer pour éviter que de telles lacunes se reproduisent à l'avenir.

La conversation se poursuit, Jean et Laurent en viennent à évoquer la partie liée aux prises de décision. Jean se lève de son siège et s'approche de la baie, tournant le dos à Laurent, les mains jointes dans son dos. Après un moment de réflexion, il se retourne.

— Laurent, à mon avis, nous devons prendre des mesures décisives pour gérer cette situation de manière rigoureuse. Tout d'abord, je pense qu'il est impératif de procéder au licenciement immédiat du responsable de la trésorerie au Portugal. Les faits en question sont sérieux et nécessitent une réponse claire et forte.

— En parallèle, je propose que nous mettions en place un audit complet de la filiale du Portugal. Nous devons nous assurer que toutes les activités soient passées au crible, que les failles potentielles soient identifiées et que nous prenions les mesures adéquates pour éviter toute récidive.

— Je suggère également que la directrice de la trésorerie convoque notre responsable financier au Portugal pour discuter de la situation. Il est important de comprendre si d'autres membres de l'équipe sont impliqués ou au courant de ces activités.

— Qu'en penses-tu ? As-tu des recommandations supplémentaires à ajouter à cette approche ?

Laurent prend un moment pour assimiler les propositions de Jean, et lui répond :

— Je suis d'accord. Le licenciement du responsable de la trésorerie est une étape nécessaire pour montrer que nous prenons cette situation très au sérieux. L'audit complet de la filiale nous permettra de dresser un tableau complet de ce qui s'est passé et d'identifier les mesures correctives à prendre.

— Quant à la convocation du responsable financier, je suis d'accord.

Laurent posa une autre question à Jean :

— Nous devrions envisager de communiquer de manière transparente avec l'ensemble du personnel sur ces mesures prises et sur l'importance de maintenir l'intégrité dans toutes nos opérations.

Jean acquiesce en signe d'approbation et ajoute :

— Je suis d'accord avec tes recommandations, Laurent.

— Laurent, je vais également avoir des entretiens avec Hélène, la directrice des ressources humaines, et Franck, notre directeur juridique, au sujet de cette affaire, plus tard dans la journée. Je veux m'assurer que nous abordons chaque aspect de cette situation de manière complète et appropriée, rajoute Jean, dont le ton de la voix dénote une certaine tension chez lui teintée de détermination.

— Assurons-nous de rester en communication étroite et de travailler en équipe pour résoudre ce problème. En guise de conclusion de cette réunion, restons sur la même longueur d'onde.

Après avoir mis fin à ses paroles, Jean se lève de son siège. Laurent se prépare à quitter le bureau, conscient de la responsabilité qui les attend dans les étapes à venir.

La main sur la poignée de la porte, Jean retient légèrement Laurent pour lui exprimer sa gratitude :

— Avant de partir, Laurent, je voulais te remercier pour ta transparence et ton professionnalisme. Les défis auxquels nous faisons face ne sont pas faciles, mais je suis confiant que nous surmonterons cette épreuve ensemble. Ta contribution et ton engagement sont essentiels, et je suis reconnaissant de t'avoir à mes côtés dans cette situation.

Laurent esquisse un léger sourire et répond :

— Merci. Je suis également déterminé à résoudre cela avec succès. Nous travaillerons en équipe pour surmonter ces défis.

De nouveau seul dans son bureau, Jean prend place devant son ordinateur et rédige un e-mail à Hélène et Franck :

Chère Hélène, Cher Franck,

J'espère que vous allez bien. Je tiens à vous informer qu'une situation urgente est survenue, nécessitant une discussion immédiate. Je vous invite tous les deux à me rejoindre pour une réunion qui se tiendra dans mon bureau à 15h cet après-midi.

La nature de cette réunion concerne un problème lié à des fausses factures qui ont été découvertes au sein de l'entreprise. Nous devons travailler ensemble pour évaluer la situation, prendre les mesures nécessaires et déterminer les actions à entreprendre.

Je vous remercie pour votre disponibilité et votre coopération dans ce contexte.

Votre expertise et vos contributions seront précieuses.

Cordialement,
Jean

Après l'avoir relu, Jean appuie sur le bouton d'envoi, conscient de l'importance de cette réunion non programmée pour faire face à la situation en cours.

11

Une soirée du mois de septembre à Lisbonne embrase les rues de la ville d'une aura mélancolique et envoûtante. Les dernières lueurs du jour se fondent dans le crépuscule, une douce brise marine glisse dans les ruelles pavées, apportant l'odeur de l'Atlantique.

Les rues s'animent avec l'énergie dilettante et chaleureuse propre à la culture portugaise. Les façades colorées des bâtiments historiques se mêlent harmonieusement à l'éclat doré du soleil couchant, créant une toile de fond pittoresque pour les piétons qui flânent tranquillement.

Le parfum du café torréfié se mêle à l'air marin. Les terrasses des cafés et des restaurants s'animent progressivement, les tables se remplissant de clients qui s'adonnent à l'art de la conversation et savourent leur boisson préférée tout en observant les passants.

Les sons du fado joué par des musiciens des rues flottent dans l'air, ajoutant une note languissante à l'ambiance. Les échos des conversations animées, le rire léger et les accents portugais distincts se mêlent dans cette symphonie.

À mesure que la nuit tombe, les lumières s'allument, baignant les rues et les places d'une lueur tamisée. Les monuments historiques se parent d'une beauté intemporelle, leurs détails architecturaux étant mis en valeur par des jeux de lumière. C'est un moment où le passé et le présent se fondent dans une harmonie parfaite et qui célèbre la vie en profitant de l'instant présent dans Lisbonne chargée d'histoire et d'émotions.

Au bord du Tage, l'âme de Lisbonne se reflète dans les eaux scintillantes du fleuve qui émerveille les promeneurs. Le regard se perd dans l'horizon infini où le ciel azuré plonge harmonieusement dans les reflets dansants de l'eau.

Les vagues du fleuve caressent les rives. Quelques bateaux de pêche traditionnels et des voiliers modernes glissent silencieusement, laissant des sillages d'écume.

Le Pont du 25-Avril, majestueux et emblématique, s'étend audacieusement au-dessus des eaux. Ses câbles dessinent une sculpture contemporaine, reliant les quartiers historiques de la ville aux quartiers plus récents. Le coucher du soleil sur le fleuve est un moment magique. Les teintes dorées, orangées, roses s'amalgament au bleu du ciel et de l'eau en un tableau vivant.

C'est là que l'on ressent toute la poésie de Lisbonne.

Ces scènes pittoresques contrastent vivement avec la situation personnelle de Pablo. Il regagne son appartement en cette fin de journée. Le fleuve murmure paisiblement à quelques pas de lui. Pablo porte sur ses épaules le fardeau d'une journée qui s'est révélée bien moins sereine que les autres.

La clé tourne dans la serrure, se trouvant soudain plongé dans une atmosphère intime et silencieuse. L'agitation intérieure de Pablo est saisissante. La fatigue se lit sur son visage, ses épaules sont voûtées par le poids de ses pensées. Les murs témoignent de sa vie, des photos scotchées sur le réfrigérateur aux souvenirs soigneusement placés sur des étagères.

Tandis qu'à l'extérieur, la ville s'anime, sa réalité intime prend le relais. Les bruits de la vie quotidienne, les conversations lointaines et les éclats de rire qui résonnent par la fenêtre, tout cela lui semble distant, comme étranger à son état d'esprit actuel.

Il se laisse tomber sur le canapé, le soupir qui s'échappe de ses lèvres est plein de lassitude. Les événements de la journée l'ont visiblement marqué, ses pensées sont emprisonnées dans une toile complexe d'inquiétudes et de préoccupations.

L'appartement, est baigné dans un calme relatif alors que sa femme et ses enfants ne sont pas encore rentrés. Pablo plonge dans un abîme d'idées sombres. L'atmosphère paisible qui l'entoure amplifie ses tourments. Le tic-tac régulier de l'horloge rythme ses doutes, ses préoccupations.

Alors que son épouse et ses enfants rentrent au domicile, ces pensées se bousculent encore dans sa tête.

Les enfants se précipitent vers lui avec des sourires timides, leurs yeux pleins d'excitation, mais quelque chose lui paraît différent. Le « bonjour » n'est plus accompagné de cris de joie. Il observe ses enfants avec un mélange de tendresse et de préoccupation. Pablo et son épouse échangent un baiser. Il sent que la saveur de ce baiser est également différente, moins touchante que les autres soirs.

Maria, elle aussi, remarque l'inquiétude et l'émotion qui accaparent son mari Et Pablo le sait !

Il y a toujours une petite étincelle de bonheur dans leurs yeux, qui unit la famille malgré les épreuves et les évolutions de la vie.

Au petit matin, une étrange sensation s'était insinuée dans l'esprit de Pablo alors qu'il avait enfilé son casque et enfourché sa moto. Il démarrait avec détermination, le rugissement du moteur se mêlait à un sentiment nouveau d'inquiétude. La route se déroulait, l'ombre d'une présence indésirable le suivait, discrète et persévérante.

La moto verte qui le suivait, telle une ombre silencieuse, avait suscité en lui une méfiance grandissante. Les sensations du vent contre son visage et le vrombissement de la moto se mêlaient à cette étrange poursuite.

Pablo avait jeté de brefs regards dans ses rétroviseurs, cherchant à percer le mystère de cette présence.

Les accélérations et les ralentissements de sa moto correspondaient à ceux de la mystérieuse poursuivante verte. Un jeu de cache-cache s'était engagé. Il avait le sentiment d'être épié et suivi de près. Dans la vieille ville, les rues devenaient un labyrinthe de doutes et de méfiance. La moto verte était toujours là, une ombre fidèle.

Malgré la curieuse poursuite qui se déroulait, Pablo avait choisi de ne pas se confronter directement à cette énigme en deux-roues. Une prudence instinctive le retenait.

Au fur et à mesure que la journée progressait, la silhouette de la moto verte s'était estompée, laissant Pablo avec un mélange d'intrigue et de confusion. Les souvenirs de cette poursuite silencieuse étaient restés, une énigme de plus non résolue en suspens dans son esprit. Une question demeurait : était-ce une simple illusion, une illusion de la route, ou y avait-il une signification cachée dans cette étrange traque matinale ?

En fin de journée, l'étrange sensation de poursuite qui avait hanté Pablo s'était évaporée, du moins en apparence. Il avait enfourché sa moto avec une pointe d'appréhension, les rues lui semblaient plus calmes, moins hostiles.

Ses yeux parcouraient souvent les rétros, scrutant chaque coin d'ombre, chaque véhicule qui s'approchait. Chaque reflet était un rappel des tensions qui avaient animé sa journée. Les réminiscences de cette poursuite illusoire avaient laissé une empreinte durable dans sa tête.

Les minutes s'étiraient, laissant Pablo pris entre le désir de savourer la liberté de la route et l'ombre de cette poursuite qui continuait de le hanter. Sa moto glissait sur le bitume, les lignes blanches défilaient, mais l'esprit de Pablo restait en éveil, conscient du moindre signe de danger.

L'échange de ce baiser, chargé d'affection, révèle un voile subtil de préoccupations qui plane entre eux. Les émotions qui ont marqué sa journée ont laissé leur empreinte. Pablo pressent que son épouse se préoccupe pour lui.

Ses pensées sont habitées par des inquiétudes et des interrogations concernant ses déplacements. Les regards échangés et les gestes tendres ne peuvent masquer les signes subtils de sa préoccupation. Les lignes d'anxiété qui se dessinent sur son visage en sont le reflet.

Si les mots ne sont pas prononcés à voix haute, il peut sentir le poids de ses préoccupations. Les moments de silence partagés sont ponctués par les pensées non exprimées, les questions en suspens qui flottent entre eux. Il sait qu'elle se demande ce qui l'a tourmenté tout au long de la journée, ce qui a pu altérer l'aura de leur foyer ce soir-là.

À travers leurs regards et les petits gestes d'affection, ils communiquent sans avoir besoin de mots. Les sourires réconfortants, les étreintes qui durent un peu plus longtemps, tout cela témoigne de la profondeur de leur connexion. Pablo ressent la force de son amour, son souhait sincère de comprendre et de la soutenir, même lorsque les détails restent dissimulés.

Maria feuillette un vieux livre de recettes aux pages jaunies. Pablo rejoint Maria assise à la table de la cuisine.

Il observe sa femme plongée dans sa lecture, un sourire tendre sur ses lèvres.

— Qu'est-ce que tu es en train de concocter, ma chérie ?

— Oh, Pablo, tu ne devineras jamais ! J'ai trouvé la recette parfaite pour préparer l'une des spécialités de Lisbonne : le Bacalhau à Brás, levant les yeux du livre.

— Bacalhau à Brás ? Ça doit être délicieux. Et quelle est la particularité de cette recette ? fit-il comme s'il ne le savait pas.

— Eh bien, c'est un mélange irrésistible de morue, d'œufs brouillés, de pommes de terre finement coupées et d'oignons. Le tout est relevé d'une touche de persil frais et d'olives. C'est un vrai délice, typiquement lisboète ! lui répondit Maria, se prenant au jeu.

— Ça a l'air incroyable. Et comment peut-on aider dans la préparation ?

Maria pouffa de rire.

— Oh, je sais que tu as toujours été mon assistant de cuisine préféré. Tu peux commencer par éplucher et couper les pommes de terre en fines lamelles pendant que je m'occupe de la morue. Et après, on met tout en musique ?

— D'accord, chef ! Pommes de terre en lamelles, c'est parti. Tu sais que je suis prêt à mettre la main à la pâte pour goûter à cette spécialité.

Maria lui donna un petit coup de coude, ironique.

— Eh bien, j'espère que tu es prêt à manger beaucoup de Bacalhau à Brás, car je sens que cette recette pourrait devenir l'un de nos plats préférés.

Pablo se mit à laver les pommes de terre coupées.

— J'accepte le défi avec plaisir. Et pendant que nous cuisinons, peut-être pourrions-nous parler de notre journée. Tu sais, il y a quelque chose qui me tracasse.

Maria posa doucement sa main sur la sienne.

— Bien sûr, Pablo. Tu sais que je suis là pour t'écouter. Mais en attendant, concentrons-nous sur la cuisine. Notre Bacalhau à Brás n'attend pas !

Ils échangent un regard complice. Les odeurs alléchantes commencent à emplir la cuisine, tandis que la discussion sur leur journée de travail se profile, mêlée aux rires et à l'affection qui caractérisent leur relation.

Le dîner se déroule dans une atmosphère paisible, le Bacalhau à Brás se révélant être un délice savoureux qui comble les papilles de tous. Les rires et les discussions joyeuses des enfants remplissent la cuisine, d'une ambiance chaleureuse et détendue. Les événements de la journée semblent s'éloigner, laissant place à ce moment précieux de partage familial.

Les enfants racontent leurs aventures de la journée, partageant des anecdotes et des rires autour de la table. Les sourires de Pablo et Maria montrent à quel point ils sont fiers et reconnaissants pour chaque instant passé avec leur progéniture. Les inquiétudes qui avaient nagé dans l'esprit de Pablo auparavant s'estompent dans la clarté de l'amour familial.

À mesure que la soirée avance, la quiétude de l'appartement enveloppe la famille. Les enfants, rassasiés et heureux, se retirent doucement pour se préparer à la nuit. Pablo et Maria se retrouvent dans le salon, les lueurs tamisées créant une ambiance intime et apaisante.

Ils s'installent confortablement sur le canapé, les épaules côte à côte, échangeant des regards complices pleins d'affection. Les conversations légères se mêlent aux silences réconfortants.

La journée chargée s'efface lentement, laissant place à un moment de détente et de répit. Les murmures de la ville se fondent avec les rires des enfants qui s'endorment. Chaque moment de cette soirée s'imbrique, tissant un tableau de sérénité et d'amour.

Dans l'obscurité apaisante de leur chambre, Maria se laisse rapidement envelopper par les bras du sommeil. Son souffle régulier témoigne de sa quiétude retrouvée après une journée bien remplie. À ses côtés, Pablo ressent une tension intérieure qui refuse de se dissiper, une anxiété persistante qui l'éloigne du doux réconfort de l'endormissement.

Ses pensées tournent en boucle, un tourbillon d'incertitudes et de préoccupations l'empêche de trouver le repos. Les émotions de la journée qu'il a vécue se cristallisent dans les ténèbres de la nuit. La question lancinante de la sécurité de sa famille et la crainte que ses actions puissent mettre en péril ceux qu'il aime le hantent même durant la nuit.

Le murmure du vent à travers la fenêtre ouverte semble lui rappeler les doutes qui agitent son esprit. Pablo se tourne et se retourne dans son lit, cherchant désespérément une position confortable pour apaiser son esprit en ébullition. Les ombres qui dansent sur les murs de la chambre reflètent les tourments intérieurs qui l'assaillent.

L'horloge marque les secondes qui s'écoulent, une constante rappelant l'insaisissable fuite du temps. Les rues de Lisbonne sont calmes, mais l'agitation dans le cœur de Pablo refuse de s'atténuer. Il se sent emprisonné par ses doutes, son incertitude et sa culpabilité dans l'obscurité de la nuit.

Maria dort paisiblement à ses côtés, Pablo reste éveillé. La bataille intérieure continue, bien après que les étoiles ont parsemé le ciel de la nuit. Les heures passent, mais le sommeil ne vient toujours pas, laissant Pablo seul avec ses craintes et ses doutes, attendant l'aube incertaine qui viendra briser la noirceur de ses pensées. Peut-être.

12

La première semaine de Marc chez Xonios fut une immersion totale dans son univers professionnel. Dès le premier jour, il fut plongé au cœur d'une effervescence incessante et dans le rythme effréné du monde des affaires.

Marc avait été accueilli par une avalanche de tâches à accomplir. Des dossiers à examiner, des réunions à planifier, des rapports à rédiger, chaque journée était remplie jusqu'à la dernière minute. Les dossiers représentaient un défi à relever.

Marc avait fait la connaissance de ses collègues. Il avait mis rapidement un nom sur les visages devenus familiers. Les pauses-café et les déjeuners étaient autant d'occasions de partager des anecdotes, des rires, créant des liens qui contribuaient à adoucir l'intensité du rythme de travail.

Le métro devenait un allié fidèle, l'accompagnant matin et soir dans ses trajets entre son domicile et son travail. Ce va-et-vient quotidien devenait une routine. Le rythme métro, boulot, dodo devenant une réalité à laquelle il s'était rapidement adapté. Les annonces monotones du métro résonnaient en accord avec ses pensées, un écho des défis qu'il devait relever chaque jour.

Malgré le tourbillon d'activités, Marc avait senti l'adrénaline de l'environnement professionnel l'envahir. Chaque défi relevé était une petite victoire, chaque obstacle surmonté un pas de plus vers son intégration au sein de l'équipe. Les longues heures de travail étaient équilibrées par des moments de camaraderie et de collaboration, créant un équilibre fragile entre l'effervescence du bureau et les pauses.

Cette première semaine avait été un baptême du feu, une immersion complète dans le monde exigeant de Xonios. Marc avait pu ressentir l'énergie qui animait l'entreprise, la détermination de ses collègues à relever les défis. Bien que fatigante, cette semaine inaugurale avait forgé les bases de son parcours au sein de l'entreprise, posant les jalons d'une aventure professionnelle qui s'annonçait prometteuse et exaltante.

Il avait partagé un déjeuner avec Kevin, son supérieur hiérarchique, au cours duquel il avait pu apprécier sa franchise et son caractère bien trempé. Marc avait remarqué, avec satisfaction, qu'il était également à l'écoute de ses idées et de ses perspectives.

Le déjeuner s'était déroulé de manière conviviale et constructive. Dans un cadre plus informel, les deux hommes avaient, ensuite, pu échanger plus ouvertement sur les différents aspects de la gestion financière. Ils avaient plongé dans les détails de la situation, Kevin expliquant avec précision les mécanismes du reporting financier et la mise en place d'une trésorerie centralisée ; et mettant en avant les avantages et les défis de chaque approche.

Marc avait écouté avec attention, posant des questions pertinentes tout en partageant ses propres réflexions. Il avait été impressionné par la manière dont Kevin maîtrisait les sujets complexes.

La complicité professionnelle entre les deux hommes s'était renforcée, laissant présager une collaboration fructueuse.

Le seul élément discordant dans ce tableau positif était l'attitude de la directrice de la trésorerie. Marc avait initialement perçu une animosité lors de leurs premières interactions, et avait clairement remarqué un changement dans son comportement. Elle semblait désormais froide, distante, voire préoccupée, préférant éviter les interactions.

Cette relation plus distante avait créé une ambiance moins sereine au sein de l'équipe de trésorerie.

Malgré cette distance apparente, Marc restait déterminé à poursuivre son intégration et à contribuer de manière positive à l'équipe. Il espérait qu'avec le temps il pourrait établir un meilleur contact avec la directrice de la trésorerie.

Il avait bien assimilé que la curiosité excessive pouvait parfois être mal interprétée, voire malvenue. Tout en désirant tisser des liens avec ses nouveaux camarades de travail, Marc avait compris qu'il devait respecter les frontières professionnelles et personnelles de chacun. Les discussions informelles se limitaient souvent à des sujets légers et sans enjeux, évitant les questions trop intrusives.

Au cours d'une discussion avec Émilie, Marc avait exprimé son intérêt pour son travail et partagé ses impressions positives sur l'entreprise.

— Tu sais, avait-il dit avec enthousiasme, mon travail ici est vraiment captivant. L'entreprise offre un environnement dynamique où les opportunités d'apprentissage et de croissance sont nombreuses. Les projets sur lesquels je travaille sont stimulants et je me sens vraiment impliqué.

Quant à l'entreprise elle-même, Marc avait décrit son point de vue avec une note de curiosité et de fascination.

— Xonios est un acteur clé dans son secteur. Les diverses facettes de ses opérations et l'ampleur de son influence m'ont réellement impressionné.

Il avait pris l'initiative de s'enquérir de la situation de son amie. Émilie avait fini son partiel.

— Et toi ? Comment s'est passé ton partiel ? avait-il demandé, le ton de sa voix reflétant une préoccupation sincère.

— J'espère que tout s'est bien déroulé et que tu as réussi à relever les défis avec brio.

— Honnêtement, je n'en suis pas sûre. J'ai fait de mon mieux, mais ce n'était vraiment pas facile, avait-elle dit d'une manière qui traduisait une certaine dose de préoccupation.

Elle avait baissé les yeux, comme si elle repensait au déroulement du partiel.

Marc avait réagi avec empathie, comprenant l'importance de cette période d'examens pour son amie.

— Je comprends, les partiels peuvent être stressants. Mais je suis sûr que tu as fait du bon travail. Tu t'es préparée avec sérieux, et ça compte énormément. Ne t'inquiète pas trop, tu as tout donné.

La soirée s'était déroulée simplement, les deux amis étant seuls. Ils avaient préparé un dîner rapide et avaient ensuite opté pour une série sur Netflix.

— Et si on regardait Emily in Paris en version originale, avait suggéré Marc avec un clin d'œil complice.

— Comme ça, tu peux améliorer ton anglais, et on pourra rire des aventures d'Emily sans confondre avec toi !

Ce choix avait provoqué un sourire chez Émilie, qui avait l'habitude de plaisanter avec Marc sur le nom de la série. Ils avaient partagé un moment de détente, se perdant dans les rebondissements et les escapades de la série.

Contrairement à son collègue Pablo, qui se trouvait à des milliers de kilomètres de là, Marc s'endormit rapidement et sans le moindre souci en tête.

2

Du sang sur les factures

13

Le 12 septembre à Paris, les premières lueurs du jour percent le ciel, la ville s'éveille dans une atmosphère rafraîchissante. L'air est clair et cristallin, laissant entrevoir une journée ensoleillée et agréable. Une légère fraîcheur matinale et une douceur persistante évoquent la fin de l'été. Les rues s'animent progressivement.

Le métro, dès 5h30 du matin, devient le fil conducteur de la vie. Les wagons se remplissent d'employés se rendant au travail, les visages animés dans la perspective d'une nouvelle journée. Les écoliers, les collégiens et les lycéens, vêtus soit de leurs uniformes soit de leurs tenues décontractées, l'empruntent également pour se rendre dans leurs établissements scolaires.

Dans les parcs, les étudiants profitent encore de quelques jours de vacances, s'adonnant à des moments de détente, de lecture ou de convivialité entre amis. Les rires et les éclats de voix retentissent.

À mesure que la matinée avance, les rues se remplissent. Les terrasses des cafés deviennent des lieux de rencontre et de partage. Les Parisiens et les visiteurs se retrouvent pour profiter du beau temps et des plaisirs simples de la vie. Le rythme effréné de la ville se déploie avec bonhomie mêlant l'activité trépidante à des moments de calme et de contemplation.

À quelques encablures du centre de Paris, le commissariat de La Défense s'éveille doucement. L'atmosphère au sein du bâtiment est empreinte d'une énergie palpable et d'une activité fébrile. Les bruits de pas résonnent dans les couloirs.

Le bureau du commissaire Michel Rouland est un havre de concentration au cœur de cette ruche. Les murs où sont accrochés des clichés et des tableaux liés aux enquêtes en cours, donnent un aperçu des défis auxquels le commissariat doit faire face au quotidien. Son bureau est bien ordonné, chaque objet soigneusement disposé pour maximiser l'efficacité de son espace de travail.

Sur le plan vestimentaire, le commissaire Rouland affiche une préférence : des costumes sombres, élégamment coupés, une chemise blanche avec une cravate assortie. Sa marque de fabrique étant une petite broche en forme de trèfle qu'il fixe au revers de son veston. Cette touche personnelle lui sert à la fois de talisman et de rappel de la chance, parfois capricieuse, qui a façonné sa carrière.

Ses yeux marron foncé sont pénétrants et scrutateurs, dotés de ce talent rare de voir au-delà des apparences, qu'il a affiné au cours de ses nombreuses années de service. Son regard peut se faire incroyablement doux lorsqu'il écoute avec empathie les témoignages de victimes ou les préoccupations de ses collègues. Il peut aussi se durcir en un éclair, devenant acéré lorsqu'il traque un criminel ou s'attaque à une affaire complexe.

Ses mains sont robustes, marquées par des années de travail manuel avant d'entrer dans la police. Elles trahissent une précision et une dextérité remarquables qu'il utilise aussi bien pour écrire des rapports méticuleux que pour démonter et remonter son arme de service en quelques secondes.

Son allure générale inspire confiance et respect. Son aura charismatique et son énergie vitale font de lui un leader naturel, aimé par son équipe, non seulement pour ses compétences professionnelles mais aussi pour sa profonde humanité. Il a cette capacité rare de marier autorité et compassion, d'être à la fois un redoutable commissaire et un mentor bienveillant pour les jeunes agents sous son commandement.

Fidèle à ses origines du Sud, le commissaire Rouland aime le bon vin, la convivialité et la gastronomie de sa région. Il entretient également un amour pour la poésie et la littérature, domaines dans lesquels il trouve un certain réconfort et une source d'inspiration pour affronter les réalités souvent sombres de son métier.

Tout en étant un homme du présent, agissant avec une grande conscience des enjeux contemporains, il porte en lui une certaine nostalgie pour les valeurs traditionnelles et le « bien-vivre » de sa jeunesse.

L'équipe du commissaire Rouland est très hétérogène. Au cœur de cette équipe se trouve son adjointe, Valérie Garet, une policière expérimentée, dont la compétence et la résilience font d'elle une véritable colonne vertébrale du commissariat.

Valérie Garet, originaire de la banlieue parisienne, a un peu plus de quarante ans et une présence athlétique. Elle est grande, avec des jambes longues et musclées, entretenues par des années de jogging et de yoga. Ses vêtements de prédilection sont les jeans confortables, les t-shirts et les baskets, créant une allure décontractée mais déterminée. Ses cheveux châtain clair sont souvent portés relâchés ou en queue-de-cheval négligée. Son maquillage minimaliste sert uniquement à accentuer ses yeux verts perçants.

Son tempérament est fort et direct. Elle est connue pour son franc-parler, elle ne craint pas peur de dire ce qu'elle pense, même si cela peut parfois froisser l'ego des personnes. Sa voix est claire et autoritaire, avec un accent parisien prononcé. Elle est toute en efficacité, abordant chaque problème comme un défi à surmonter. Son énergie est électrique, sa capacité à jongler entre différents sujets et tâches est à la fois déconcertante et fascinante.

Son charisme est unique : il n'est pas chaleureux, mais plutôt hypnotisant. Elle attire l'attention comme un aimant, défiant constamment ceux qui l'entourent de suivre son rythme rapide et sa quête incessante d'efficacité et de justice.

Elle trouve son équilibre dans le rythme effréné de la vie parisienne et dans la compétition sportive. Lors de l'un de ses rares moments de détente, elle chausse ses baskets pour un long jogging à travers la ville. Elle trouve une sorte de méditation en mouvement.

Valérie Garet est la « voix de la sagesse » au sein de l'équipe du commissariat.

À ses côtés se trouvent deux « vieux de la vieille », comme les appellent leurs collègues. Leurs visages sont marqués par les années de service, et leur expérience est une mine d'informations. Leurs conseils éclairés et leur calme en toutes circonstances en font des mentors précieux, apportant un équilibre entre sagesse et pragmatisme.

En contraste avec ces vétérans se trouvent deux jeunes recrues, dont l'ardeur et la détermination ne passent pas inaperçues. Leurs dents « qui rayent le parquet », comme le souligne le commissaire Rouland avec un soupçon d'exaspération, traduisent leur désir ardent de faire leurs preuves et d'apporter un vent de renouveau dans son commissariat. Leur énergie parfois débordante peut entrer en conflit avec le tempérament plus tempéré du commissaire.

Dans l'ensemble, cette équipe éclectique représente une mosaïque d'expériences, de personnalités et d'aspirations. Chacun apporte son propre éclairage à la mission du commissariat, malgré les défis et les frictions occasionnelles, ils travaillent main dans la main pour maintenir l'ordre et la sécurité dans le quartier de La Défense.

Aux côtés du noyau central de l'équipe du commissaire Michel Rouland, une multitude d'autres policiers œuvrent avec dévouement et professionnalisme au sein du commissariat de La Défense. Chacun apporte sa contribution unique à l'efficacité et au bon fonctionnement de l'unité, créant ainsi une synergie collective.

Leurs rôles variés s'entremêlent pour former un écosystème diversifié, où tous contribuent à leur manière à la mission commune.

Les patrouilleurs arpentent les rues, veillant à la prévention et à la dissuasion d'activités criminelles. Les enquêteurs fouillent les indices et suivent les pistes pour résoudre les affaires en suspens, recherchant la vérité avec ténacité. Les experts en technologies numériques traquent les traces numériques et les preuves électroniques, tandis que les membres de l'unité de communication s'assurent que l'information circule de manière fluide et efficace.

Toutes ces expériences individuelles, ces valeurs et ces dévouements forment un ensemble cohérent qui transcende les différences et crée une atmosphère de confiance.

C'est cet ensemble qui permet au commissariat de fonctionner avec efficacité. Chaque policier contribue à relever les défis relatifs aux larcins et vols, au trafic de drogue, à la cybercriminalité, aux violences et agressions, à la délinquance juvénile et à la protection des commerces de la Dalle, en reliant le tout.

Les agents de police vaquent à leurs occupations, allant et venant dans le commissariat. Ils ont des discussions, des échanges d'informations sur les enquêtes en cours. Les téléphones crépitent, les écrans remplis de graphiques, de cartes répertoriant les lieux où ils doivent intervenir, ou, encore, des points de drogue à surveiller.

Une odeur de café envahit le commissariat. Elle provient de la salle de repos, où des agents prennent quelques instants pour recharger leurs batteries et partager un moment de relaxation où la camaraderie et la solidarité sont de mise.

Ce 12 septembre, le commissariat commence une nouvelle enquête.

Sans frapper, Valérie entre dans le bureau du commissaire. Son expression témoigne de l'urgence de la situation. Elle lui annonce d'une voix calme et grave :

— Patron, une équipe a été alertée par des passants : sur la dalle, on a retrouvé un homme sans vie.

— Les pompiers ont-ils été alertés ? demande le commissaire.

— Oui, patron. Une équipe a été envoyée sur place.

Valérie détaille l'endroit où le corps a été découvert :

— On a découvert le corps au pied du monument de La Défense de Paris, près des structures emblématiques qui encadrent la dalle. C'est un endroit inhabituel pour une telle situation.

Elle poursuit avec une note de préoccupation évidente :

— Ce qui est encore plus frappant, c'est la présence d'une lettre à proximité du corps. La lettre est soigneusement protégée par une feuille plastifiée transparente. Elle est dactylographiée et accuse formellement l'auteur du meurtre. C'est un élément inhabituel pour ce genre de découverte, et cela ajoute plus de mystère à l'affaire.

Valérie évoque l'importance et l'urgence d'enquêter sur les circonstances entourant cette découverte troublante.

— Que dit ce courrier ? questionne le commissaire.

— Pour le moment, patron, je n'ai pas encore tous les détails. Je vais me rendre sur place pour recueillir davantage d'informations et examiner le contenu de la lettre de plus près. Dès que j'aurai une idée plus claire, je vous informerai sur son contenu.

Valérie sort du bureau avec détermination, en ajustant son équipement pour aller sur le lieu de la découverte. Pendant ce temps, le commissaire Rouland reste plongé dans ses rapports, sa concentration apparente montrant qu'il reste absorbé par le peu d'informations en sa possession, sans pour autant négliger l'importance de l'enquête en cours sur la découverte du corps au pied du monument de La Défense de Paris.

14

Pendant ce temps, Marc et Kévin prennent un moment pour savourer un café et démarrer la journée. Ils sont dans un coin café au style chic, où les tables hautes et élégantes sont judicieusement disposées pour créer un espace convivial. Les machines à café sophistiquées trônent fièrement, diffusant leurs arômes se mêlant aux discussions animées. Les sièges confortables invitent à la détente, tandis que la lumière douce qui baigne la pièce procure une ambiance accueillante. C'est dans cette salle que les collaborateurs des directions financière et commerciale de Xonios aiment se retrouver pour discuter plus librement de leur travail mais surtout de leur temps libre. Les sujets de discussion vont des sempiternels conflits entre adultes et enfants aux occupations sportives ou culturelles, sans oublier les résultats de football ou de rugby largement commentés.

Dans cette ambiance plus décontractée, Kévin et Marc échangent sur le travail de la journée.

— Tu as goûté ce café ? fit remarquer Kevin. Franchement, il n'est pas terrible ici. J'ai l'habitude d'aller boire le mien au restaurant au pied de la tour. Ils ont une bien meilleure sélection.

— C'est vrai. Le café n'est pas bon, ici. Dès mon arrivée, je me suis fait cette réflexion. Je prends note de ta recommandation, sourit Marc.

— Parfait. Maintenant, passons aux affaires. Voici ce que j'attends de toi aujourd'hui : tout d'abord, je veux que tu te penches sur le budget du Portugal. Pablo, le responsable de la trésorerie, a déjà rassemblé certaines données, mais j'aimerais que tu creuses davantage et que tu affines les projections pour le prochain trimestre. Je lui ai envoyé un mail hier dont tu es en copie pour vous mettre en relation et vous exposer votre travail commun. Ça sera l'occasion de faire sa connaissance et de te faire une première idée des comptes de la filiale.

— Oui j'ai vu ton mail ce matin en arrivant. Je vais me pencher sur ce sujet. Et ensuite ? demande Marc qui suppose que Kévin lui a préparé une bonne liste de points à traiter.

— Ensuite, je veux que tu regardes la consolidation des budgets des filiales européennes. On a notre réunion de fin de semaine, et je veux m'assurer que nous avons une vue d'ensemble complète et précise. Vérifie que les chiffres s'alignent et que les rapports soient prêts à temps.

— D'accord. Y a-t-il des points spécifiques sur lesquels je devrais mettre l'accent ?

— Oui, sois attentif aux écarts importants et aux éventuelles anomalies dans les données. Nous devons garantir que tout est en ordre pour la réunion. Si tu as des questions ou des problèmes, n'hésite pas à venir me voir et me les signaler.

— Je te tiendrai au courant de l'avancement. Merci pour les instructions, Kévin.

— Et Marc, n'oublie pas que si tu as besoin d'aide ou que tu rencontres des obstacles, je suis là pour t'aider, insista Kévin.

— Oui, c'est bon à savoir. Je n'hésiterai pas.

Après cette brève discussion, Kévin et Marc se séparent et se dirigent vers leurs postes de travail, comme le font les autres membres de l'équipe dispersés dans les différents services. L'atmosphère s'anime doucement, Une énergie concentrée et déterminée monte doucement dans les bureaux. Les couloirs de Xonios fourmillent d'activité. Des employés vont et viennent, certains se croisant brièvement en échangeant des salutations matinales, d'autres absorbés déjà par leurs tâches du jour.

Les dernières touches sont apportées aux présentations, les documents sont consultés et les écrans montrent des tableaux Excel, des logiciels financiers aux multiples hypothèses de croissance, de simulation.

C'est ainsi que la transition entre le café du matin et le début de la journée de travail s'opère.

Quelques portes plus loin, une ambiance différente règne alors que la journée commence pour Laurent et Pauline, pleine de tension. Le bureau fonctionnel de Laurent, sobre et efficace, reflète son style de gestion sérieux et orienté vers les affaires.

Les murs sont bardés d'étagères qui contiennent des classeurs méthodiquement rangés, témoignant de l'organisation rigoureuse qui caractérise cet espace professionnel.

Au centre de la pièce, trône la table rectangulaire de réunion, prête à accueillir des discussions stratégiques et décisives. Des dossiers soigneusement disposés retiennent l'attention de Laurent, tandis que les écrans d'ordinateur diffusent une lumière tamisée, illuminant leurs visages.

Laurent est assis à l'une des extrémités de la table, il prend un premier document qu'il parcourt avec sérieux. À ses côtés, Pauline, la directrice de la trésorerie, est plongée dans ses pensées, observant les chiffres qui défilent sur son écran. Une ambiance préoccupante plane dans l'air, soulignant les enjeux importants qui occupent leurs esprits.

— Avant de plonger dans les chiffres, il y a la question urgente au Portugal que nous devons aborder, commença Laurent, interrompant le silence. J'ai réuni quelques points concernant Pablo Miranda, le responsable de la trésorerie de notre filiale portugaise. J'ai besoin qu'Hélène prépare une lettre de convocation en vue d'un licenciement pour faute grave. Voici ce que j'ai noté jusqu'à présent.

Il tend à Pauline une liste soigneusement rédigée.

— Tout d'abord, il y a ces anomalies dans les transactions financières au Portugal. Des irrégularités flagrantes ne peuvent être ignorées, commenta Laurent. Ensuite, nous avons découvert sa possible implication dans des fausses factures qui ont été récemment mises en lumière. Et bien sûr, l'absence de signalement de ces problèmes. Ce qui soulève de sérieuses questions quant à son intégrité et à sa responsabilité comme chargé de la trésorerie.

Il lève les yeux de la liste et regarde Pauline, attendant son avis.

— Je suis d'accord, Laurent. Ces questions doivent être traitées rapidement et avec fermeté. Je vais informer Hélène de cette situation et lui demander de prendre les mesures nécessaires.

— Parfait, Pauline. Je suis conscient que cela ne fait pas partie de nos discussions habituelles, mais il est crucial que nous agissions avec détermination dans cette affaire, précisa

Laurent, en ajoutant :

— Je veux que tu saches que la direction juridique est actuellement en train de travailler sur la réalisation d'un dossier solide pour couvrir le groupe au cas où tout cela devait être rendu public. Nous devons anticiper les répercussions potentielles et nous assurer que nous sommes prêts à gérer cette situation de manière professionnelle et conforme à la loi.

— C'est une mesure préventive judicieuse. Il est essentiel que nous mettions un plan en place pour faire face à toute éventualité, surtout si ces problèmes devaient être portés à la connaissance du public et des autorités compétentes.

— Tout à fait. Nous devons agir avec prudence et résolution. Assure-toi que la direction juridique travaille en étroite collaboration avec nous et que nous soyons prêts à réagir de manière adéquate en cas de besoin.

— Je m'assure de rester en contact avec Franck, le directeur juridique, de lui fournir toutes les informations nécessaires pour la réalisation de ce dossier. Nous devons agir de manière coordonnée pour nous garantir une réponse efficace.

— Parfait, Pauline. Je suis convaincu que nous sommes sur la bonne voie. Les prochaines semaines seront décisives, mais je suis confiant que nous saurons faire face.

— Je partage ton optimisme, Laurent. Nous sommes une équipe solide et comme d'habitude, nous mettrons tout en œuvre.

— Merci. Continue de me tenir informé de tout développement important.

— Absolument.

Laurent hoche la tête, satisfait de l'engagement de Pauline.

La confiance entre Laurent et Pauline qui s'est développée au fil des années de travail en commun, repose sur une compréhension tacite de leurs rôles et de leurs responsabilités respectives. Ils savent qu'ils peuvent compter l'un sur l'autre : leur état d'esprit est empreint de pragmatisme et de détermination. Ils savent que chaque défi peut être surmonté lorsqu'ils unissent leurs forces. Il n'y a pas de place pour les doutes ni pour les hésitations quand il s'agit de faire en sorte que Xonios continue de prospérer tout en maintenant les plus hauts standards d'éthique et de professionnalisme.

En se levant et en se dirigeant vers son bureau, Laurent ajoute d'un ton sérieux :

— Pauline, n'oublions pas que Jean suit cette affaire de près. Il souhaite être informé de toutes les nouvelles informations et du développement de la solution envisagée.

Il marque une pause et reprend :

— Par ailleurs, nous aurons une réunion avec Jean en fin de semaine pour faire le point. C'est une occasion pour nous de discuter de l'avancement de nos mesures et des prochaines étapes à prendre. Préparons-nous à lui fournir un aperçu complet de la situation.

Pauline acquiesce d'un signe de tête, comprenant l'importance de cette communication avec leur P.-D.G..

— Absolument. Il nous faut rester en contact étroit avec Jean. La préparation et la cohérence dans notre action seront des éléments clés pour renforcer sa confiance en notre gestion de cette affaire.

— Nous sommes tous dans le même bateau, notre détermination à résoudre ce problème sera déterminante pour notre succès.

— Entièrement d'accord, Laurent. Faisons en sorte que notre réunion avec Jean soit l'opportunité de lui montrer que nous sommes à la hauteur de la situation.

— C'est bien dit, Pauline. Allons-y et effectuons notre travail.

Pauline rassemble soigneusement ses dossiers, organisant chaque feuille avec une touche méticuleuse d'attention. Les lueurs tamisées des lampes de bureau dansent sur les mèches auburn de ses cheveux, en un jeu subtil de reflets dorés. Son visage exprime une concentration profonde, soulignant l'intelligence qui se cache derrière son regard vif.

Elle se lève avec une grâce naturelle, ses talons résonnent sur le sol. Elle ajuste légèrement le chemisier fluide qui dessine sa silhouette, un équilibre parfait entre professionnalisme et féminité. En se dirigeant vers la porte, elle laisse un parfum léger et délicat dans son sillage.

Elle se retourne, rencontrant les yeux de Laurent avec un mélange d'interrogation et de compréhension. Un léger sourire se dessine sur ses lèvres, reflétant à la fois son esprit perspicace et son sens de l'humour.

— Dans tous les cas, ce n'était pas très intelligent de la part de Pablo, déclare-t-elle d'une voix taquine, comme si elle partageait un secret complice avec Laurent. Ses yeux pétillent légèrement, capturant l'instant avec une intensité discrète.

Laurent lui répond par un hochement de tête, un sourire amusé se forme à l'angle de ses lèvres.

Assis à son bureau, Laurent se plonge dans ses pensées, les coudes posés dessus. Son regard se perd quelque part au-delà de l'horizon, reflétant un mélange de réflexion profonde et d'intrigue.

L'intelligence : un concept compliqué qui prend désormais des formes variées, se transformant en quelque chose de bien plus vaste que ce qu'il avait pu imaginer auparavant. Il se demande si le terme « intelligence humaine » est encore adéquat, alors qu'une nouvelle ère émerge, marquée par l'évolution rapide des technologies et l'avènement de l'intelligence artificielle.

Par la fenêtre entrouverte, le souffle léger du vent lui apporte une sensation de changement. Laurent se perd dans ses pensées, considérant les implications de cette nouvelle donne. L'intelligence artificielle, avec sa capacité à apprendre, à analyser et à résoudre des problèmes complexes, promet de révolutionner non seulement le monde de la finance, mais également tous les aspects de la société moderne.

Ses doigts tapotent la surface du bureau, comme s'il tentait de suivre le rythme de ses pensées en constante évolution. L'impact potentiel de cette nouvelle forme d'intelligence sur les métiers traditionnels l'intrigue et l'inquiète à la fois. Il se demande comment les rôles et les responsabilités évolueront à mesure que cette vague technologique grandira, laissant présager des défis et des opportunités inédits.

Laurent se remémore les discussions avec Pauline, sa collègue de confiance, et se dit que ces changements toucheront tous les aspects de leur domaine, exigeant une adaptation constante et une volonté de rester à la pointe des avancées. Il se dit que la clé réside dans la capacité à conjuguer l'intelligence humaine avec cette nouvelle forme d'intelligence, créant une synergie qui dépasse les limites individuelles.

En fin de compte, tandis que le monde autour de lui continue de se transformer, Laurent sait qu'il faudra faire preuve de souplesse, de curiosité et d'ouverture d'esprit pour embrasser les opportunités qui se présenteront et pour façonner un avenir où l'intelligence, qu'elle soit humaine ou artificielle, contribuera à maîtriser un monde toujours plus complexe et interconnecté.

15

Valérie, l'adjointe du commissaire, s'approche de la scène où le corps de Pablo Miranda a été découvert. Son regard professionnel et son assurance transmettent une confiance qui ne peut être ébranlée, même face à une situation aussi sombre.

Elle foule le sol pavé d'une démarche assurée, observant attentivement les détails environnants. Les rayons du soleil matinal traversent les buildings de La Défense, faisant des jeux d'ombre et de lumière qui épousent l'ambiance tendue du lieu.

Elle sait que chaque détail compte dans ce moment. Elle repère les marques laissées par les experts médico-légaux et la police scientifique, des indices silencieux qui pourraient contenir les réponses tant recherchées. Ses lèvres se pincent légèrement alors qu'elle essaie de reconstituer les événements.

Valérie fait preuve d'une présence calme et attentive, elle prend note mentalement des éléments importants. L'atmosphère est chargée de mystère et de tension. Elle ne veut pas que cette tension la déstabilise. C'est dans ces moments que sa détermination et son expérience se révèlent précieuses.

Elle se déplace sur la scène, échangeant des regards et des signes de tête avec les membres de son équipe. L'ombre de la tragédie plane dans ce lieu.

Valérie se tourne vers l'un de ses équipiers, le fixant de son regard.

— Lieutenant, pouvez-vous me faire un rapport des faits ? demande-t-elle d'une voix calme et déterminée.

L'homme acquiesce rapidement tout en ajustant son uniforme avant de prendre la parole.

— Bien sûr, capitaine. D'après les premières constatations, le corps de la victime, Pablo Miranda, a été retrouvé étendu au sol près du monument de La Défense de Paris. Une lettre a été découverte à proximité, sous une feuille plastifiée transparente. Il semblerait que cette lettre contienne des accusations concernant le P.-D.G. de Xonios, Jean de La Motte, ainsi que le directeur financier, Laurent Lechine.

Elle hoche la tête, prenant note mentalement des informations fournies.

— Avez-vous déjà effectué un premier examen du corps ? demande-t-elle.

Le lieutenant reprend la lecture de ses notes.

— Oui. Le médecin légiste a procédé à un examen préliminaire pour déterminer les causes possibles du décès. Pour l'instant, il ne peut rien affirmer avec certitude, si ce n'est que la mort se situerait entre 5h et 7h du matin. La suite, après l'autopsie.

Valérie remercie le brigadier.

— Continuez à coordonner les investigations sur la scène, et assurez-vous que tous les éléments de preuve sont soigneusement recueillis et documentés.

Sa voix résonne avec autorité, soulignant l'importance de l'approche méthodique dans ce processus critique.

Le lieutenant acquiesce une fois de plus, en s'éloignant de Valérie.

Malgré les premiers éléments dont elle dispose, Valérie reste imperturbable, son professionnalisme inébranlable étouffant tout signe extérieur de surprise ou d'émotion.

En dépit de son sang-froid, Valérie ne peut empêcher une légère déviation de ses pensées. Le nom de Jean de La Motte lui évoque instantanément un homme puissant et influent, le P.-D.G. emblématique de Xonios qui occupe fréquemment les couvertures des magazines avec des articles élogieux sur ses réalisations et ses projets ambitieux.

Elle se remémore vaguement un de ces articles qui traitait d'un projet expansionniste en Asie. Des bribes d'informations affluent dans son esprit : investissements massifs, partenariats stratégiques, une vision audacieuse pour étendre la portée de Xonios sur le marché oriental. Des détails précis lui échappent, noyés dans le flot constant d'informations et d'affaires auxquelles elle doit faire face.

Elle retrouve l'article en question, en pianotant sur son portable.

« Xonios annonce l'acquisition d'une entreprise informatique thaïlandaise et un investissement de cinquante millions d'euros dans une application mobile.

Dans un mouvement stratégique visant à élargir sa portée mondiale et à renforcer ses capacités numériques, Xonios, le géant technologique multinational, a annoncé l'acquisition d'une entreprise informatique de premier plan en Thaïlande. Cette acquisition, accompagnée d'un investissement significatif dépassant les cinquante millions d'euros, se concentrera sur le développement d'applications mobiles de pointe au sein de l'entreprise thaïlandaise acquise.

Une telle acquisition marque l'engagement de Xonios à s'implanter dans le paysage technologique dynamique, en rapide évolution de l'Asie du Sud-Est. L'entreprise informatique thaïlandaise, connue pour ses solutions innovantes et sa main-d'œuvre qualifiée, était une perspective attrayante pour Xonios afin d'établir une présence solide dans la région.

La majeure partie de l'investissement sera orientée vers la recherche et le développement d'applications mobiles conçues pour répondre à la demande croissante du marché numérique. Xonios envisage ces applications comme des moteurs clés de sa future expansion et de sa compétitivité.

Cette acquisition ambitieuse s'accompagne d'une décision difficile : Xonios prévoit de réduire la main-d'œuvre actuelle d'environ 30%. Ce mouvement, nécessaire pour un réalignement stratégique, a soulevé des préoccupations. L'aspect humain du projet, y compris la sécurité de l'emploi et le bien-être de la main-d'œuvre, reste un domaine nécessitant une réflexion minutieuse qui devra aboutir à des décisions mûrement réfléchies.

Les investisseurs ont largement accueilli l'expansion de Xonios en Thaïlande, la considérant comme une opportunité significative pour l'entreprise de s'ouvrir à de nouveaux marchés et technologies.

Les parties prenantes observeront de près de quelle façon l'entreprise aborde ces préoccupations sociales et équilibre ses objectifs stratégiques et son engagement envers ses employés et la communauté. »

Valérie serre les dents. Elle se recentre sur la scène devant elle, sachant que son devoir est de rassembler les faits, de démêler les fils et de rechercher la vérité, quelle que soit l'ampleur des enjeux ou la notoriété des personnes impliquées.

Elle veut être fidèle à son devoir envers la justice et à laisser les pièces du puzzle s'assembler pour révéler ce qui s'est réellement passé à la suite de la tragique découverte de Pablo Miranda.

Face à Valérie, adossé au monument allégorique de La Défense de Paris, se trouve un individu bien habillé : costume sombre, parfaitement ajusté, chemise blanche fermée par une cravate assortie, mocassins cirés. Aucune trace de désordre ou de lutte ne se manifeste sur son apparence soignée, en contraste avec l'atmosphère pesante de la scène. L'homme est paisiblement installé, comme s'il s'était simplement assis pour se reposer un instant et profiter du calme de l'endroit.

Ses yeux sont clos, une expression de tranquillité recouvre son visage. Ses mains reposent sereinement sur ses genoux confirmant l'absence totale de tension ou de lutte. L'air frais de la matinée caresse légèrement ses cheveux. Alors que les premiers rayons du soleil filtrent à travers les buildings de la Défense, tout laisse à penser que cet homme était endormi et allait se réveiller sous peu. Les apparences peuvent parfois être trompeuses.

Valérie scrute attentivement chaque détail : très souvent, c'est en repensant à la scène d'un crime que des éléments insignifiants sur le moment se révèlent a posteriori déterminants.

Se penchant avec précaution, elle s'agenouille près du corps, se rapprochant suffisamment pour examiner la lettre placée sous blister. Elle examine les caractères dactylographiés sur le papier : de l'Arial 12 certainement, se fait-elle la réflexion. C'est un mélange de mots en gras, en minuscule et en majuscule.

Une sensation d'oppression mêlée d'un sentiment d'inquiétude la submerge alors qu'elle lit :

Laurent Lechine, le directeur financier de Xonios, est MON MEURTRIER. Et n'oubliez pas : le P.-D.G., Jean de La Motte, sait TOUT des détournements de fonds

— Étrange courrier que celui prétendu tapé sur le clavier d'un ordinateur par un futur mort pour accuser son assassin sans que celui-ci ne se donne la peine de faire disparaître ce document, se dit Valérie. Ça n'a pas de sens.

Son expérience n'atténue en rien l'impact de la situation. Les tournures de phrases énigmatiques, les accusations graves et les menaces qui transparaissent dans le contenu de la lettre incluent une dimension sombre et complexe.

Son regard se détourne de la lettre pour se poser à nouveau sur le corps, et elle prend une profonde inspiration pour se concentrer. Si la scène semble calme, l'imposante réalité ne cesse de la rappeler à l'ordre. Un soupir discret s'échappe de ses lèvres ; elle comprend à nouveau que chaque enquête, quelle qu'elle soit, porte en elle une part d'émotion humaine difficilement inévitable.

Puis elle se relève, en lissant doucement le tissu de son pantalon. Son visage ne laisse rien transparaître de ce qu'elle ressent, déterminée à démêler les fils de cette affaire mystérieuse et à en percer les secrets cachés dans cette scène apparemment si paisible.

Valérie laisse échapper un léger sourire en coin, un mélange subtil d'amusement et d'ironie. L'idée que la fameuse Défense de Paris n'ait pas été un refuge pour cet homme ne manque pas de lui laisser une curieuse impression.

Elle ressent un pressentiment, une intuition que cette affaire ne sera pas ordinaire. Les éléments qui se présentent forment un puzzle troublant, dont les pièces s'assemblent pour dessiner une image plus compliquée que ce qu'elle aurait pu imaginer.

Comme si cet homme n'était pas mort, mais simplement plongé dans un sommeil profond. Une étrange impression d'irréalité se mêle à son analyse professionnelle, auréolée de mystère.

Valérie, d'une voix autoritaire et calme, adresse un ordre direct au lieutenant à ses côtés :

— Mettons de côté cette lettre, assurez-vous qu'elle reste hors de vue, personne ne doit la lire.

Son regard traduit l'importance de cette mesure, soulignant l'urgence et la nécessité de préserver l'intégrité de la scène.

Puis, sans hésitation, elle ajoute d'un ton sûr, plus pour elle que pour son collègue :

— Quant à moi, je vais appeler le commissaire. Pour qu'il soit informé de la situation et qu'il vienne.

Chaque mot est prononcé avec une clarté qui ne laisse aucun doute sur sa détermination.

Valérie s'éloigne de la statue de la Défense de Paris pour appeler le commissaire. Elle réfléchit à la suite des événements et aux prochaines étapes à prendre dans cette affaire.

16

Le commissaire Rouland raccrocha brusquement l'appel, son visage affichant une expression de sérieux et de concentration. Il se leva de son siège. Il se mit à marcher à travers son bureau. L'espace n'était pas vaste, il y avait suffisamment de place pour déambuler tout en réfléchissant.

Son bureau était le reflet de son quotidien trépidant, avec des dossiers éparpillés ici et là, des chaises témoins d'inquiétudes, des armoires contenant des secrets et des réponses à de nombreuses questions.

Tout en zigzaguant dans son antre, ses pensées étaient entièrement focalisées sur le nom qui résonnait dans sa tête : De La Motte. Jean de La Motte était l'une des figures les plus en vue dans le monde des affaires en France. Son nom avait figuré récemment en couverture de nombreux magazines spécialisés, son influence s'étendait à divers domaines économiques.

La situation prenait une dimension beaucoup plus complexe et incertaine. L'implication potentielle d'une personnalité aussi renommée que Jean de La Motte donnait à l'affaire une toute nouvelle perspective. Les enjeux étaient plus élevés, les conséquences potentielles plus grandes.

Son esprit était en ébullition, évaluant les implications possibles, les ramifications et les diverses directions que l'enquête pourrait prendre. Il devait agir avec prudence et diligence, s'assurant de rassembler toutes les informations nécessaires pour comprendre ce qui se cachait dans cette affaire troublante.

C'était ce que l'on qualifiait communément d'affaire « délicate ». Les raisons en étaient multiples, tissant leur toile complexe autour du commissaire Rouland, tout en élevant les enjeux à un niveau exceptionnel. Trois éléments contribuaient à cette délicatesse.

Tout d'abord, il y avait l'identité révélée dans la lettre. Le simple fait que le nom de Jean de La Motte soit impliqué dans cette affaire mettait en évidence la portée potentielle des répercussions. Cela signifiait que chaque mouvement, chaque décision prise serait scrutée avec une attention particulière, susceptible d'influencer non seulement la réputation de l'entreprise Xonios, de son P.-D.G., mais aussi de s'étendre à l'ensemble du monde des affaires.

En second lieu, il y avait le réseau étendu dont disposait Jean de La Motte. Non seulement il avait des connexions approfondies dans les milieux d'affaires, mais il entretenait aussi des liens politiques étroits, mettant en jeu des intérêts et des alliances potentiellement puissantes.

Enfin, et peut-être le plus délicat, était le fait que Jean de La Motte était un ami proche d'une personnalité politique influente, elle-même très proche du président de la République. Cette connexion rapprochée avec les plus hautes sphères du pouvoir ajoutait une dynamique hautement politique à l'affaire. Les implications pouvaient s'étendre bien au-delà de l'entreprise et de l'enquête en cours, touchant potentiellement le cœur même du gouvernement.

Pour le commissaire Rouland, cette affaire était bien plus qu'une simple enquête criminelle. C'était un équilibre subtil à rechercher entre la vérité et la gestion prudente de forces en présence qui pouvaient propulser une carrière ou la détruire en un instant. Chaque décision qu'il devrait prendre allait être soigneusement pesée.

Le commissaire Rouland était un homme doté de nombreuses qualités, mais il avait un défaut majeur : il ne savait pas faire dans la dentelle. Son tempérament de méridional, alliant joie de vivre et colères mémorables, laissait peu de place aux subtilités et aux délicatesses. Pour lui, l'efficacité et la franchise étaient prioritaires, même si cela signifiait parfois sacrifier la nuance et la diplomatie.

Cette caractéristique avait des avantages. Il n'hésitait pas à prendre les devants, à agir avec détermination et à faire preuve d'une grande transparence dans ses décisions. Son équipe le savait bien : avec lui, il n'y avait pas de faux-semblants, pas de circonvolutions inutiles. Les choses étaient dites telles qu'elles étaient, directement et sans fioritures.

Cependant, cette approche pouvait parfois lui jouer des tours, surtout dans des affaires sensibles comme celle qui se présentait. Les délicates alliances politiques, les relations puissantes et les enjeux élevés nécessitaient une touche de tact et de finesse, des compétences qui n'étaient pas toujours naturelles pour le commissaire.

Dans cette affaire particulière, il savait qu'il devrait jongler avec les nuances, naviguer habilement entre les intérêts divergents et les personnalités influentes. La tension entre sa nature directe et la situation pourrait être déterminante pour l'issue de l'enquête.

Le commissaire Rouland avait décidé de se promener dans le quartier de la Défense, afin de prendre l'air et rafraîchir sa mémoire. C'était une habitude chez lui de s'isoler quelques minutes au milieu des autres personnes partageant le quartier. Il arrivait, tout en marchant, à faire abstraction du bruit et des mouvements.

Sa silhouette massive et sa démarche assurée rappelaient celle du rugbyman qu'il avait été, incitant les passants à s'écarter sur son passage. Rien ne pouvait le détourner de son objectif. Son visage était marqué par les prémices d'une journée difficile. Malgré sa prestance, il n'échappait pas aux regards curieux ou furtifs des passants, tandis que d'autres jetaient des coups d'œil intrigants en se demandant ce qui pouvait pousser un homme à se déplacer avec une telle assurance. Était-ce peut-être l'aura de responsabilité qui émanait de sa personnalité ?

Quoi qu'il en soit, le commissaire Rouland poursuivait son chemin.

De retour au bureau, le commissaire Rouland adressa un bref signe de tête à la capitaine, de passage au commissariat avant de retourner sur la scène de crime. Il lui demanda d'une voix ferme :

— Re-bonjour Valérie, qu'avez-vous découvert ? Faites-moi un rapport circonstancié de la situation. Vous m'avez parlé, au téléphone d'un employé de Xonios. Avez-vous pour confirmer son identité ?

— Oui, nous avons trouvé des papiers d'identité sur lui, au nom de Pablo Miranda. Il se pourrait que ce soit un Portugais habitant Lisbonne.

— Pas de trace de violence apparente, vous dites ?

Oui, le corps ne présente aucun coup, pas de plaie, donc a priori pas d'utilisation d'arme blanche ou à feu. Nous attendons les conclusions du légiste pour en savoir davantage.

Le commissaire prit la lettre sous plastique posée sur son bureau.

— Et cette lettre... Accusant Laurent Lechine d'assassinat et évoquant une affaire de corruption liée à de La Motte. C'est plutôt direct comme déclaration.

— C'est ce qui a retenu notre attention, confirma la capitaine. Une accusation aussi grave mérite d'être prise très au sérieux.

— Laurent Lechine, le directeur financier de Xonios et Jean de La Motte impliqués dans une affaire de corruption ? s'interrogea le commissaire tout haut.

Et il ajouta :

— C'est un cocktail explosif.

— C'est ce que je pense aussi, confirma la capitaine. Cette affaire pourrait avoir des ramifications importantes, compte tenu des noms cités.

— On dirait que nous sommes tombés sur quelque chose de bien plus complexe que prévu. Et la lettre, avez-vous pu en préserver les empreintes ?

— Nous avons pris toutes les précautions nécessaires pour préserver les empreintes et les indices. Nous attendons les résultats des analyses de la Scientifique. Mais, il ne faut pas s'attendre à grand-chose de ce côté.

Un silence de quelques secondes se fit entre les deux.

— Bien. Continuez de rassembler toutes les informations possibles sur cette affaire. Et que chaque détail soit minutieusement examiné.

— Compris, commissaire. Nous sommes déjà en train de recueillir des témoignages des passants et d'éventuels témoins.

— Parfait. Prévenez-moi dès que vous avez des nouvelles du légiste et des analyses de la lettre.

— Bien sûr commissaire.

La capitaine était sur le point de rejoindre son bureau, avant de repartir sur la scène du meurtre, lorsque le commissaire lui demanda :

— Y a-t-il d'autres personnes ici qui auraient pu voir la lettre ?

— À ce stade, je ne peux pas le confirmer. Les lieux étaient relativement fréquentés quand nous sommes arrivés, mais nous avons immédiatement mis la lettre de côté pour éviter toute divulgation.

— Bon, espérons que personne d'autre n'ait eu l'occasion de mettre la main dessus. Nous ne pouvons pas nous permettre une fuite prématurée d'informations.

— Je suis d'accord.

— Très bien. Assurez-vous que personne n'ait accès à cette lettre. Je ne veux pas de surprises désagréables telles que la transmission de son contenu à la presse.

— Je m'en occupe, commissaire. Nous avons isolé la zone et pris des mesures pour éviter tout accès non autorisé.

— Parfait. Cette affaire risque de nous donner du fil à retordre, et nous ne pouvons pas nous permettre de négliger le moindre détail.

Il ajouta :

— On se retrouve au pied de la statue d'ici quinze minutes.

Le commissaire s'écarta du groupe, son esprit bouillonnait. Il n'était plus question de traiter cette affaire comme une simple affaire de routine.

— C'est du lourd, cette fois-ci, pensa-t-il à voix haute. L'affaire Pablo Miranda n'était pas un simple meurtre. Non, elle impliquait des noms influents, des relations puissantes. Le nom de Jean de La Motte était inscrit sur cette maudite lettre, et cela changeait tout, pensa-t-il.

Le commissaire ne pouvait plus se contenter de gérer cette affaire en interne. Les enjeux étaient bien trop élevés. Une affaire de cette envergure nécessitait l'attention de ses supérieurs. La nomination d'un magistrat instructeur n'était plus une question de « si », mais de « quand ».

Il saisit son portable et composa le numéro du divisionnaire.

Son supérieur l'accueillit d'une voix calme et autoritaire. Le commissaire expliqua rapidement la situation. Il mentionna le nom de Jean de La Motte, la lettre de menace et l'implication possible de Laurent Lechine, le directeur financier de Xonios. Il imaginait l'ampleur de l'affaire prenant forme au fur et à mesure qu'il parlait.

— Je vais devoir agir vite et bien, se dit-il, en raccrochant après avoir reçu l'approbation de son divisionnaire de mettre en place les mesures nécessaires. Il avait le sentiment que cette enquête allait le pousser dans ses retranchements, qu'elle allait tester son professionnalisme et sa capacité à gérer une situation aussi complexe.

Il se rendit sur la scène de cette affaire où Valérie Garet l'attendait déjà.

— Une affaire qui pourrait propulser ta carrière ou la détruire, murmura-t-il, découvrant la scène.

— Capitaine, apostropha-t-il son adjointe, qui examinait les lieux avec deux de ses lieutenants.

— Nous devons être extrêmement prudents dans notre approche. Tout élément, la moindre information, doit passer par moi avant d'être relayé à qui que ce soit. J'en ai déjà informé le divisionnaire personnellement. Nous attendrons qu'un magistrat soit nommé pour agir de manière coordonnée.

Il marque une pause, s'assurant que Valérie comprenne bien l'importance de la situation.

— En attendant, je veux que vous placiez cette affaire en haut de la pile de dossiers que vous êtes en train de traiter. Cette enquête doit être notre priorité absolue. Tout cela avec la plus grande discrétion et efficacité. Il en va de soi.

Par un signe de tête, la capitaine approuve ce qu'il vient de dire, en ajoutant :

— Vous pouvez compter sur moi.

Le commissaire lui adresse un bref sourire.

— Bon, voyons ce que nous avons là, ajouta le commissaire pour signaler qu'ils allaient examiner ensemble les lieux et le corps.

Pendant une petite heure, encore, le pourtour de la statue est occupé par la police, la Scientifique y fait les premières constatations. Des brigadiers écartent les passants curieux et répondent, plus ou moins avec courtoisie, aux journalistes venus faire leur métier et avides d'obtenir des informations.

Pour protéger le corps des regards, une bâche avait été tendue, accrochée à un arbre et à un lampadaire. À l'abri de celle-ci, chacun jouait un rôle bien déterminé et l'exécutait avec calme et précision.

La fin de la matinée approchait, les policiers avaient fini d'inspecter l'ensemble du périmètre : photos, indices, constatations, tout était dans « la boîte ».

Des ambulanciers disposèrent le corps de Pablo Miranda sur une civière, masquant son visage d'un drap blanc.

Quelques minutes, plus tard, l'ambulance prenait la direction de l'institut légal.

— Nous n'avons pas de temps à perdre, dit le commissaire en se retournant sur son adjointe. Allons directement chez Xonios avant que la nouvelle du décès de Pablo Miranda ne se répande d'une manière ou d'une autre. Je veux que nous soyons sur place immédiatement pour recueillir des informations et prendre les devants dans cette affaire.

— Je vais organiser notre déplacement et informer l'équipe.

Sans perdre de temps, ils se séparent. Le commissaire Rouland sait que chaque minute compte, et que leur intervention rapide chez Xonios pourrait faire la différence dans la manière dont l'affaire évoluera.

17

Une demi-heure plus tard, le commissaire Rouland, la capitaine Garet et un enquêteur attendaient dans le salon attenant au bureau de Jean de La Motte. Ce salon était aménagé avec goût : un canapé en cuir et deux fauteuils assortis sont disposés autour d'une table basse de couleur foncée. Les grandes baies vitrées offrent une vue imprenable sur Paris, avec ses imposants immeubles et sur ses larges rues animées.

Jean de La Motte avait été informé de l'arrivée des policiers par le commissaire divisionnaire en charge de l'affaire. Il se tenait debout derrière son bureau, les bras croisés, une expression d'incrédulité mêlée de méfiance sur le visage. La nouvelle du décès de l'un de ses employés l'avait frappé de plein fouet.

La porte s'ouvre, sa secrétaire lui annonce sobrement la présence du commissaire Rouland et de son équipe. Jean relève les sourcils, visiblement surpris de la rapidité avec laquelle les autorités sont intervenues. Il invite les policiers à entrer.

Le commissaire Rouland pénètre dans le bureau avec assurance. La capitaine et l'enquêteur échangent des regards professionnels et respectueux.

Les deux hommes se serrent la main puis Jean de La Motte fait un simple signe de tête à la capitaine et à l'enquêteur.

— Monsieur de La Motte, je suis le commissaire Rouland du commissariat de la Défense. Voici mon adjointe, la capitaine Garet et un enquêteur, Grégory Courtois. Nous vous prions d'accepter nos condoléances pour la mort de votre collaborateur, Monsieur Pablo Miranda.

Sans laisser le temps au P.-D.G. de répondre, il expose succinctement la situation et les raisons de leur présence.

— Nous sommes ici pour enquêter sur son décès. Nous souhaitons obtenir votre coopération dans cette affaire délicate.

Des éléments nous laissent penser qu'il pourrait y avoir un lien avec votre entreprise, Xonios.

Jean de La Motte écoute attentivement, son regard perçant passant du commissaire à son adjointe. Malgré son sérieux, il semble préoccupé par la situation.

— Commissaire Rouland, je suis bien sûr prêt à coopérer pleinement avec votre enquête. Cependant, je dois avouer que je suis choqué par la tragédie qui s'est produite et les accusations qui ont suivi. J'ai du mal à croire qu'un tel événement puisse avoir des ramifications avec notre société.

Le commissaire approuve d'un signe de tête, en entendant la réaction de Jean.

— Nous comprenons votre préoccupation, Monsieur de La Motte. Notre objectif est de déterminer les circonstances exactes de cette affaire. Si vous avez des informations ou des éléments qui pourraient nous être utiles, nous vous serions reconnaissants de nous en faire part.

Valérie intervient à son tour, exprimant la volonté de mener l'enquête avec rigueur et objectivité.

— Nous ferons tout notre possible pour établir la vérité dans cette affaire, Monsieur de La Motte. Votre coopération nous aidera grandement dans cette démarche.

Le P.-D.G. fixe brièvement les policiers, puis d'un air déterminé et un hochement de tête :

— Très bien, Commissaire Rouland, Capitaine Garet. Je suis prêt à répondre à vos questions et à vous.

Le commissaire remercie Jean pour sa coopération. La conversation prend un ton plus formel, marquant le début de l'enquête.

L'enquêteur, jeune recrue déterminée, observait avec une certaine curiosité la pièce élégante et les individus qui l'occupent. La technologie moderne se fondait dans le décor classique du bureau, en une ambiance à la fois raffinée et professionnelle.

La secrétaire de Jean, discrète mais efficace, avait apporté sur la table un plateau de boissons. Les tasses et les verres reflétaient la lumière qui inondait la pièce Elle avait proposé des cafés à chacun, seule la capitaine avait demandé un verre d'eau.

Dans ce cadre élégant et moderne, la conversation avait débuté avec gravité. Les regards se croisèrent de nouveau, les paroles furent échangées et les enjeux se décantèrent peu à peu. En bout de la table, Jean de La Motte, secoué par les événements récents, s'efforçait de rester calme et concentré, conscient que l'enquête qui se profilait pourrait ébranler les bases de son entreprise et de son propre monde.

Le commissaire reprit la parole d'un ton modéré et direct, rompant le silence qui avait enveloppé le bureau.

— Monsieur de La Motte, avant de poursuivre, j'aimerais vous poser quelques questions. Connaissiez-vous personnellement Monsieur Miranda ?

Jean de La Motte leva les yeux, fixant le commissaire un instant avant de répondre d'une voix calme mais sèche :

— Non, je n'ai jamais eu l'occasion de le rencontrer personnellement.

Les yeux du commissaire scrutèrent le P.-D.G. avec attention, cherchant des signes de nervosité ou de dissimulation. La capitaine, à ses côtés, prenait des notes, captant chaque mot prononcé avec intérêt.

— Je vois. Et pourtant, une lettre retrouvée près du corps de Monsieur Miranda vous mentionne ainsi que votre directeur financier, Laurent Lechine. Elle fait état d'une affaire de corruption impliquant votre entreprise. Pouvez-vous m'en dire plus à ce sujet ? continua le commissaire.

Le regard de Jean de La Motte se fit plus intense. Après quelques secondes, il répondit :

— C'est la première fois que j'entends parler de cette affaire, commissaire. Je vous assure que Xonios a toujours agi dans le respect des lois et des réglementations.

Le commissaire acquiesça d'un hochement de tête et poursuivit :

— Je comprends. Nous sommes en train de mener une enquête approfondie pour éclaircir les circonstances de la mort de Monsieur Miranda et la véracité des allégations contenues dans cette lettre.

Jean de La Motte hocha la tête à son tour, manifestant son accord tout en gardant une certaine réserve. L'atmosphère dans la pièce restait tendue, tout le monde étant conscient de l'enjeu de cette conversation et de la situation complexe qui se profilait.

— Commissaire, je vous le redis, soyez assuré de ma totale coopération. Si nous pouvons aider à établir la vérité, nous le ferons, rétorqua le P.-D.G. d'une voix posée.

Le commissaire Rouland poursuivit avec insistance :

— Êtes-vous certain qu'aucun événement particulier, aucune situation inhabituelle n'a émergé dans l'entreprise ces derniers jours ? Rien qui puisse expliquer cette lettre et les allégations qui y sont formulées ?

Jean de La Motte, sa voix empreinte de sincérité et de perplexité :

— Commissaire, je vous assure que Xonios a continué ses activités de manière tout à fait normale. Nous n'avons pas été confrontés à des problèmes ou des éléments nouveaux pouvant expliquer cette situation. Bien sûr, comme toute grande entreprise, nous pouvons faire face à des défis, mais rien d'exceptionnel n'a surgi récemment.

La capitaine Garet prenait toujours des notes, regroupant ainsi les pièces du puzzle nécessaires à l'enquête. Elle commençait à trouver la conversation trop chaleureuse.

— Monsieur de la Motte, vous comprenez qu'on ne cite pas deux dirigeants dans une lettre sans raison. D'autant que cette lettre a été trouvée donc mise par quelqu'un près du corps d'un mort, comprenez-vous ? intervient-elle.

— Bien sûr, Capitaine, je comprends très bien. Seulement, je n'ai aucune explication logique à vous donner. Pouvez-vous peut-être me dire ce que comporte cette lettre ?

Le commissaire sortit son portable de sa poche et présenta la photo de celle-ci au P.-D.G..

— C'est ridicule ! Je dirais même plus, c'est diffamatoire, réagit Jean de La Motte à la vue de cette missive.

Son visage s'empourpra et il fut déstabilisé quelques courtes secondes.

— Notre rôle est de comprendre également le bien-fondé de ces deux accusations, souligna l'enquêteur, qui prenait pour la première fois la parole depuis le début de la conversation.

— Certes ! Cependant, je vous affirme que Xonios, Laurent Lechine et moi-même ne sommes nullement liés à tout crime et à toute corruption, clama le P.-D.G.

Après avoir pris une gorgée du café qu'il trouva étonnamment excellent, le commissaire Rouland reprit la parole en posant un regard scrutateur sur Jean de La Motte, son visage impassible, attendant une réponse à sa question.

— Que pouvez-vous me dire sur votre directeur financier, Monsieur Lechine ? À la fois en tant qu'homme et professionnel ? interrogea-t-il d'une voix calme mais incisive.

Jean de La Motte parut légèrement crispé par la question, une lueur fugace d'inquiétude traversant son regard. Tout en gardant son calme, il se recula sur son siège.

— En tant que professionnel, Monsieur Lechine est compétent dans son domaine. Il a fait ses preuves au sein de notre entreprise et a contribué à la gestion financière de Xonios. Cependant, en tant qu'homme, je ne peux pas prétendre le connaître très intimement. Nous avons des interactions professionnelles, mais je ne peux pas me prononcer sur sa vie personnelle.

Valérie observa attentivement la réaction de Jean de La Motte, notant ce léger changement dans son expression. Elle prit mentalement note de ce détail.

— Monsieur de la Motte, je comprends votre position, mais il est important pour notre enquête de clarifier le rôle de Laurent Lechine au sein de votre entreprise. Pourriez-vous expliquer en quoi consistent ses responsabilités en tant que directeur financier ? poursuivit le commissaire.

— Bien sûr, Monsieur le commissaire. En tant que directeur financier, Laurent Lechine est responsable de superviser toutes les activités financières de notre entreprise. Cela inclut la gestion des budgets, les prévisions financières, les rapports comptables et bien d'autres aspects cruciaux pour notre fonctionnement.

— Depuis combien de temps exerce-t-il cette fonction ?

— Laurent Lechine occupe le poste de directeur financier depuis cinq ans maintenant. Il a fait ses preuves au fil des années et a contribué à notre succès financier.

— D'accord, c'est clair. Avez-vous remarqué des changements dans le comportement de Monsieur Lechine récemment ? s'enquit l'enquêteur.

— Pour être franc, je n'ai pas remarqué de changement significatif dans son comportement dernièrement. Comme je vous l'ai mentionné précédemment, nos interactions se limitent principalement au cadre professionnel, tels que les réunions et les congrès. En tant que P.-D.G., ma principale préoccupation est de veiller à ce que nos collaborateurs remplissent leurs responsabilités de manière efficace.

— Compris, Monsieur de la Motte. Cependant, si vous entendiez parler de tout comportement inhabituel ou préoccupant de la part de M. Lechine, je vous encourage à nous en informer immédiatement, précise l'enquêteur.

— Si vous le souhaitez, je peux appeler Laurent Lechine dès maintenant pour qu'il se joigne à la discussion, propose Jean de La Motte, sur un ton davantage marqué par un certain énervement.

— Monsieur de la Motte, je comprends votre intention, mais dans le cadre de cette enquête, c'est moi qui mène la discussion. Pour le moment, nous préférons recueillir vos informations sans la présence de M. Lechine. Nous aurons l'occasion de parler avec lui en tête-à-tête plus tard dans la journée.

— Très bien. Je comprends votre approche et je dis à nouveau que je suis prêt à répondre à toutes vos questions concernant la situation.

Pendant quelques instants, un silence s'installe dans la pièce.

Jean de la Motte reste assis, la posture droite et posée. Son regard traverse la pièce, laissant entrevoir un moment de réflexion. Il est en pleine assimilation des informations qui ont été échangées, montrant une attention minutieuse aux détails. Un léger plissement de son front témoigne de son esprit actif, toujours en quête de solutions ou de perspectives.

La capitaine Valérie saisit l'opportunité de relancer la conversation.

— Monsieur de la Motte, maintenant que nous avons éclairci certains aspects importants, pourriez-vous nous fournir plus de détails sur la structure organisationnelle de la direction financière de Xonios ? Comment sont structurées les équipes sous la supervision de M. Lechine, et comment s'organise leur interaction avec les autres départements de l'entreprise ?

— Bien sûr, Capitaine. La structure de la direction financière de Xonios est conçue pour assurer une gestion optimale de nos ressources financières et pour soutenir nos objectifs stratégiques. Sous la supervision de Laurent Lechine, nous avons plusieurs équipes spécialisées. Tout d'abord, il y a l'équipe de comptabilité qui gère les aspects comptables et produit les rapports financiers réguliers. Ensuite, nous avons une équipe dédiée à la planification budgétaire et à l'analyse financière, qui travaille en étroite collaboration avec nos responsables opérationnels pour aligner les objectifs financiers avec les besoins de chaque département. Enfin, une équipe gère les opérations de trésorerie, surveille les flux de trésorerie et assure une gestion efficace de nos liquidités. Cette structure permet à chaque équipe de se concentrer sur ses domaines de compétence tout en favorisant la communication et la collaboration interdépartementales. Les échanges avec les autres départements sont essentiels pour que nous puissions prendre des décisions financières éclairées qui soutiennent notre croissance et notre succès.

— Monsieur de la Motte, j'apprécie vos explications concernant la structure de la direction financière. Maintenant, si vous le permettez, j'aimerais également clarifier un autre point. Qui est le responsable hiérarchique direct de Monsieur Miranda au sein de l'entreprise ?

— Le responsable hiérarchique direct de Monsieur Miranda est Kévin Santos, il occupe le poste de responsable trésorerie groupe. Kévin Santos est lui-même sous la responsabilité de Pauline Fontaine, la directrice de la trésorerie. Et, bien sûr, Pauline Fontaine relève directement de Laurent Lechine, notre directeur financier, expliqua de La Motte.

Le commissaire, reprenant l'initiative de la discussion, maintenant un ton professionnel et engagé. Il se tourne vers Monsieur de la Motte, lui signifiant que la conversation reprend sous sa direction.

— Monsieur de la Motte, permettez-moi de vous poser une autre question. Avez-vous remarqué récemment des événements inhabituels au sein de Xonios qui pourraient avoir une pertinence dans cette enquête ?

— Monsieur le commissaire, je vous ai déjà fait part de ma réponse à cette question. Pour la réitérer : je n'ai pas remarqué d'événements inhabituels récemment au sein de l'entreprise. Mes préoccupations sont principalement concentrées sur la gestion efficace de nos opérations et la réalisation de nos objectifs commerciaux, d'une voix dénotant une certaine irritation.

— Pourriez-vous nous informer si vous avez connaissance d'ennemis externes à l'entreprise qui pourraient avoir des motivations négatives envers vous ou envers Xonios ? interrogea l'enquêteur.

Jean de la Motte semble plus détendu et esquisse un sourire en répondant :

— En ce qui concerne d'éventuels ennemis externes, je n'ai pas de raisons de croire que des individus ou des entités extérieures aient des motivations négatives spécifiquement envers moi ou envers Xonios. Bien sûr, notre entreprise évolue dans un environnement concurrentiel, il y a des tensions normales dans le monde des affaires. Cependant, je n'ai pas de connaissance directe d'ennemis externes qui cibleraient délibérément ma personne ou notre entreprise.

Et en prenant un ton plus professoral :

— Vous savez, dans le monde des affaires, il est souvent observé que le succès attise parfois des sentiments négatifs. C'est presque inévitable. Une entreprise qui réussit, même si elle ne cherche pas à attirer des ennemis, peut susciter de la jalousie et des rancœurs. C'est un aspect humain complexe. La réussite peut parfois générer des tensions et des sentiments mitigés chez certains, surtout lorsque l'on opère dans un environnement concurrentiel. Cependant, nous nous efforçons toujours de rester concentrés sur nos objectifs et de maintenir des relations positives avec nos partenaires et parties prenantes.

— Vous n'avez pas uniquement des amis au sein de l'entreprise ou dans votre réseau professionnel, intervient la capitaine.

— C'est vrai. Les relations professionnelles peuvent être diverses et nuancées. Les intérêts et les perspectives peuvent différer, il est essentiel de rester conscient de cela dans notre démarche.

Le commissaire Rouland prit la parole :

— Monsieur de la Motte, je vous remercie pour le temps que vous nous avez accordé et pour vos réponses franches. Pour l'instant, nous allons conclure cette discussion. Cependant, il est probable que nous aurons besoin de vous interroger à nouveau à une date ultérieure. Votre coopération nous est précieuse dans le cadre de cette enquête.

— Je vous remercie, Monsieur le commissaire. J'espère que nos échanges contribueront à faire la lumière sur cette situation.

Chacun se lève. Monsieur de La Motte se dirige vers la porte, accompagné des policiers. Le commissaire s'adresse à lui avant de partir.

— Monsieur de la Motte, nous vous remercions encore une fois pour votre coopération. Nous avons prévu d'interroger Monsieur Lechine plus tard cet après-midi. Si vous avez d'autres informations qui vous viennent à l'esprit ou si vous avez des questions, n'hésitez pas à nous contacter.

— Merci, Monsieur le Commissaire. Je n'hésiterai pas à vous informer si quelque chose me vient à l'esprit.

Les policiers quittent le bureau de Monsieur de La Motte, le laissant seul pour réfléchir aux événements et aux discussions qui viennent d'avoir lieu.

18

Le commissariat est un brassage d'activité frénétique et de routine bien établie. Situé au cœur du quartier de La Défense, le bâtiment a vu passer un grand nombre d'affaires au fil des années. L'ambiance oscillant entre l'agitation constante et des moments de calme relatif.

Les bureaux étaient fonctionnels, bien que le temps et l'usure se fassent sentir. Les murs pourraient bénéficier d'un rafraîchissement de peinture, et certains équipements sont utilisés plus qu'il le faut. Des piles de dossiers, des ordinateurs et des écrans affichant diverses informations complètent le tableau d'une équipe engagée dans son travail.

Entre les dépôts de main courante, les préparatifs pour les patrouilles et les discussions sur les affaires en cours, le commissariat vibre d'une énergie particulière ; un lieu où les policiers font face aux défis quotidiens, rassemblant les pièces d'énigmes complexes pour rendre justice et maintenir l'ordre.

Au fil du temps, malgré ces imperfections visibles, le commissariat était devenu un lieu de cohésion, où les hommes et les femmes en uniforme travaillaient dans le but commun de servir la communauté et de garantir la sécurité.

En semaine, c'était une ruche d'activité incessante, où les policiers vaquaient à leurs devoirs et où les enquêtes occupaient leurs journées. Le week-end ne parvenait pas à apporter le calme espéré. Au contraire, il dévoilait une facette tout aussi frénétique, mais d'un autre genre. Les policiers du commissariat savaient que le week-end ne signifiait pas un moment de répit. Au contraire, c'était un moment où leur vigilance était tout aussi nécessaire, voire plus. Ils s'efforcent de surveiller les rues, de prévenir les conflits et de maintenir un semblant d'ordre dans cet environnement dynamique et parfois chaotique. Les rues animées du quartier qui abritait le commissariat se transformaient à la nuit tombée. Les lumières tamisées des lampadaires révélaient un tout autre aspect de la vie urbaine. Les ruelles sombres et les coins d'ombre devenaient le refuge pour ceux qui n'avaient pas de toit sur la tête. L'univers souterrain des sans-abri prenait vie, avec ses défis, ses histoires et ses luttes silencieuses.

Parallèlement, un autre type d'activité clandestine s'intensifiait. Le trafic de drogue trouvait un terrain fertile là où il y avait de l'argent. Les transactions illicites s'effectuaient dans l'ombre, au nez de la société. Les revendeurs et les consommateurs se mêlaient aux passants, tout en cherchant à échapper à l'attention des forces de l'ordre. La drogue est un marché en constante effervescence, avec des ramifications aux enjeux élevés.

Le commissaire Rouland et son adjointe surgissent dans le commissariat. Tous les deux bien déterminés, ils se dirigent d'un pas rapide vers le bureau du commissaire où ils vont débriefer sur les développements récents.

Les regards des agents présents se tournent vers eux, certains suspendant brièvement leurs activités pour observer l'arrivée de leurs supérieurs. Les conversations en cours s'atténuent.

Ils entrent dans le bureau du commissaire, refermant la porte derrière eux.

Le bureau du commissaire ne se distinguait pas par son apparence. Son charme résidait dans la personnalisation qu'il en avait faite. Les éléments qui le rendaient unique contribuaient à créer un espace fonctionnel et accueillant pour le commissaire Rouland.

Les murs capitonnés, constituaient l'une des caractéristiques les plus appréciées. Ce revêtement absorbant permettait d'atténuer le bruit extérieur, créant une bulle relative de tranquillité dans cet environnement agité. Les conversations animées et le bruit de l'activité du commissariat étaient réduits à un murmure, offrant au commissaire un espace de concentration et de réflexion. Des livres et des dossiers soigneusement alignés, reflet de son expertise professionnelle, reposaient sur des étagères. Des photos personnelles étaient également dispersées dans la pièce, témoignage de moments marquants de sa vie et de sa carrière. Des notes importantes, des rappels et des pistes à explorer dans l'enquête en cours étaient punaisés sur un tableau en liège. Les rideaux choisis pour leur ton apaisant permettaient à la lumière naturelle de filtrer subtilement et de créer une atmosphère confortable.

Le commissaire Rouland se laisse tomber dans son fauteuil avec un soupir, le besoin de se détendre un moment. Il regarde la capitaine et lui fait signe d'une main pour qu'elle fasse un récapitulatif de l'enquête. Valérie s'exécute rapidement, en utilisant des points concis pour transmettre les informations clés :

— Pablo Miranda, Portugais résidant à Lisbonne. Responsable de la trésorerie de la filiale portugaise de Xonios. Retrouvé mort au milieu de La Défense. Une lettre a été trouvée près de lui, accusant le directeur financier de l'avoir tué et le P.-D.G. d'être impliqué dans une manœuvre frauduleuse. Pour l'instant, aucune cause de la mort n'a été déterminée. Nous attendons les conclusions du médecin légiste.

— En somme, on ne fait que commencer.

Le commissaire Rouland se redresse, raide dans son fauteuil, laissant transparaître sur son visage une pointe d'amertume.

— Oh, ce ne sera pas notre affaire très longtemps, Valérie. Les OPJ[2] vont débarquer tôt ou tard. Compte tenu de la personnalité de Monsieur de La Motte, le magistrat va certainement jouer sur du velours.

Il laisse ses paroles planer dans l'air, reflétant la complexité de la situation et le jeu politique qui pourrait influencer l'issue de l'enquête. Il reprend la parole, cherchant l'avis de son adjointe sur la situation et sur l'entretien avec de La Motte.

— Chef, je ne peux m'empêcher de penser que Monsieur de La Motte ne nous a pas tout dit. Dans ces grands groupes, il y a souvent des zones d'ombre et des secrets bien gardés, ne peut-elle pas s'empêcher de dire de son ton franc, faisant d'elle une excellente policière.

— Oui des cadavres dans les placards, ajoute le commissaire.

Dans les coulisses des grandes sociétés, un monde parallèle se développe souvent insaisissable, loin des regards du grand public. Ces entreprises, parées de leur image professionnelle et prospère, cachent parfois des secrets plus ou moins avouables.

2. Officier de Police Judiciaire

Dans ces labyrinthes corporatifs, les affaires privées des employés peuvent se mêler aux activités de l'entreprise, créant des relations controversées. Les scandales de ce type paraissent insignifiants dans le grand schéma des choses, mais ils révèlent la complexité des relations humaines au sein de ces organisations puissantes. Les secrets des grandes entreprises vont bien au-delà des histoires de coulisses. Les montages financiers et fiscaux, parfois borderline, sont parfois utilisés pour masquer des opérations plus opaques. Des fraudes massives peuvent être soigneusement dissimulées derrière une façade de conformité. Les ramifications de ces agissements illicites s'étendent parfois à plusieurs niveaux de l'entreprise, rendant leur détection encore plus difficile.

La puissance et l'influence de certaines grandes sociétés peuvent parfois les mettre au-dessus de la loi, du moins en apparence. Leur influence économique et politique peut être si profonde qu'elles parviennent à échapper aux conséquences de leurs actes. Les gouvernements et les organismes de régulation peuvent être réticents à s'attaquer à ces géants économiques, de peur de perturber l'équilibre économique ou de provoquer des conséquences imprévisibles.

Ces secrets et zones d'ombre, connus de certains, peuvent être ignorés ou passés sous silence en raison du pouvoir considérable que ces entreprises exercent. Les enquêtes, qui les concernent, peuvent être épineuses et complexes. Au fil du temps, certaines affaires émergent de l'ombre, exposant au grand jour les agissements douteux au sein des entreprises. Lorsqu'une telle affaire éclate, les répercussions sont palpables à tous les niveaux de la société. Les actionnaires exigent des comptes, ou encore la tête du P.-D.G. et parfois celle de l'équipe de direction tout entière.

Les titres en gros caractères des journaux révèlent les détails troublants de l'affaire, exposant les pratiques illicites, les malversations financières et les scandales qui ont secoué l'entreprise. Les petits épargnants, souvent non avertis des rouages complexes du monde des affaires, lisent les gros titres et expriment leur indignation collective : «Tous des truands !»

Malgré le fait que moins de 10% de la population puisse réellement comprendre les détails techniques de l'affaire, tout le monde en parle. Les conversations dans les cafés, les bureaux et les salons de coiffure tournent autour de cette affaire choquante. Les médias s'enflamment de commentaires et de discussions, chacun donnant son avis sur la situation.

Au-delà de l'émotion publique et des discussions inévitables, la véritable nature et la complexité de l'affaire restent souvent opaques pour la majorité des gens. Les tenants et aboutissants, les mécanismes financiers complexes et les détails juridiques échappent à la compréhension générale. La colère et le sentiment d'injustice se propagent rapidement, alimentés par les gros titres accrocheurs et les récits sensationnels.

C'est dans ce contexte que la perception publique peut être cataloguée de manière disproportionnée. Les nuances sont souvent perdues, et les entreprises impliquées, quelles que soient leurs dimensions, sont étiquetées d'une manière négative. Cette réaction en chaîne illustre le pouvoir des médias et la dynamique importante qui se joue entre les acteurs économiques, les médias et le grand public.

Face aux méandres obscurs de la délinquance en col blanc, l'État a pris une mesure décisive en mettant en place la brigade financière. Cette unité spéciale a pour mission de lutter contre les activités criminelles qui se cachent derrière les cols blancs et les bureaux des entreprises. C'est une réponse aux préoccupations de la population, qui dénonce les pratiques discutables et les actes frauduleux commis par les élites économiques.

Elle réunit des enquêteurs hautement qualifiés, des experts en comptabilité, en droit financier et en enquêtes difficiles. Leur mission est de mettre au jour les actes répréhensibles et de traduire en justice les responsables, quels que soient leur statut social ou leur position dans la hiérarchie des entreprises.

Cette unité s'attaque aux rouages cachés de la délinquance, explorant les opérations financières opaques, les montages complexes et les fraudes sophistiquées. Elle travaille en étroite collaboration avec les organismes de régulation, les services fiscaux et les instances judiciaires pour garantir que les actes criminels ne restent pas impunis.

L'objectif de cette brigade est double : dissuader les criminels financiers potentiels en montrant que leurs actions entraîneront des conséquences, et de restaurer la confiance du public en démontrant que personne n'est au-dessus de la loi. Son travail minutieux et méthodique vise à démanteler les réseaux de corruption, à révéler les vérités cachées derrière les apparences et à apporter une certaine forme de justice aux victimes de ces crimes.

Les bonnes intentions et la nécessité évidente de lutter contre cette délinquance, la réalité sur le terrain peuvent rapidement se heurter à des obstacles majeurs tels que des problèmes d'effectifs et de moyens. Ceux-ci peuvent entraver sérieusement leurs efforts. La tâche qui attend ces spécialistes en délinquance économique et financière peut rapidement devenir décourageante.

La presse joue un rôle crucial en relayant les défis auxquels ces fonctionnaires sont confrontés. Les gros titres révèlent une réalité sous-jacente alarmante : « Crise des vocations, manque de moyens : les enquêteurs spécialisés en délinquance économique et financière n'ont pas trop le moral. »

Face à ces préoccupations diverses mais justifiées, le Sénat intervient avec des données solides et des arguments basés sur des comparaisons internationales. Fort de statistiques et de chiffres soigneusement analysés et comparés à d'autres pays en Europe, le Sénat affirme que la France n'est pas sous-dotée en termes d'effectifs policiers.

Depuis longtemps, les commissaires, lieutenants et policiers sur le terrain ont délaissé la lecture de ces chiffres et conclusions. Leur quotidien les maintient ancrés dans la réalité des rues, où ils luttent contre la criminalité au jour le jour. Les débats et les comparaisons statistiques sont souvent laissés aux sphères supérieures de la direction de la police.

Pour ceux qui sont au cœur de l'action, les chiffres ne sont que des abstractions lointaines. Ils sont plus concernés par les problèmes réels qu'ils constatent, par les individus qu'ils interpellent, les preuves qu'ils recueillent et les communautés qu'ils servent. Leur engagement à maintenir l'ordre public et à faire face aux défis concrets de la criminalité l'emportant sur les analyses et les données chiffrées.

Le commissaire laissa son esprit divaguer pendant quelques instants, plongé dans des réflexions profondes sur les possibles ramifications politico-financières de cette affaire. Il s'imaginait les scénarios complexes et les enjeux cachés évoquant un réseau d'intérêts et de relations qui pourraient s'étendre bien au-delà de ce qu'il pouvait percevoir à première vue.

Puis une question commença à le hanter : était-ce mieux peut-être que son commissariat ne s'occupe pas directement de cette affaire ? Les défis, les obstacles et les conséquences possibles étaient si énormes qu'il se demandait si les ressources et les capacités de son commissariat étaient suffisantes pour mener une enquête aussi délicate.

La capitaine Valérie Garet ramena le commissaire au présent, brisant le flot de ses pensées profondes. Elle lui rappela que cet après-midi, ils avaient un objectif concret à atteindre.

— Commissaire, ne perdons pas de vue notre prochaine étape, dit-elle d'une voix posée.

— Nous avons rendez-vous cet après-midi pour interroger Laurent Lechine. C'est une opportunité clé d'obtenir des réponses directes et éclaircir les zones d'ombre qui entourent cette affaire.

Le commissaire levant les yeux, il hocha la tête en signe d'approbation et réprima ses pensées pour se concentrer sur la tâche à accomplir.

Le téléphone portable du commissaire sonna. Il le prit.

— Commissaire Rouland, c'est Archambault, procureur à Nanterre, déclara son interlocuteur d'une voix légèrement tendue.

— Je vous appelle au sujet du mort découvert ce matin et qui travaillait pour la société de Monsieur de La Motte, P.-D.G. de Xonios.

Le commissaire observa attentivement le choix des mots du procureur Archambault. Il remarqua avec intérêt que le procureur avait soigneusement pris le soin de mentionner « de La Motte » en utilisant son titre, ainsi que le nom complet de la société Xonios. Cette subtilité dans la manière dont le procureur avait formulé ses propos ne passa pas inaperçue.

Les pensées du commissaire continuaient de s'entremêler, il prit un moment pour esquisser un portrait mental de son interlocuteur, le procureur Archambault.

Le commissaire rassembla les détails qu'il avait appris sur Rémi d'Archambault, le procureur à Nanterre avec qui il venait de converser. Ces informations formaient une image plus claire de la personne derrière le nom, ajoutant des nuances au portrait mental qu'il en avait esquissé.

De son vrai patronyme Rémi d'Archambault, provenait d'une famille aux antécédents impressionnants. Son père, un juge désormais à la retraite, avait œuvré dans le système judiciaire avec autorité et expérience. Sa mère était quant à elle une haute fonctionnaire, ce qui laissait supposer que Rémi avait grandi dans un environnement de responsabilité et de dévouement envers le service public.

Le commissaire pouvait déduire que la jeunesse de Rémi avait été marquée par des privilèges et des opportunités. Ses études brillantes et son parcours prometteur reflétaient un engagement envers l'excellence et la poursuite de son épanouissement personnel et professionnel.

La décision de Rémi d'Archambault de préférer utiliser simplement « Archambault » comme nom reflétait une volonté de se distinguer de son héritage familial et de forger sa propre identité dans le domaine juridique. Cette décision étant cohérente avec la prudence qu'il avait démontrée dans sa communication.

Sa position de procureur de Nanterre depuis deux ans seulement laissait entrevoir un avenir professionnel brillant, et des perspectives de promotions à des responsabilités encore plus élevées, ultérieurement.

De taille modeste, il dégageait un charisme naturel : cette présence, cette façon de se tenir et de s'exprimer attiraient l'attention des gens. Toujours impeccable, avec une élégance décontractée qui semblait lui être innée, il exerçait une sorte de fascination. Le commissaire pouvait imaginer que les femmes, en particulier celles appâtées par le pouvoir et la présence dominante, pourraient être attirées par ce charme magnétique qui émanait de lui.

La voix nerveuse et légèrement tremblante perçue au téléphone contrastait avec cette prestance et ce charisme. Ce décalage entre l'apparence et le ressenti pouvait témoigner d'une tension intérieure et d'enjeux émotionnels que le procureur préférait garder cachés.

Le commissaire décortiqua les informations précises fournies par Rémi d'Archambault, notant le ton dactylographié de ses messages. Chacun des points énoncés était formulé avec une clarté et une concision qui ne laissaient aucune place à l'ambiguïté.

— Premièrement, je vais diriger cette enquête, commença-t-il.

— Deuxièmement, deux OPJ, le commissaire Olivier Pleyel et la policière Sandrine Toyeau, mèneront l'enquête.

— Une autopsie du corps de Pablo Miranda sera effectuée cet après-midi.

Le procureur marqua une pause que le commissaire n'interrompit pas.

— Enfin même si vous pouvez assister à l'entretien de Laurent Léchine cet après-midi, ce sont les OPJ qui le mèneront.

Le commissaire Rouland encaissa le coup.

— Merci pour ces informations, Monsieur le Procureur, déclara-t-il avec courtoisie sans pouvoir trahir une petite touche de regret.

— Nous travaillerons en étroite collaboration avec les OPJ et nous vous tiendrons informé de nos avancées.

Rémi d'Archambault répondit d'un ton résolu :

— Je vous fais confiance pour mener cette enquête avec professionnalisme. Nous attendons les résultats de l'autopsie avec intérêt.

— Nous serons attentifs aux résultats, acquiesça le commissaire. — Je vous souhaite également une bonne journée, Monsieur le Procureur.

— Au revoir, conclut Rémi d'Archambault.

La capitaine avait du mal à cacher sa surprise. Elle ne put s'empêcher de lâcher un « waouh » pour marquer sa stupéfaction. Tout en observant la scène, elle se posait des questions sur la conversation qu'elle venait d'entendre entre le commissaire et le procureur. Le commissaire, comme à son habitude, n'avait rien fait pour que Valérie n'entende pas la conversation.

— Une autopsie cet après-midi, alors que la moindre autopsie nécessite au moins deux à cinq jours, à moins d'être une personnalité connue, ou bien que l'affaire ne fasse les gros titres de la presse !!, s'exclama-t-elle

— C'est quoi cette affaire, une affaire d'État ! continua-t-elle sur le même ton.

Le commissaire resta assis, les deux index joints sous son nez, une expression qui ne lui était pas étrangère. C'était, chez lui, un signe habituel, indiquant une concentration intense mêlée d'anxiété.

Dans ce moment de demi-silence, le voile du mystère s'épaississait encore, suscitant un suspense insoutenable au sein même du commissariat habituellement agité par des mouvements incessants et des éclats de voix.

Le silence entre eux se prolongea quelques minutes, chacun réfléchissant. D'un mouvement fluide, le commissaire se leva de son fauteuil, Valérie le suivit instinctivement. Leurs regards se croisèrent brièvement, signe d'une compréhension mutuelle de l'importance de la situation.

Le commissaire brisa finalement le silence en partageant une idée qui flottait dans sa tête :

— Nous sommes à La Défense, le quartier des affaires. Il n'est pas impossible que nous ayons mis la main sur une affaire d'envergure, une affaire que le procureur aurait choisi de confier à nos collègues de la Brigade de Répression du Banditisme.

La déclaration du commissaire laissa flotter dans l'air un sentiment de préoccupation. Valérie hocha lentement la tête, consciente de la gravité de la situation potentielle. Les enjeux semblaient monter en flèche, elle savait que leur enquête pourrait les conduire à démêler un réseau d'intrigues et de forces cachées. Car dans son esprit, c'était leur affaire.

19

Une simple fraction de seconde suffisait pour que l'information se répande aux quatre coins de la planète. Lorsque le bout du sein d'une artiste fut involontairement dévoilé sur les marches de Cannes, cet incident avait en un instant traversé les câbles et les ondes, atteignant chaque coin d'Internet en un éclair.

Le contraste avec la situation actuelle était saisissant. La dalle de La Défense, habituellement associée aux transactions financières, à l'effervescence des affaires, et aux déplacements rapides des employés, s'était transformée en un décor insolite. La frontière entre les mondes du glamour hollywoodien et des affaires s'était estompée, la froideur des lignes modernes du quartier avait cédé la place à l'élégance des marches de Cannes.

La nouvelle de la mort de Pablo Miranda se propagea dans les tours de La Défense en une seule journée, répandant une onde de choc parmi les employés. Le rythme effréné des transactions financières et des réunions d'affaires avait été brièvement éclipsé par l'intrigue de cette tragédie soudaine.

Des employés avaient déjà élaboré leurs propres théories sur ce qui avait pu se passer, spéculant en chuchotant dans les cafétérias et les couloirs. D'autres, peu soucieux de la tragédie, poursuivaient leurs activités comme si de rien n'était, attachés à leur routine.

Toutefois une majeure partie des salariés se ralliait à l'enquête policière, conscients de l'importance à résoudre ce mystère qui avait touché leur propre environnement de travail.

Les esprits curieux envisageaient déjà le potentiel narratif de l'histoire, anticipant un roman à suspense captivant les lecteurs et les transportant dans les détours de cette affaire compliquée. L'idée de voir un jour ce récit trôner parmi les rayons de romans policiers de la FNAC du CNIT ajoutait une touche de fascination à l'ensemble du mystère qui enveloppait la mort de Pablo Miranda.

Seule une infime minorité des employés de Xonios avait eu un quelconque lien avec Pablo Miranda. Sa soudaine célébrité ne reflétait pas nécessairement sa véritable place dans le quotidien de l'entreprise.

Telle une étoile filante traversant le ciel, il était devenu la star d'une journée, voire de quelques jours. Les discussions, les spéculations et les émotions qui avaient accompagné sa mort étaient véhémentes, vouées à s'estomper avec le temps.

Le rythme effréné de la vie professionnelle reprendrait bientôt son cours. Pablo Miranda, un nom qui avait momentanément captivé l'imaginaire collectif, serait progressivement relégué dans les recoins de la mémoire.

Chez Xonios, la mort de Pablo Miranda était préoccupante. L'enquête de la police progressait pour démêler les fils de l'affaire.

L'agitation était plus perceptible dans les bureaux directoriaux. Les cadres supérieurs de Xonios étaient confrontés à un défi exceptionnel : gérer une situation imprévue qui avait un impact direct sur l'image et la dynamique de l'entreprise.

Le mot d'ordre du jour était clair : « communication de crise ». Des stratégies étaient élaborées, les messages soigneusement pesés. Chaque mot, chaque déclaration pouvait entraîner des conséquences significatives sur la perception de l'entreprise par le public, les clients et les partenaires.

À midi, un message est arrivé dans la boîte de réception de chaque employé, soigneusement rédigé en français. Celui-ci annonçait la mort tragique d'un collègue ayant travaillé en Angleterre avant de rejoindre « sa chère Lisbonne » et la filiale portugaise qui était profondément affectée par cette perte :

Objet : En souvenir de Pablo Miranda

Chers tous,

C'est avec une profonde tristesse que nous partageons la nouvelle du décès de notre cher collègue, Pablo Miranda.

Alors que nous acceptons cette perte inattendue, nous voulons prendre un moment pour honorer sa mémoire et reconnaître l'impact qu'il a eu sur nos vies et sur notre entreprise.

Pablo était non seulement un membre dévoué et talentueux de notre équipe, mais il était aussi un ami précieux pour beaucoup. Ses contributions ne se limitaient pas aux murs de notre lieu de travail ; elles se sont étendues à nos expériences partagées, à nos défis et à nos réussites. Sa présence nous manquera profondément et son héritage continuera de nous inspirer.

Nous comprenons que le lien de Pablo avec le Portugal était spécial et significatif. Il n'était pas seulement un employé ; il était une arche entre nos cultures, un représentant de nos valeurs communes et un membre fier de notre filiale portugaise. Son dévouement et son enthousiasme ont enrichi notre cheminement collectif.

Pendant ce temps de réflexion, rassemblons-nous pour nous soutenir les uns les autres. Le deuil peut être silencieux, mais la force de notre communauté est plus forte. Nous vous encourageons à tendre la main à vos collègues, à partager des histoires et des souvenirs.

En mémoire de Pablo, nous organiserons une réunion spéciale pour célébrer son parcours. Les détails vous seront communiqués prochainement.

Notre programme d'aide aux employés est disponible pour toute personne ayant besoin d'aide pendant cette période difficile.

Avec mes plus sincères condoléances,

Jean de La Motte

Cet envoi exceptionnel du courriel à partir de la boîte professionnelle de Jean de La Motte portait en lui une signification profonde, un geste qui ne passait pas inaperçu au sein de l'entreprise dénotant un certain niveau d'importance et d'émotion.

Des esprits « libres » adoptaient une attitude cynique à la lecture de ce courriel, considérant cela comme de la communication superficielle ou comme une tentative de manipulation des émotions. Pour eux, l'aspect émotionnel semblait surfait, ils minimisaient l'impact réel de ce geste, le considérant comme un simple exercice de relations publiques.

D'autres, au contraire, approuvaient chaleureusement le geste de Jean de La Motte, voyant en lui une marque de respect et de sensibilité. Ils reconnaissaient la valeur de l'effort déployé pour exprimer le deuil et l'importance de reconnaître la perte d'un membre de la communauté.

Il y avait aussi ceux qui ne prêtaient pas grande attention à l'e-mail, peut-être en raison de leur propre engagement dans leurs tâches professionnelles ou de leurs préoccupations personnelles.

Le comité de direction était réuni dans le bureau de Jean de La Motte, dans un climat plein de gravité. Les visages des membres du comité témoignaient de l'importance de la situation qui les avait amenés à se rassembler.

Les discussions se poursuivaient, il était évident que la mort de Pablo Miranda était sur le point d'être requalifiée en assassinat. Elle occupait toutes les pensées. Cette tournure tragique des événements entraînait des répercussions bien au-delà de l'aspect émotionnel.

La question qui les préoccupait tous était claire : comment gérer cette crise inattendue et anticiper les conséquences financières et la réputation qui en découleraient ? Le spectre de l'assassinat jetait une ombre importante sur l'image de la société. Il leur fallait mettre en place une stratégie solide pour minimiser les dommages.

Ils étaient assis autour de la vaste table de réunion. Les regards étaient fixés sur Jean de La Motte, qui occupait le siège en bout de table, cette place reflétant son rôle central dans cette assemblée. Les visages marquaient une attention inhabituelle.

Hélène, la directrice des ressources humaines, était assise à la droite de Jean, prête à apporter son expérience en gestion de crise, à soutenir les employés dans cette période difficile. À sa gauche, Franck, le directeur juridique, lui aussi, était prêt à apporter des conseils légaux et louvoyer dans les implications potentielles de cette situation.

Mario, le directeur des risques, était assis en face de Jean, un signe de son rôle clé dans l'évaluation des risques et des conséquences pour l'entreprise. Nathalie, la directrice de la communication, était prête à élaborer une stratégie de communication claire et cohérente pour rassurer les parties prenantes et protéger la réputation de l'entreprise.

Le dernier membre du comité, Laurent, le directeur financier, complétait le cercle, apte à évaluer les implications financières et à proposer des solutions pour minimiser les perturbations économiques.

Après avoir capté l'attention de l'ensemble du comité de direction, Jean de La Motte s'éclaircit la voix, signe précurseur d'une annonce importante qui allait suivre. Il but une gorgée d'eau, laissant un court moment de silence pour que chacun puisse se préparer à entendre les nouvelles.

Il parcourut brièvement du regard les protagonistes, rencontrant les regards curieux de Hélène, Franck et Mario, les trois membres du comité qui étaient déjà informés de la situation délicate qui se profilait.

— Mesdames et Messieurs, je vous remercie de vous réunir ici aujourd'hui dans ces circonstances cruciales, commença-t-il d'une voix calme mais empreinte de sérieux.

— Vous êtes tous conscients de la tragique disparition de notre collègue, Pablo Miranda.

Il marqua une pause, laissant le poids de cette nouvelle prendre sa place.

— Toutefois, il y a des éléments qui nécessitent notre attention. Avant sa mort, Pablo était impliqué dans une situation préoccupante. Des informations ont paru au sujet de possibles fausses factures au sein de notre filiale portugaise. Nos directeurs, financier, des ressources humaines et juridique ont été informés rapidement.

Il laissa un instant pour que l'information soit absorbée par le reste du comité.

— Je comprends que cette nouvelle puisse être bouleversante et difficile à assimiler. Les circonstances entourant la mort de Pablo et son implication présumée dans cette affaire soulèvent des questions importantes. Nous devons travailler ensemble pour comprendre pleinement la situation et déterminer les mesures à prendre.

Jean de La Motte fit une pause, scrutant les réactions des membres du comité. Les regards attentifs et préoccupés montraient que son message était clairement reçu.

— La réunion de ce jour doit servir de point de départ pour examiner de plus près ces éléments. Nous devons garantir la transparence, l'intégrité et l'efficacité de nos opérations, tout en prenant en compte les conséquences potentielles pour l'entreprise et nos actionnaires.

Jean de La Motte se tourna vers Nathalie, exprimant l'urgence de la situation d'une manière qui laissait peu de place à la réflexion préalable.

— Nathalie, je te prie de m'excuser de te mettre dans cette position, je dois te demander immédiatement : comment pouvons-nous gérer cette situation de crise auprès de nos employés, comme nous l'avons fait par e-mail, mais surtout auprès de nos clients, de nos fournisseurs, et particulièrement des actionnaires ?

Il regardait Nathalie avec une attente mêlée d'appréhension. La question était décisive, et comptait sur sa directrice de la communication pour élaborer une stratégie claire et efficace.

Nathalie, une femme d'une prestance imposante, approchant la cinquantaine, était toujours impeccablement habillée, témoignant de son souci du détail et de son professionnalisme. Elle occupait ce poste depuis trois ans. Son expérience précédente dans un grand cabinet d'audit lui permettant de contribuer à une expertise précieuse en matière de gestion des informations sensibles.

Son regard perçant reflétait une intelligence vive et une détermination évidente. Femme de caractère, elle ne craignait pas de défendre ses convictions avec ferveur, tout en sachant manier une facette plus douce lorsque la situation le nécessitait. Cette capacité à naviguer entre l'assertivité et l'empathie lui avait permis d'obtenir le respect de ses pairs et d'établir des relations solides au sein de l'entreprise.

— Jean, je comprends l'importance de cette situation et l'urgence d'une réponse adéquate. Notre stratégie de communication doit être réfléchie et cohérente à tous les niveaux. Pour nos employés, nous devons maintenir un canal de communication ouvert et transparent. Des réunions d'équipe, des sessions d'information et des espaces pour les questions peuvent aider à apaiser les inquiétudes et à fournir des informations précises. Le courriel de ce matin est une première étape, ne le considérons pas comme la seule étape.

Elle marqua une pause, ajustant sa posture pour exprimer sa conviction.

— En ce qui concerne nos clients et nos fournisseurs, une communication proactive est essentielle. Des mises à jour régulières, des points de contact dédiés et des garanties de continuité de service doivent contribuer à maintenir la confiance. Quant aux actionnaires, nous devons élaborer un plan de communication qui explique notre approche pour gérer cette crise, tout en soulignant notre engagement à préserver leurs intérêts.

En réponse, Jean de La Motte acquiesça et prit une courte inspiration avant de parler. Il était soucieux et sincère.

— Nathalie, je tiens à être franc. Bien sûr, la réaction de nos employés est importante, mais ce qui me préoccupe davantage, ce sont les réactions de nos clients et, surtout, de nos actionnaires. Nous avons une responsabilité envers eux, une responsabilité que nous ne pouvons pas prendre à la légère. Nous devons les rassurer, démontrer que nous prenons cette situation très au sérieux et que nous agissons de manière proactive pour gérer cette crise.

En un instant, il rassembla ses pensées et il continua d'expliquer :

— Depuis l'annonce de la mort de Pablo Miranda dans des circonstances aussi troubles, qui plus est, au pied de la tour, cinq de nos principaux actionnaires m'ont contacté personnellement. Leur préoccupation est compréhensible, bien sûr, concernant la perte tragique elle-même, mais surtout les détails qui en résultent.

Il marqua une pause, laissant planer un moment de silence pour que les mots qu'il allait prononcer aient leur poids.

— Le point qui les trouble particulièrement, étant la possible implication de notre entreprise dans cette affaire. Ils s'interrogent sur l'impact que cela pourrait avoir sur notre réputation, sur la confiance qu'ils ont placée en nous et, bien sûr, sur la valeur de nos actions. Plusieurs d'entre eux ont exprimé le besoin de comprendre clairement ce qui s'est passé et comment nous comptons gérer cette situation.

— Et..., Jean de La Motte marqua une brève hésitation, ce qui était inhabituel pour un homme généralement connu pour sa maîtrise oratoire. Il reprit :

— Il y a un élément supplémentaire qui va ajouter à l'inquiétude des actionnaires et qui demande toute notre attention.

Son ton était empreint d'une prudence renforcée par le sérieux de la situation.

— Une lettre a été retrouvée près du cadavre de Pablo Miranda. Son contenu... est troublant, pour le moins.

Il marqua une pause.

— Je tiens à souligner le caractère extrêmement confidentiel de cette information, insista Jean de La Motte avec un regard sérieux et une voix pleine de détermination.

— Pour le moment, seuls les membres de ce comité, ainsi que la police, les quelques personnes déjà au courant, sont au fait de son existence et de son contenu.

Il regarda de nouveau rapidement chacun, leur redisant combien il est important de garder cette information restreinte et protégée.

— Tôt ou tard, cette information sera rendue publique. Nous devrons être prêts à communiquer avec transparence et crédibilité, continua-t-il.

— Nous devons anticiper que cette lettre suscitera des questions et des spéculations de la part de nos actionnaires, des médias et du grand public.

Il marqua une pause, réfléchissant à l'avenir.

— Notre communication devra être cohérente et bien orchestrée. C'est à ce prix que nous maintiendrons notre crédibilité et que nous arriverons à gérer au mieux cette crise. La préparation en amont est essentielle.

Jean de La Motte prit une profonde inspiration avant de réciter de mémoire la teneur de la lettre, dont il avait été informé par les policiers :

— La lettre retrouvée près du cadavre de Pablo mentionne en substance que Laurent aurait assassiné Pablo. De plus, cette lettre prétend que je serais au courant de détournements de fonds. Ne laissant à personne le temps de réagir, il affirma :

— Je tiens à vous assurer que ces allégations sont totalement infondées et dénuées de vérité. Nous sommes face à des accusations graves et mensongères. Notre priorité est de faire la lumière sur cette situation. L'enquête policière est en cours, et nous devons collaborer avec les autorités.

Une lourde stupeur s'empara de chacun, se reflétant clairement sur leur visage. Les membres du comité de direction fixaient Jean de La Motte, sa révélation ayant créé un moment de silence chargé d'incrédulité.

Les expressions habituellement assurées et confiantes étaient maintenant marquées par plus de surprise et plus de préoccupation.

Jean de La Motte se tourna vers Laurent Lechine, lui offrant la parole dans ce moment critique. Tous regardèrent Laurent, sachant que sa réponse serait attendue avec une certaine appréhension, compte tenu des accusations évoquées dans la lettre.

Laurent Lechine s'exprima, sa voix révélant à la fois une détermination à faire face à la situation et une volonté de clarifier les choses.

— Merci, Jean, dit-il, je tiens à affirmer avec la plus grande fermeté que les allégations contenues dans cette lettre sont totalement fausses. Je n'ai en aucun cas eu quelque implication que ce soit dans la mort de Pablo Miranda, et les accusations portées à mon encontre sont dénuées de tout fondement.

— Quant aux prétendus détournements de fonds, je tiens à vous assurer que je n'ai jamais été impliqué dans de telles activités illégales. Notre entreprise repose sur des principes d'intégrité et de transparence.

– Je vous rappelle que j'ai effectivement eu connaissance de fausses factures présumées au Portugal, qui sembleraient être générées par Pablo Miranda. Cela m'a conduit, en collaboration avec la direction des ressources humaines et la direction juridique, à prendre des mesures pour convoquer Pablo Miranda. Une procédure de licenciement était en cours ou était sur le point d'être mise en place.

Sa voix restait résolue et claire, affirmant la chronologie des événements et l'implication de l'entreprise à répondre aux problèmes potentiels.

Jean de La Motte appréciait les dires de Laurent Lechine, respectueux de sa déclaration et son engagement. Il reprit brièvement :

— Laurent, je tiens à te remercier pour ta réponse franche et directe. Ta détermination à clarifier la situation. Tu as mon plein soutien, ainsi que celui de toute l'équipe ici présente.

Nous traverserons cette crise ensemble, précisant que l'intégrité et la transparence sont toujours au cœur de nos valeurs.

Après avoir fait un tour de table, Jean de La Motte proposa une approche proactive pour gérer la crise en impliquant l'ensemble du comité de direction.

— Maintenant, je vous propose de passer en revue nos domaines de responsabilité respectifs et de discuter de plans d'action concrets pour faire face à cette situation. Nous devons travailler en étroite collaboration et agir dans la même direction.

Il regarda à nouveau chaque membre du comité de direction, soulignant l'importance de cet engagement collectif.

— Je suis conscient que les temps à venir seront difficiles et que nous serons confrontés à des défis complexes. Cependant, je tiens à rappeler que les valeurs fondamentales de notre société doivent être préservées contre vents et marées. Je serai intraitable sur ce point.

Jean de La Motte marqua une pause.

— Mesdames et messieurs, je vous invite donc à prendre la parole à tour de rôle, à partager vos réflexions sur la manière dont votre département peut contribuer à faire face à cette crise. Ensemble, nous allons élaborer un plan d'action global.

— Franck, peux-tu nous préciser les impacts que peuvent avoir les fausses factures au Portugal ?

La réunion se poursuivit durant encore plus d'une heure.

À son issue, chacun avait un plan d'attaque.

20

Dans chaque groupe, qu'il soit grand ou petit, il existe une diversité de personnalités et de caractères qui peuvent interagir de manière hétérogène.

Cependant, il est vrai que lorsque le groupe est plus important, les différences individuelles sont moins évidentes, car elles sont souvent diluées dans la dynamique du groupe. À l'inverse, dans un groupe plus restreint, comme une équipe actuelle composée de deux personnes, ces différences peuvent se faire ressentir de manière plus accentuée.

Au sein de l'équipe d'inspecteurs de la police judiciaire, Olivier Pleyel et Séverine Toyeau étaient tous les deux des membres qui composaient l'équipe d'inspecteurs de la police judiciaire. La seule différence notable entre eux était leur sexe. Pour le reste ils étaient siamois.

La similitude entre Olivier et Séverine allait bien au-delà de leur genre. Ils partageaient non seulement la même taille, mais aussi des caractéristiques physiques, des traits de caractère et même un style vestimentaire. Chacun d'eux ayant apporté sa touche personnelle à leur apparence. Celle de Séverine présentait toutefois une touche de féminité.

Leur caractère était bien trempé, affirmé et difficile à ignorer. La détermination qu'ils partageaient était telle qu'on ne pouvait pas facilement les intimider ou les dominer, comme on le dit familièrement. Cette assurance et cette force de caractère étaient une constante dans leur relation professionnelle, et ils avaient l'habitude de se taquiner à ce sujet. Leur dynamique consistant à se défier amicalement reflétait l'harmonie et la complicité qui les liaient malgré leurs fortes personnalités.

Une question se posait néanmoins : leur supérieur hiérarchique avait-il délibérément choisi de les réunir en raison de cette caractéristique commune ?

Le commissaire Rouland rejoignit Olivier et Séverine au pied de la tour Xonios pour rencontrer Laurent Lechine, Sa première impression confirmait leur caractère bien trempé.

« Ces deux-là sont des durs à cuire ! » pensa-t-il, sa pensée résumant la perception qu'il avait d'eux en un instant. Les imaginant en professionnels intrépides et capables de faire face à des défis considérables.

Le commissaire leur présenta la capitaine Valérie Garet qui inclina légèrement la tête en signe de salutation.

À son tour, il se présenta :

— Je suis le commissaire Michel Rouland. Je dirige le commissariat de La Défense.

D'un ton sec, avec courtoisie, Olivier Pleyel fit une brève présentation de l'équipe :

— Officiers Pleyel et Toyeau, de l'OPJ de Nanterre.

Olivier Pleyel jeta un coup d'œil à sa montre, marquant clairement son impatience et son désir de passer à l'action. Il ajouta d'un ton incisif mais courtois :

— Allons-y. Je vous rappelle que ce sont nous qui posons les questions.

Les policiers se dirigeaient vers l'ascenseur ; Laurent Lechine les attendait dans la vaste salle de réunion de l'étage de direction.

Laurent avait insisté pour que cette rencontre reste aussi discrète que possible, une décision prise en vue de gérer la situation de manière confidentielle et de préserver l'image de l'entreprise face aux circonstances qui entouraient la mort de Pablo Miranda.

Lorsque les portes en acier brossé de l'ascenseur s'ouvrent avec un chuchotement mécanique au trentième étage, l'atmosphère élégante et raffinée imprègne immédiatement les sens. L'assistante personnelle de Jean de La Motte, vêtue d'un uniforme sobre et impeccable, se tient debout, avec prévenance. D'un geste gracile, elle invite les quatre policiers à pénétrer dans le vaste couloir qui s'étend devant eux.

Ce corridor, baigné par la lumière douce du matin, s'étire sur une trentaine de mètres, offrant un espace généreux à la circulation. L'ambiance y est à la fois sereine et professionnelle, avec une moquette de teinte bordeaux qui enrobe chaque pas d'un silence feutré, préservant ainsi la quiétude des lieux.

À mesure que les policiers progressent le long du couloir, ils passent devant des portes de bureaux volontairement fermées, préservant les secrets et la concentration de ceux qui y travaillent. Parmi ces portes closes, certaines se distinguent par leurs cloisons vitrées laissant entrevoir l'activité fébrile qui s'y déroule. Les rayons de soleil, d'un éclat cuivré caractéristique d'un mois de septembre baigné par l'été indien, percent à travers ces fenêtres créant des motifs qui dansent sur le sol et les murs.

L'illusion d'un été interminable se mélange avec la réalité d'une vie en plein essor. Les salles de réunion pourraient être occupées par des discussions sérieuses, des idées en ébullition, ou même des rires étouffés lors de discussions informelles. L'atmosphère est à la fois active et paisible, évoquant une symbiose parfaite entre le calme de l'environnement et l'effervescence de l'activité humaine.

Le commissaire Rouland traîne son regard à travers le couloir lumineux. Il ne peut s'empêcher d'apprécier la chaleur et le confort qui émanent de chaque recoin accueillant. Un soupir mélancolique s'échappe de ses lèvres, teinté d'une pointe d'amertume.

L'idée que son propre commissariat pourrait bénéficier de cette atmosphère apaisante et bienveillante lui traverse l'esprit, comme une étreinte fugace de rêve. Il imagine un lieu où les murs ne seraient pas uniquement des barrières froides, mais plutôt des toiles où se tisseraient des liens de confiance et de collaboration. Il pense à des espaces où les agents de police pourraient trouver un moment de répit, loin de l'austérité souvent associée à leur profession.

La réalité rattrape rapidement ses pensées. Il sait que l'État, aux ressources limitées, ne peut rivaliser avec les grandes entreprises privées en termes d'aménagement et de confort. Les budgets serrés et les priorités multiples font que l'idéal reste souvent inaccessible. Les contraintes financières pèsent lourdement sur la capacité à créer un espace de travail évoquant à la fois efficacité et chaleur.

Pour chasser ses pensées, le commissaire, résigné et pragmatique, secoue légèrement la tête.

L'assistante personnelle de Jean de La Motte ouvre la porte de la salle de réunion, révélant un espace confortable et sérieux.

Son visage courtois reflète une attitude respectueuse envers les policiers, comme si elle comprenait l'importance de leur présence et de leur mission.

La grandeur de la pièce étonne la capitaine Valérie Garet qui ne peut s'empêcher de mesurer mentalement l'espace disponible. Ses yeux parcourent les dimensions généreuses de la salle, tandis qu'une pensée fugace lui traverse l'esprit :

— Cette pièce est plus grande que mon appartement.

Elle est surprise et admirative devant l'ampleur de l'environnement qui offre un luxe inhabituel pour un cadre professionnel. Un tableau rappelle que la réflexion et la collaboration sont deux vertus cardinales. D'autres tableaux représentent divers endroits de la planète, chacun relatant une histoire de paysages pittoresques ou des scènes urbaines. Ils offrent une évasion qui ne dure qu'un instant.

Des fauteuils bien alignés sont disposés autour de la table, chacun avec un coussin confortable d'apparence raffinée. Chaque détail crée un agencement encourageant l'échange d'idées tout en préservant l'intimité de chaque participant.

La table, de taille généreuse, est une œuvre d'art fonctionnelle. Son plateau est suffisamment vaste pour accueillir dossiers, ordinateurs portables et autres documents de travail, tout en laissant suffisamment d'espace pour les tasses de café et les stylos.

Le souci de l'organisation et de l'efficacité se reflète également dans les armoires discrètes qui sont placées le long d'un mur. Ces meubles fermés, d'un design élégant et sobre, cachent des outils de présentation, des équipements technologiques ou d'autres ressources nécessaires aux réunions.

Laurent Lechine, d'une démarche confiante et respectueuse, s'approche des policiers. Son attitude transmet autorité et professionnalisme, en laissant entrevoir une ouverture à la discussion et à la collaboration. Son regard attentif passe de l'un à l'autre, établissant un contact visuel, renforçant le sentiment d'engagement mutuel.

D'un geste de la main, il invite les policiers à se déplacer de l'autre côté de la table qui fait face aux fenêtres.

Dans son for intérieur, Laurent Lechine est agité d'une tension discrète soigneusement dissimulée derrière son masque de professionnel. Il est impassible, ne laissant filtrer aucune émotion. Son langage demeure confiant, reflétant sa position de leader.

Ses épaules carrées et son maintien droit n'offrent aucun signe de fatigue qui commence à s'installer alors que la journée est déjà bien avancée. Ses gestes sont mesurés, précis. Son regard vif et la lueur subtile de détermination dans ses yeux révèlent la complexité de son état d'esprit.

Sa voix résonne dans la salle de réunion, marquant ainsi le début de la conversation. Son regard se tourne vers un homme assis à sa gauche, un individu élégamment vêtu qui respire l'assurance et la compétence.

— Je me permets de vous présenter l'un des avocats de notre société, Maître Aurélien l'Orgevil, mettant ainsi en lumière le rôle essentiel que jouera cet avocat dans les discussions à venir.

Maître l'Orgevil balaie du regard la table pour rencontrer celui des policiers avec une lueur d'intelligence et d'assurance.

Son sourire professionnel et accueillant témoigne de sa volonté de collaborer et de contribuer à la conversation. Il semble à l'aise dans son rôle d'expert juridique, prêt à fournir des informations et des conseils éclairés pour guider les décisions à prendre.

Séverine Toyeau prend la parole en continuant les présentations :

— Voici mon collègue, Olivier Pleyel, le commissaire Rouland du commissariat de La Défense accompagnée de son adjointe Valérie Garet. Pour ma part, ainsi que l'inspecteur Pleyel, nous faisons partie de l'OPJ de Nanterre.

Sans perdre de temps, Olivier Pleyel enchaîne, fixant Laurent Lechine, rappelant la raison de leur présence :

— On est là au sujet de la mort de Pablo Miranda et de cette lettre qui a été trouvée près de son cadavre.

Laurent Lechine acquiesce sobrement, exprimant une tristesse sincère, tout en partageant la position de la société Xonios :

— C'est avec une profonde tristesse que nous prenons connaissance de cette affaire. Soyez assurés que moi-même et bien sûr la société Xonios, nous sommes déterminés à apporter toute notre aide à la police pour résoudre cette situation.

L'inspecteur Toyeau réagit avec une légère brusquerie dans son attitude et dans sa voix, saisissant l'opportunité à répondre de manière directe aux propos de Lechine :

— Pourtant, cette lettre ne laisse place à aucune équivoque. Elle contient une information capitale : elle affirme sans ambages que c'est vous qui avez tué Monsieur Miranda.

Laurent Lechine se réajuste légèrement sur son siège, laissant transparaître un malaise face à cette accusation directe. Maître l'Orgevil prend la parole avec calme et assurance pour éclaircir la situation :

— Il est important de noter que la simple mention d'un nom dans une lettre, même en relation avec une prétendue implication dans un assassinat, ne fait pas automatiquement de cette personne un coupable, encore moins un assassin. Nous ne pouvons pas tirer de conclusions hâtives sur la base de simples écrits, qui d'ailleurs pourraient ne pas provenir de Pablo Miranda lui-même.

L'inspecteur Pleyel intervient avec fermeté pour recentrer la conversation :

— La question était adressée à M. Lechine, et nous attendons sa réponse.

Il adoucit légèrement son ton tout en restant résolu, et se tournant vers l'avocat pour clarifier :

— Bien sûr, Maître l'Orgevil, nous sommes tous d'accord sur le fait que cela reste avant tout un écrit.

L'avocat jette un bref regard en direction de Laurent Lechine, semblant ainsi lui indiquer subtilement qu'il peut répondre à la question.

Laurent Lechine répond d'une voix mesurée :

— Bien sûr, je suis au courant de l'existence de cette lettre et de ce qu'elle prétend. Je dois avouer que je ne comprends pas la raison de telles allégations. Je suis profondément attristé, voire blessé, par cette accusation.

Il fait remarquer le tout avec conviction, en appuyant sur le mot innocence :

— Je suis conscient que seule l'enquête pourra véritablement établir mon absence de lien avec ce meurtre. Cependant, en cet instant et devant vous, je tiens à proclamer de manière formelle mon innocence.

Séverine Toyeau, semblant ne pas avoir remarqué la déclaration précédente, enchaîne en posant les questions directes :

— Quelle est votre fonction au sein de la société ? Et pouvez-vous nous dire ce que vous faisiez entre 6h et 8h ce matin ?

Laurent Lechine répond avec une certaine assurance :

— Je suis directeur financier de Xonios depuis cinq ans, en charge de toutes les filiales et du groupe dans son ensemble. Quant à ce matin, entre 6h et 7h30, j'étais chez moi en compagnie de mon épouse. J'ai quitté mon domicile vers 7h30 pour me rendre ici.

Olivier Pleyel demande d'une voix directe :

— Comment vous rendez-vous au travail habituellement ? Quel trajet empruntez-vous ?

Je prends la ligne A du RER depuis Rueil-Malmaison, où j'habite, jusqu'à La Défense.

— En sortant du RER ce matin, avez-vous remarqué quelque chose d'inhabituel ? continue Séverine Toyeau.

Avec une touche de surprise, Laurent Lechine répond :

— Non, rien d'exceptionnel. J'aurais dû ?

Elle poursuit, sans répondre à la question de Laurent :

— Après avoir quitté le RER, vous marchez pour vous rendre à votre bureau, n'est-ce pas ? Pouvez-vous nous décrire l'itinéraire que vous prenez ?

Laurent Lechine commençait à avoir l'impression que les deux policiers avaient coordonné leurs questions pour l'interroger à tour de rôle, ce qui commençait à le mettre mal à l'aise.

Cependant, il se maîtrise et répond :

— En sortant du RER, face au CNIT, je longe le quartier des Quatre Temps en direction de la Seine. Environ dix minutes plus tard, j'arrive au pied de la tour.

Anticipant une possible question, il ajoute rapidement :

— Je n'ai rien remarqué de particulier ce matin. Souvent, en marchant, j'écoute mes messages téléphoniques ou lis des articles économiques sur mon portable. Je regarde très peu autour de moi, si ce n'est pour éviter les piétons.

Séverine Toyeau réagit rapidement :

— Et vos relations avec Pablo Miranda ?

Laurent Lechine semble momentanément surpris, ne comprenant pas totalement :

— Mes relations avec Pablo Miranda ?

Séverine Toyeau précise :

— Oui, en tant que son supérieur hiérarchique, parlez-nous de vos relations avec Pablo Miranda.

Laurent Lechine se reprend rapidement, apportant des éclaircissements :

— Je vous prie de m'excuser, je me suis mal exprimé. En tant que N + 3 de Pablo Miranda, je ne le connaissais pas personnellement. Il était rattaché hiérarchiquement au responsable financier de la filiale portugaise et fonctionnellement à Kévin Santos, notre responsable de la trésorerie groupe, qui lui-même relève de la directrice de la trésorerie, Pauline Voux.

Il s'éclaircit la voix avant d'ajouter :

— Donc, pour préciser, Pablo Miranda ne travaillait pas directement avec moi, mais il faisait partie d'une équipe plus vaste.

Olivier Pleyel relance la question :

— Mais vous l'aviez déjà rencontré personnellement, n'est-ce pas ?

Tout en détaillant son rôle de directeur financier, Laurent Lechine précise :

— Effectivement, en tant que directeur financier, je voyage souvent. Je me rends au Portugal deux à trois fois par an pour rencontrer les équipes et discuter des projets en cours. C'est dans ce contexte que j'ai pu rencontrer Monsieur Miranda. Cependant, avec le nombre de personnes que je rencontre et les multiples projets en cours, je ne conserve pas de souvenirs précis de nos échanges. Peut-être un simple « bonjour » et des encouragements, compte tenu de la nature de nos rôles respectifs.

Séverine murmure d'une voix plus basse mais encore perceptible :

— Oui, je vois.

Elle enchaîne d'une voix plus affirmée :

— Donc, vous n'aviez pas d'opinion spécifique à son égard ?

Laurent Lechine se tourne visiblement en direction de Maître l'Orgevil, qui saisit l'occasion pour intervenir à ce moment-là.

Maître l'Orgevil, choisissant ses mots avec précision, déclare :

— Malheureusement, ce matin, lors de la rencontre entre le P.-D.G. du Groupe et les représentants du commissariat, une information a été omise.

Il précise que c'est une omission et non une intention de dissimuler des informations à la police.

— Le P.-D.G., le comité exécutif et moi-même en tant qu'avocat avons pris la décision de rendre cette information publique, enfin, je veux dire de la partager avec la police.

L'ambiance dans la salle de réunion avait manifestement évolué, devenant plus tendue. Les échanges précédents avaient créé une sorte de suspens et l'annonce de Maître l'Orgevil avait ajouté une nouvelle dimension à la conversation. Les regards étaient plus aiguisés, les expressions plus concentrées. On pouvait presque sentir une sorte d'électricité dans l'air, un mélange de curiosité et d'intrigue teinté de préoccupation.

Comme s'il se trouvait face à un tribunal en défendant un client, Maître l'Orgevil expose de sa voix pondérée :

— Ces derniers jours, la direction de Xonios a découvert des irrégularités financières dans les comptes de notre filiale portugaise. Il pourrait s'agir d'une affaire de fausses factures. La direction est en train de prendre des mesures pour traiter cette situation. Monsieur Miranda avait été identifié comme étant le responsable présumé. En conséquence, la décision avait été prise de le convoquer et de procéder à son licenciement. La convocation était prévue pour être envoyée aujourd'hui, voire au plus tard demain, avec effets immédiats, et des poursuites éventuelles à l'encontre de Monsieur Miranda étaient envisagées.

Sur le même ton, les deux OPJ s'exclament d'une seule voix :

— Ça change tout !

Le commissaire, quant à lui, fixe sa collègue avec un air interrogatif, ressentant un léger sentiment de duplicité. Une brève pause s'installe, où les regards se croisent dans la salle, révélant une subtile tension.

Le poids de cette nouvelle information se répercute dans la salle. Les visages des participants reflètent une combinaison d'étonnement, de frustration et de perplexité. Le commissaire et son adjointe, comprenant qu'ils ont peut-être été induits en erreur précédemment, laissent échapper leur constat d'une manière uniforme, illustrant ainsi le changement significatif que cette révélation a apporté à la discussion.

L'annonce de la situation financière suspecte de la filiale portugaise de Xonios a jeté une nouvelle lumière sur l'affaire du meurtre. Les révélations concernant les malversations financières et le licenciement imminent de Pablo Miranda semblent suggérer que d'autres perspectives jusqu'alors inexplorées pourraient potentiellement se profiler dans le cadre de l'enquête.

La dynamique de l'affaire prend une tournure inattendue, incitant les participants à envisager de nouvelles hypothèses et ramifications possibles. Les pièces du puzzle se réorganisent, les enquêteurs doivent désormais considérer la possibilité que le meurtre de Pablo Miranda puisse être lié à ces transactions financières douteuses.

Ces nouveaux indices pourraient ouvrir la porte à une série d'interactions et d'influences complexes qui n'avaient peut-être pas été considérées auparavant. L'enquête devra explorer des pistes différentes et examiner de manière plus approfondie les liens entre les aspects financiers et criminels de l'affaire.

21

À Nanterre, la fin de cette journée de septembre se déroule dans une atmosphère calme et retenue. Vers dix-neuf heures, le soleil commence à descendre doucement à l'horizon, jetant une lumière chaude dans les rues de la ville. L'agitation de la journée s'atténue progressivement, laissant place à une quiétude apaisante.

Dans le bureau du procureur, Rémi d'Archambault, la journée de travail tire à sa fin. Les lumières tamisées créent une ambiance sereine, propice à la réflexion et à la concentration.

Sur le bureau et sur les étagères, des documents et des dossiers sont soigneusement empilés et rangés. D'autres dossiers sont en attente à même le sol dans un coin de la pièce. Malgré cet amoncellement de dossiers et de matériels, il est étonnant de constater que le bureau est propre et ordonné. Aucune paperasse ne dépasse de la poubelle. Aucune trace de poussière non plus. Tout cela donne l'impression de « trop-plein ». Sur le mur, est suspendu un tableau blanc constellé de notes, de diagrammes, de problèmes à élucider et de réflexions diverses.

Le Procureur termine ses tâches administratives et prend quelques instants pour relire des notes importantes. Puis il s'octroie une pause mentale. Mais ses pensées continuent de vagabonder. Les évènements de la journée défilent dans sa tête, les discussions, les décisions prises et les dossiers examinés.

Par la baie, il regarde la nuit qui tombe sur Nanterre. Les patients, qui se hâtent de rentrer chez eux. Une sensation de transition : la vie quotidienne cède la place à une période de repos et de détente.

Dans quelques minutes il sait que le calme sera brisé par l'arrivée du commissaire divisionnaire de l'OPJ, Cédric Schönberg.

C'est à ce moment-là de la journée que se déroulent les sessions de brainstorming, les réunions de planification et les moments de réflexion.

Au-delà du bureau et de sa vie professionnelle trépidante, un aspect plus intime de la vie du procureur émerge à travers quelques touches discrètes. Une étagère avec les photos de ses enfants, souriants et radieux en témoignage d'un amour paternel profondément ancré. Elles sont disposées de manière à être le moins visibles par les personnes de passage : lui seul peut les voir, comme une ancre aux moments de doute, d'anxiété qui émaillent inévitablement ses journées de travail.

En revanche, pas la moindre photo d'une épouse ou d'une amie (ou d'un ami ou époux, car dans le monde actuel en constante évolution où Rémi évoluait, certaines réalités échappaient encore à sa compréhension, notamment la notion de couples de même sexe). C'est un détail qui ne manquait pas d'éveiller la curiosité des observateurs, bien que cet aspect de sa vie privée restât soigneusement en dehors de la sphère professionnelle.

Il avait été marié à Laurence pendant quinze ans. Leur histoire avait débuté lors d'une soirée étudiante à l'université d'Assas. Laurence, une âme bohème, artiste dans l'âme et bibliothécaire de profession, lui avait apporté une touche de créativité et d'inspiration qu'il n'avait jamais anticipée. Les débuts furent marqués par un amour fou, des week-ends romantiques et des rêves partagés, scellant leur union dans un mariage sincère. L'arrivée de leurs enfants, emplie de joie et de nouveaux défis, semblait renforcer leur bonheur et leur complicité.

Au fil des années, les liens qui les avaient si solidement unis commencèrent à se distendre. Comme dans certains couples, les querelles, les divergences d'opinions et les compromis inévitables de la vie quotidienne commencèrent à laisser des marques, créant des fissures dans leur relation. Lui, consacrant de longues heures à bâtir sa carrière au sein de la « sacrée belle justice chronophage » selon l'expression de Laurence, il gravissait les échelons avec détermination et ambition. Elle, engagée dans son monde artistique et littéraire, poursuivait son propre chemin. Avec des priorités et des intérêts divergents, leur relation autrefois fusionnelle était alors secouée par des vents contraires.

Jusqu'à ce jour où les conflits devenus inextricables les avaient conduits à un moment de vérité, à l'intérieur des murs de l'immeuble de Nanterre. Le bureau d'un avocat, également situé dans le bâtiment où était installé Rémi ce soir, avait été le témoin silencieux de la fin de leur entente, scellant le sort de leur relation par une séparation douloureuse.

Rémi reconnaissait avec une pointe de nostalgie que Laurence avait été une épouse exemplaire, une partenaire partageant avec lui les joies et les épreuves de la vie. Malgré les chemins différents qu'ils avaient fini par emprunter, il ne pouvait nier le rôle essentiel qu'elle avait joué dans sa vie à un moment donné. Elle avait été une présence réconfortante, une source d'inspiration et de soutien inestimable, et elle était et demeurait la mère exceptionnelle de leurs enfants.

Le procureur fut tiré brusquement de ses pensées par un coup familier d'un coup frappé à sa porte.

— Entre, répondit Rémi, se redressant dans son fauteuil pour afficher une attitude attentive malgré le chaos de ses pensées.

Le commissaire divisionnaire Cédric Schönberg envahit la pièce de sa stature imposante. Son visage marqué par l'expérience et les responsabilités affichait une expression sérieuse, ne laissant aucun doute sur la nature de la discussion à venir.

Rémi releva rapidement les yeux, son regard croisant celui du commissaire.

Ils se saluèrent par une franche poignée de main, s'appelant par leur prénom comme à leur habitude.

— Salut, Rémi, dit le commissaire avec un léger sourire, avec familiarité témoignant de leur longue collaboration et de leur respect mutuel.

— Bonjour, Cédric, répondit Rémi.

Toujours sur un ton amical, malgré la fatigue se lisant sur son visage, Rémi désigna un siège à Cédric.

— Assieds-toi, Cédric. Je suppose qu'on a beaucoup à discuter concernant cette nouvelle affaire.

Le commissaire s'installa avec un soupir de soulagement.

— Tu ne croirais pas à quel point ma journée a été chargée, dit-il en souriant.

Rémi haussa un sourcil.

— Cela doit avoir un lien avec l'affaire Xonios, n'est-ce pas ?

Cédric hocha la tête.

— Exactement. Nous avons découvert quelques éléments intrigants qui pourraient changer la donne.

Le procureur inclina la tête, curieux.

— Je t'écoute.

Cédric prit une profonde inspiration.

— D'abord, je vais te donner un résumé précis de tout ce qui s'est passé aujourd'hui. Tu sais, les réunions, les interrogatoires, tout ça.

En même temps, il sortit un dossier de son sac et le posa sur le bureau.

— Et voici le pré-rapport d'autopsie du corps de Pablo Miranda.

Le procureur leva un sourcil d'étonnement.

— Déjà ?

Cédric sourit en coin.

— Eh oui, quand on est en haut de l'affiche, les portes s'ouvrent toutes seules.

Et ajoute :

— Quand je dis on, je ne parle pas uniquement de moi !

Le procureur inclina la tête, curieux.

— Allez, commence par les informations de la journée.

Cédric commença à détailler les événements de la journée, dont une partie était déjà connue du procureur. Il parla des réunions avec son équipe, des interrogatoires menés auprès des employés de Xonios, et des nouvelles pistes qui se dessinaient. Il exposa les découvertes importantes, les zones d'ombre qui émergeaient, et les indices pouvant potentiellement les mener vers la vérité.

Rémi prenait des notes, tout en l'écoutant. Chaque point important que Cédric lui relatait était minutieusement noté sur son bloc-notes, ses doigts grattant rapidement la page au fur et à mesure de la conversation. Il ne montrait aucun signe de distraction.

À la fin de l'exposé du commissaire divisionnaire, Rémi reprit à haute voix les points qu'il venait de noter soigneusement. Sa voix était calme et mesurée, reflétant sa concentration et son engagement envers l'affaire.

— Point 1 : Le corps de Pablo Miranda, responsable de la trésorerie de la filiale portugaise de Xonios, a été découvert ce matin, assis au pied du monument de La Défense de Paris.

— Point 2 : Une lettre dactylographiée anonyme, retrouvée à côté du corps, accuse le directeur financier de Xonios, Laurent Lechine, du meurtre de Pablo Miranda. La lettre mentionne également un trafic au sein de Xonios et implique le P.-D.G., Jean de La Motte.

— Point 3 : Nous ignorons pour l'instant pourquoi Pablo Miranda se trouvait à La Défense ce matin, alors qu'il aurait dû être à son poste de travail à Lisbonne.

— Point 4 : Le P.-D.G., interrogé ce matin par notre commissariat à La Défense, n'a pas mentionné les fausses factures découvertes dans la filiale portugaise, contrairement aux informations fournies par l'avocat de Xonios.

— Point 5 : Cet après-midi, deux officiers de police judiciaire ont interrogé le directeur financier de Xonios. Lors de cette réunion, l'avocat de la société a informé nos policiers de l'existence du trafic de fausses factures au sein de la filiale portugaise.

— Point 6 : Cet après-midi, nos homologues portugais ont perquisitionné le bureau de feu Pablo Miranda et pris quelques dossiers et son ordinateur portable qu'il avait laissé sur son bureau.

Rémi émit un léger soupir. Il prit un instant pour rassembler ses pensées, puis prit la parole d'une voix réfléchie.

— Effectivement, Cédric, cette affaire est sans aucun doute complexe et intrigante. La présence du P.-D.G. Jean de La Motte et les implications de cette lettre anonyme ajoutent une dimension très sensible à l'enquête. Soyons prudents et méthodiques dans notre approche, car j'ai l'impression, comme tu disais, que des portes s'ouvrent sans qu'on ne demande rien. Elles peuvent se refermer aussi vite. Les règles et les procédures s'appliquent indépendamment de la position de quiconque dans la société Xonios et dans la vie en général.

Une nouvelle pause et le commissaire divisionnaire, son regard se posant sur les dossiers empilés sur le bureau répondit d'une voix énigmatique :

— Si tu veux finir la journée en beauté, lis le pré-rapport de l'autopsie, s'il te plaît.

Rémi saisit l'essence de cette énigme, le ton du commissaire attisant davantage sa curiosité. Il prit le dossier contenant le pré-rapport de l'autopsie, dont la couverture était ornée du sceau officiel de la police. Ses doigts glissèrent sur le papier rugueux, ouvrant le document avec une anticipation tangible.

Lentement, il commença à parcourir les pages, sa concentration absolue et son esprit analytique en pleine action.

La réaction de Rémi fut instantanée, ses sourcils se fronçant en signe d'incompréhension.

— C'est de la science-fiction, lâcha-t-il d'une voix pleine de scepticisme.

Ses mots traduisaient clairement son incrédulité face aux éléments du pré-rapport de l'autopsie. Les conclusions semblaient presque irréelles, comme si elles appartenaient à un univers fictif plutôt qu'à la réalité.

Le commissaire divisionnaire Schönberg ne sembla pas surpris par cette réaction, un léger sourire en coin. Il avait anticipé la perplexité de Rémi, visiblement prêt à explorer sa réaction.

— Pas de plaies apparentes, aucune trace de coup ou de blessure. Pablo Miranda était en excellente condition physique, les tests toxicologiques ne montrent rien d'anormal, pas de crise cardiaque, pas d'AVC. Rien qui puisse expliquer sa mort soudaine. C'est comme si son corps avait simplement décidé de lâcher prise, sans aucune raison apparente. Une énigme médicale pour le médecin légiste, résume-t-il tout haut.

— Et tu lis comme moi : il y a cette puce. Une puce implantée sous la peau, au niveau de la moelle épinière. Une puce de 10 mm sur 20 mm Qu'est-ce que cela signifie ? Pourquoi était-elle là ? Et surtout, comment est-elle arrivée là ? C'est le genre de découverte qui me fait douter de tout ce que je pensais connaître sur cette affaire. Une puce, comme dans un mauvais film de science-fiction. C'est difficile à croire, à assimiler. Le médecin légiste ne peut pas encore se prononcer à propos de cette puce, résuma de mémoire le commissaire divisionnaire.

Alors que le procureur est plongé dans ses réflexions, il continue :

— Je suis impatient de la remettre à la police scientifique, de découvrir ce qu'elle peut nous dire. Mais j'hésite encore, craignant ce que nous pourrions trouver. C'est peut-être la clé de ce mystère, ou cela pourrait nous plonger encore plus dans l'inconnu.

— C'est la grande question, n'est-ce pas ? ajouta Rémi d'un ton énigmatique.

— Attendons les résultats de l'analyse de la police scientifique. Peut-être que cette puce contient des informations cruciales pour l'affaire, ou peut-être est-ce tout simplement un élément qui n'est pas encore décodé.

— J'ai eu le médecin légiste au téléphone quand j'ai reçu son rapport. Lui parle d'intelligence artificielle, ajoute Rémi, en faisant la moue, émettant des doutes sur ces propos.

Le téléphone portable du commissaire divisionnaire sonne au même moment. Cédric se fige légèrement, son regard se fixe sur l'écran lumineux de son ordinateur. Un soupir imperceptible lui échappe, témoignant du léger agacement qu'il ressent à l'idée d'être interrompu. Il se tourne vers le procureur Rémi, esquissant un sourire d'excuse, avant de se lever de sa chaise.

Le parquet du bureau grince sous ses pas tandis qu'il s'approche d'une des fenêtres, cherchant instinctivement un peu de distance pour cet appel confidentiel. D'un geste assuré il porte son téléphone à l'oreille. Ses épaules se tendent imperceptiblement alors qu'il écoute attentivement la voix de son interlocuteur. Il hoche occasionnellement la tête, indiquant son accord ou sa compréhension, son visage demeure impassible.

Après de longues minutes, Cédric raccroche enfin et range soigneusement son téléphone dans sa poche. Il se retourne lentement, arborant un air pensif, avant de revenir vers son siège. D'un geste naturel, il s'y réinstalle et tourne son attention vers le procureur.

Il reprend la parole, ses traits légèrement soucieux de la gravité de la nouvelle qu'il s'apprête à annoncer.
— Il y a eu un développement inattendu dans cette affaire, Rémi, commence-t-il d'une voix calme mais chargée d'urgence.

— Nous avons un nouvel élément qui vient compliquer la situation. Un certain Marc, jeune employé chez Xonios, a mystérieusement disparu de son poste de travail en début d'après-midi.

Il observe attentivement la réaction du procureur face à cette révélation.

— D'après les informations que nous avons recueillies, Marc aurait exprimé un malaise et serait descendu au pied de la tour prendre l'air vers seize heures. Cependant, il n'est jamais remonté.

Cédric laisse ses paroles résonner dans la pièce, laissant un instant de silence afin que de bien comprendre la situation.

Le commissaire poursuit, son ton devenant plus grave.

— Son téléphone portable de Marc a été retrouvé sur son bureau, ce qui rend cette disparition encore plus troublante. Ses collègues sont unanimes : il est descendu avec son téléphone. Pourtant, il semble qu'il l'ait laissé derrière lui, nous l'avons retrouvé.

Le commissaire Cédric poursuit d'un ton chargé d'inquiétude :

— Il y a également un détail troublant à propos du téléphone de Marc. Sur son écran de verrouillage, nous avons découvert la photo d'un papier, une phrase écrite en lettres capitales :

« Ne me cherchez pas, je suis plus fort que vous ! »

3

Intelligence artificielle

22

Dans ce monde où les secrets perdent leur intimité à une vitesse surprenante, tout à chacun peut s'interroger sur la manière dont les journalistes puisent leurs sources et parviennent à dévoiler prématurément ce qui deviendra les gros titres du lendemain. Cette réflexion poignante explore le conflit entre l'urgence de l'information et le besoin de préserver la confidentialité.

Les coins sombres des réseaux d'information déclenchent une profonde interrogation. Ne dit-on pas que les journalistes sont les gardiens de la vérité, mais comment cette vérité peut-elle être si précoce, si intrusive ? Leur métier, sanctionné par une formation rigoureuse et un code d'éthique, est à la fois une quête noble et une intrusion indécente. Ils tissent des liens, exploitent des relations et pénètrent dans les coulisses, révélant ainsi les vérités qui devraient parfois rester dans l'ombre.

C'est cette curiosité humaine insatiable qui trahit notre confiance. Une force qui, bien qu'elle ait le potentiel de dévoiler des récits captivants, est également capable de trahir des confidences. La curiosité, alimentée par un besoin de savoir toujours plus, nous pousse à fouiller les recoins abritant les secrets. Elle s'infiltre dans les conversations confidentielles et exhume des détails que l'on croyait enfouis à jamais.

Internet, à la fois émerveillement et menace, a ouvert largement la porte aux informations, qu'elles soient authentiques ou non. Les données, ces matières premières numériques, alimentent le moteur de la révélation. Les serveurs et les ordinateurs, d'obscures alchimistes, transforment ces données en récits saisissants, en images percutantes qui sont ensuite expédiées aux rotatives. Cette puissante machine ne discrimine pas, dévoilant ce qui devrait parfois rester caché.

Le désespoir augmente alors que l'information confidentielle se répand comme un flux déchaîné. Des voix solitaires se lamentent, réclamant le respect des frontières éthiques, implorant que le métier journalistique garde une lueur d'intégrité dans l'obscurité. Cette réflexion poignante exhale un cri d'alarme, rappelant à tous que la quête de la vérité ne doit pas éroder les fondations du respect, de la vie privée et de la dignité humaine.

Le commissaire Rouland n'eut pas le temps d'avoir une réflexion poussée à la lecture de la presse. À peine avait-il pris le journal « 5 minutes » distribué très tôt le matin aux entrées du métro qu'il s'engouffra dans une des rames de la ligne 1 pour rejoindre son commissariat. Les titres accrocheurs et les images saisissantes de la une du journal avaient déjà attiré son attention, l'entraînant dans l'actualité du jour. Ce transport souterrain était souvent pour lui un moment de transition, un interlude entre son domicile et la ruche trépidante, qu'est le commissariat. Là, au milieu des anonymes, il survolait les nouvelles, tentant de se connecter aux préoccupations de la ville, même si le rythme effréné de son travail ne lui laissait guère le loisir d'approfondir les détails.

Le commissaire Rouland, engagé dans son rituel matinal de lecture du journal, ne s'attendait pas à être pris au dépourvu par la révélation en page 3.

« Mystérieux meurtre d'un employé Portugais à La Défense : Les liens troublants avec Xonios et son dirigeant.

Paris, le 13 septembre

Une tragédie a secoué le quartier de La Défense hier matin, alors qu'un salarié portugais de la société Xonios a été retrouvé mort à proximité du monument emblématique. L'enquête en cours indique que des éléments suggèrent un meurtre, avec la découverte d'une lettre énigmatique près du corps. Cette affaire s'inscrit dans un contexte litigieux entre Xonios, dirigée par l'industriel très connu Jean de La Motte et sa filiale portugaise. Ces événements tragiques soulèvent des interrogations quant à la stabilité de son empire.

La filiale portugaise de Xonios a été en proie à des conflits internes ces derniers mois, notamment des désaccords concernant les opérations, les finances et la direction stratégique. Les sources indiquent que des discussions tendues entre les dirigeants de la filiale et le siège social ont fait surface, laissant entrevoir une possible implication dans ce meurtre présumé.

La police, en collaboration avec les autorités portugaises, se penche sur ces éléments pour reconstituer le fil des événements et établir un lien entre la victime, les litiges internes de l'entreprise et la lettre mystérieuse.

Alors que l'enquête suit son cours, la communauté des affaires reste en alerte, scrutant les développements de ce qui pourrait se révéler être bien plus qu'un simple meurtre, mais une révélation de la face cachée d'un succès économique.

Contact presse : m.lenoir@5mn.fr. »

Le commissaire Rouland sentit son cœur s'accélérer à mesure qu'il parcourait les lignes de cet article. Un frisson lui parcourut le dos quand il découvrit le nom du P.-D.G. Jean de La Motte, évoquant des récits d'intrigues économiques et de puissantes influences qui infusaient de chaque mot de l'encart.

Les phrases étaient écrites de manière délibérée, comme un puzzle dont les pièces s'emboîtent pour former une image encore floue. Les litiges et les tensions entre Xonios et sa filiale portugaise, tout cela laissait entrevoir une toile complexe de relations et de rivalités à peine suggérée par le texte.

C'est la rapidité à laquelle l'information avait été diffusée qui fit battre le pouls du commissaire. Il repensa à la journée précédente, aux discussions en cours, aux indices en train d'être rassemblés, et à la brève ébullition qui précède l'éclatement d'une affaire. Comment, en vingt-quatre heures, une histoire aussi bien ficelée peut-elle être dévoilée au grand public ? Le commissaire se demanda s'il y avait là plus de vérité qu'une simple rédaction journalistique.

Des fils d'informations se tissaient devant lui, pointant dans toutes les directions et menant à des zones inconnues. Il sentait une responsabilité croissante peser sur ses épaules, un appel à découvrir ce qui se cachait derrière ces mots soigneusement choisis. La mayonnaise de la curiosité et de l'anticipation montait en lui, mêlant la sensation d'urgence à celle de la nécessité de démêler les fils enchevêtrés de cette affaire enchevêtrée. Mais ce sont les OPJ de Nanterre qui dirigent cette enquête.

Le commissaire Rouland replia le journal, la rame du métro arrivait à la station Pont de Neuilly. Encore une station et ce journal viendra s'ajouter à la pile de magazines sur son bureau.

Cet article avait été reçu de différentes manières.

Le procureur d'Archambault regarda l'article, posé négligemment sur le coin de son bureau, à la page précise. Son assistante l'avait posé ainsi de manière que son regard soit attiré par ce titre. Les caractères noirs sur le papier blanc dansaient devant ses yeux fatigués. Pour lui, c'était un énième morceau de prose journalistique, une distraction de plus dans un monde saturé d'opinions et de conjectures. Les mots s'étiraient en une série de suppositions dépourvues de toute crédibilité.

L'idée même que la justice puisse se faire autour des lignes d'un journal lui arracha du mépris. Ce n'était pas là que l'on trouverait la vérité, pensa-t-il. Ses lèvres se muèrent en une expression de dédain alors qu'il se rappelait à peine avoir parcouru les phrases de l'article.

Cette observation têtue s'accrocha à son esprit tandis qu'il reposait le journal sur son bureau encombré. Le procureur d'Archambault, réticent à se laisser emporter par les récits enflammés de la presse, était suffisamment aiguisé pour percevoir les nuances de l'effervescence médiatique. Les rouages qui entraînaient la propagation rapide de ces informations demeuraient un mystère qu'il ne pouvait pas ignorer. Une part de curiosité sommeillait en lui, le poussant à grappiller des bribes d'informations pour compléter le puzzle. Cependant, l'article demeurait un simple témoignage posé sur son bureau, un rappel que les esprits les plus érudits pouvaient être tentés par la danse séduisante de l'information.

Chez Xonios, Nathalie Rouget saisit son téléphone portable, attirée par le buzz incessant de vibrations. L'écran lumineux affichait un SMS de l'une de ses collaboratrices, accompagné d'une image qui captura instantanément son attention. Le cœur battant plus fort, elle déchiffra les mots courts mais évocateurs : « Regarde, ça commence. »

Son souffle se coupa brièvement tandis que ses yeux se posaient sur l'article imprimé, un encart qui, en quelques phrases avait déclenché une réaction en chaîne. Une avalanche d'émotions tourbillonnait en elle, mélange d'appréhension et d'excitation. Les mots de l'article paraissaient être des braises, prêts à allumer un feu qui pourrait embraser l'image peu écornée de Xonios.

Nathalie était habituée aux publications, aux rapports annuels élaborés, aux analyses approfondies du secteur et aux interviews soigneusement orchestrées de Jean de La Motte. La société avait toujours évolué dans le monde des affaires, restant loyale à la rubrique économique, où les chiffres et les perspectives régnaient en maîtres.

Cet article était différent. Il projetait Xonios dans un tout autre univers, un territoire où les enquêtes et les mystères s'entremêlaient. Les mots « obscure lettre », « meurtre » et « filiale portugaise » se frayaient un chemin inconvenant dans le paysage de la société.

Un frisson de nervosité parcourut Nathalie Rouget alors que la réalité l'enroulait. Les choses changeaient. L'entreprise, dont elle avait toujours été et restait si fière de promouvoir, était désormais sous les feux des projecteurs d'une manière qu'elle n'aurait jamais imaginée. Les cloisons de la rubrique économique s'étaient effondrées, ouvrant la voie à une nouvelle ère, chaque instant pouvait apporter son lot d'incertitudes et de surprises.

Un simple cliché sur l'écran de son téléphone avait le pouvoir de transformer une journée ordinaire en une spirale d'événements extraordinaires. Alors que Nathalie contemplait cette image, elle s'imaginait à l'aube d'une période tumultueuse, où la communication serait plus déterminante que jamais pour naviguer dans les eaux glauques de l'inattendu.

La journée se profilait promettant d'être longue, intense et remplie d'agitation chez Xonios, particulièrement pour sa direction générale et sa direction de la communication. Les bureaux allaient résonner de discussions animées, de réunions d'urgence et d'effervescence ininterrompue. Les téléphones sonneraient sans relâche, les courriels s'empileraient, chaque instant serait précieux dans la gestion de ce tourbillon soudain d'attention médiatique et d'interrogations.

Pour la direction générale, les heures à venir seraient marquées aussi par des prises de décision importantes. Des stratégies devraient être élaborées en réponse aux questions pressantes des médias, afin de rassurer les investisseurs et pour maintenir la confiance des actionnaires. Des réunions d'urgence se succéderaient, les dirigeants scrutant les répercussions potentielles de cet article sur l'entreprise et définissant les étapes à suivre pour minimiser les dommages.

La direction de la communication serait plongée dans une frénésie de travail. Les experts en communication s'activeraient pour élaborer des déclarations officielles, préparer des communiqués de presse et orchestrer des réponses adéquates. Ils devraient coordonner les réponses internes et externes, tout en essayant de préserver l'image de l'entreprise dans un environnement de plus en plus exigeant.

Nathalie Rouget, en particulier, se préparait à jouer un rôle important dans cette période mouvementée. Elle aurait à jongler entre les demandes des médias, les inquiétudes internes et les impératifs stratégiques de Xonios. Chaque mot choisi avec soin, chaque réunion minutieusement préparée, elle serait l'une des voix qui guiderait l'entreprise à travers cette tempête.

La situation tourbillonnante avait peu d'impact en apparence sur Jean de La Motte, le P.-D.G. de Xonios. Habitué à démarrer sa journée avec les colonnes des Echos et du Figaro, il avait été confronté à un changement soudain de routine, consécutif à un appel de Maître l'Orgevil lui relatant un article et la citation de son nom ainsi que celui de sa société à la troisième page de ce papier de bas niveau dixit l'avocat. Les années de collaboration entre les deux hommes avaient créé une relation spéciale, une confiance leur autorisant des appels à n'importe quelle heure du jour ou de la nuit.

Cependant, sa maîtrise émotionnelle transparaissait, il demeurait calme en apparence, un calme masquant ses pensées profondes et ses considérations complexes.

Le ton de Maître l'Orgevil avait été direct, franc, sans fioritures, comme d'habitude. Les mots choisis avec soin, il avait informé Jean de la situation, discuté des implications potentielles et formulé des recommandations judicieuses.

Parmi le grand public aux préoccupations variées, seuls quelques individus avaient pris le temps de lire l'article en question. Les nouvelles affriolantes et les révélations épineuses perdaient leur éclat face à des horoscopes alléchants et aux résultats sportifs de la veille. Pour la majorité, les conversations s'animaient autour de la sempiternelle Affaire de l'été, une intrigue sportive captivante qui retenait l'imagination collective. Les conversations au comptoir des cafés bondés et des terrasses, les discussions animées autour de la machine à café, le « super footballeur du PSG » occupaient le devant de la scène. Sa destinée incertaine, son avenir dans le monde du ballon rond, tout cela avait le pouvoir de captiver et de mobiliser les esprits, bien plus que les subtilités des litiges commerciaux et des mystères sombres entourant Xonios. Les badauds, les amateurs de sports et même les plus curieux se laissaient emporter par les rumeurs et les spéculations concernant le footballeur vedette. Les questions retentissaient avec insistance : À quel prix resterait-il au PSG ? Combien de temps le verrions-nous encore jouer sous les couleurs du club parisien ? Les hypothèses et les pronostics abondaient, alimentant une saga qui rivalisait avec les intrigues les plus étonnantes.

La presse à scandale savourait chaque miette de cette Affaire de l'été, distillant les détails au compte-gouttes, nourrissant ainsi l'appétit insatiable du public pour le sensationnel.

Dans ce grand jeu de l'attention médiatique, le public faisait son choix, se tournant vers l'excitation du sport plutôt que vers les subtilités d'une intrigue d'entreprise.

Mais il suffisait d'un détail insignifiant au départ, d'un intérêt plus marqué par les médias qui allaient en faire leur chou gras pour que Xonios devienne le centre des attentions.

23

Vincent Marche entre dans le bureau de Jean de La Motte, lui adresse un sourire chaleureux.

— Bonjour Jean, comment vas-tu ? sur un ton empreint d'une certaine familiarité permise par l'appartenance au même parcours scolaire et quelques semaines de vacances passées ensemble.

Jean de La Motte esquisse un sourire, typique de son sens de l'humour taquin.

— Eh bien, Vincent, ça pourrait certainement aller pire. Rien de tel qu'une dose quotidienne d'énigmes pour pimenter la routine, n'est-ce pas ?

Sa voix a le ton de l'amusement, un signe de sa capacité à garder son sang-froid face aux situations les plus inattendues.

Dans le bureau règne une ambiance feutrée, accentué par une lueur douce, propice à la concentration et à la réflexion. Des ombres dansent légèrement sur les murs, rappelant le caractère énigmatique de la situation.

Vincent Marche prend place, croisant les jambes de manière décontractée.

— Bien sûr, j'ai changé de destination dès que j'ai reçu ton appel, Jean. J'avais initialement prévu de repartir à Hong Kong après notre rencontre avec des investisseurs potentiels pour le projet en Autriche, mais apparemment, Paris est en haut de la liste des priorités maintenant.

Un bref silence plane dans la pièce, le duo se laissant l'importance de la situation imprégner leurs esprits. Les défis qui se dressent devant eux ne sont pas à sous-estimer, mais leur attitude laisse présager leur détermination à faire face à l'incertitude. Alors que le brouillard du matin plane à l'extérieur, à l'intérieur deux esprits aiguisés se préparent à travailler sur l'affaire qui pourrait bien changer le cours des choses.

Quiconque croiserait Vincent Marche aurait du mal à le décrire en des termes bien précis. Physiquement, il ne possède aucune caractéristique distinctive marquante. Ni grand, ni petit, ni maigre, ni corpulent, il se fond dans la foule avec une aisance délibérée. Son apparence est comparable à une toile vierge, une toile sur laquelle aucun trait de brosse ne semble avoir été passé.

Son attitude, elle aussi, ne laisse pas de trace dans sa vie avec une discrétion bien calculée. Dans un bureau, il est celui qui ne se fait pas remarquer, qui ne sait pas se détacher des autres. Aucun regard admiratif de la gent féminine et aucun regard respectueux de la gent masculine ne s'attardent sur lui.

Sous cette apparente neutralité, se cache un homme aux qualités qui ne se décèlent pas rapidement. C'est le genre d'individu qui se lève tôt le matin, qui s'attache aux détails et qui se consacre inlassablement à son travail. Un bosseur, comme on dit communément, mais pas seulement. Vincent est un homme de confiance par excellence, un pilier sur lequel on peut s'appuyer dans les moments les plus critiques.

Sa discrétion n'est pourtant pas le signe d'une absence de personnalité, mais plutôt d'une profonde assurance en lui-même et dans son rôle. Il est celui qui agit en coulisses, qui exécute avec précision les tâches qui lui sont confiées, sans chercher la reconnaissance ou les applaudissements. Son engagement pour son travail et sa dévotion à la cause sont le reflet de sa véritable force, une force tranquille qui agit comme un socle solide dans un monde en perpétuel mouvement.

Vincent Marche est le directeur général adjoint de Xonios. Tel un maestro, il orchestre les rouages essentiels de l'entreprise, tout en laissant la lumière se focaliser naturellement sur Jean de La Motte. Il a pleinement conscience de sa position en tant que bras droit, préférant que les projecteurs ne soient pas braqués sur lui, mais plutôt sur le visionnaire qui guide l'entreprise.

Son approche discrète s'aligne harmonieusement en accord avec sa mission. Les dossiers ardus et les affaires complexes lui sont réservés. Il ne cherche jamais à capter la gloire ou à en retirer des avantages. C'est un artisan méticuleux, ciselant avec précision les détails de chaque projet.

Les moments de triomphe de Xonios, ces succès largement relayés font les titres des journaux et des écrans de télévision, ne trouvent pas en lui un acteur principal. Il observe avec satisfaction les résultats de son travail et de ses décisions bien pensées. Le bien-être de l'entreprise est sa plus grande récompense, bien plus que toute reconnaissance personnelle.

Vincent enchaîne directement, avec la franchise qui le caractérise :

— Que comptes-tu faire ? Ses mots sont prononcés avec une sincérité sans détour. Cette question résonne dans la pièce, portant en elle une urgence et une attente.

Jean de La Motte prend quelques secondes de réflexion, son regard se perdant dans le lointain, comme s'il scrutait l'avenir en quête de réponses. Un sourire flotte sur ses lèvres et il répond, en choisissant soigneusement ses mots :

— Vincent, tu sais bien que les eaux agitées ne sont pas nouvelles pour nous. Dans ces moments-là, il faut maintenir le cap, analyser les options et agir avec prudence.

— J'ai convoqué à nouveau tous les directeurs, après avoir présidé le comité exécutif, à 14h. Nous devons faire le point et établir une liste d'actions possibles pour gérer cette situation. Je compte sur toi pour coordonner cette réunion, en t'assurant que chacun soit prêt à y contribuer de manière constructive.

Vincent acquiesce, saisissant l'importance de la tâche qui lui est confiée.

— Bien entendu, Jean. Je m'assurerai que la réunion se déroule de manière fluide.

— Excellent, répond Jean d'un ton appréciateur.

– Mais il y a une priorité absolue : la communication. Nous ne devons pas seulement réagir à l'article de ce matin, mais expliquer notre position de manière proactive. Il ne s'agit pas de répondre, mais d'agir. Surtout ne pas surréagir. Nous devons montrer que nous prenons cette situation au sérieux et que nous sommes déterminés à traiter tous les aspects en jeu.

Vincent hoche la tête, comprenant l'importance de cette subtilité.

— Oui, Jean. Nous devons définir notre propre narration, montrer ainsi que nous sommes en pleine action.

— Exactement, confirme Jean.

— Je veux que tu travailles avec la direction de la communication. Les messages doivent être clairs, cohérents et rassurants. Nous ne voulons pas donner l'impression de réagir précipitamment, mais plutôt de maîtriser la situation.

Vincent acquiesce à nouveau, prenant note mentalement de toutes les responsabilités qui lui sont confiées.

— Je vais me mettre au travail tout de suite, Jean. Nous ferons en sorte que notre communication soit aussi solide que notre action.

Jean de La Motte remarque la détermination de Vincent Marche, il enchaîne :

— Comment vois-tu les choses, Vincent ? Quelle est ton analyse de la situation ?

Vincent, son regard fixe et pensif, répond :

— Pour moi, Jean, il y a encore beaucoup de zones d'ombre dans cette affaire. Rien n'est clair, et cela soulève de nombreuses questions.

— Je me pose toujours quelques questions simples dans ce genre de situation, poursuit-il.

— À qui cela profite-t-il ? Pourquoi maintenant ? Quelles pourraient être les motivations derrière tout cela ? Et bien sûr, quelles pourraient être les répercussions directes et indirectes sur Xonios.

Vincent a le regard distant, il se replongeait mentalement dans les pensées qu'il avait eues pendant le vol de retour vers Paris.

— J'ai réfléchi à tout cela pendant le vol, mais pour l'instant, les suppositions auxquelles je suis parvenu sont assez vagues pour être partagées. Il nous faut collecter davantage d'informations et analyser les éléments dont nous disposons avant de tirer des conclusions actives et solides.

Jean de La Motte apprécie l'approche méthodique de Vincent.

— Tu as raison. Agissons de manière informée et réfléchie. Ne nous laissons pas emporter par les spéculations. Continue à creuser et à recueillir le maximum d'informations. Nous aurons une meilleure vue d'ensemble.

Vincent hoche la tête en signe d'approbation.

Jean et Vincent se lèvent simultanément. Vincent se dirige vers la porte, disposé à prendre en main les responsabilités qui lui ont été confiées. Avant qu'il ne quitte le bureau, Jean l'interpelle une dernière fois, sa voix empreinte d'une importance particulière.

— Vincent, commence Jean.

— N'oublions pas que dans tout cela, notre collaboration avec les autorités est primordiale. Main dans la main avec la police, nous devons maintenir une communication transparente, sans donner l'impression que nous cachons quoi que ce soit. Nous ne devons pas lui donner l'impression que nous enquêtons en interne. D'ailleurs, le mot enquête n'est pas, à mes yeux, le plus approprié pour ce que nous devons faire. Assurons-nous que la confiance et la coopération sont au cœur de notre approche.

Vincent fixe Jean en signe de compréhension.

— Absolument. Nous veillerons à ce que notre démarche soit transparente, tout en respectant les procédures et les protocoles nécessaires.

— Parfait, répond Jean, satisfait de la réponse.

Après ces mots d'encouragement, Vincent quitte le bureau, prêt à se lancer dans les tâches qui l'attendent.

Jean de La Motte se rassoit dans son fauteuil. Le bureau est silencieux, enveloppé d'une atmosphère chargée d'incertitude et de décisions à prendre. Les enjeux sont élevés, ainsi que la pression qui pèse sur ses épaules.

Il doit rencontrer le procureur à midi. Puis, une conférence dont l'importance est incontestable, une occasion pour le procureur de partager une information primordiale, comme il l'a écrit dans son message.

Jean ferme les yeux un instant et se recentre. La lumière douce qui baigne la pièce témoigne du calme avant la tempête. Les décisions qu'il prendra entraîneront des répercussions, non seulement pour l'entreprise qu'il dirige, mais aussi pour tous ceux qui en dépendent. Jean de La Motte sait qu'il est à la croisée des chemins.

Il se lève finalement de son fauteuil, prêt à affronter la journée qui l'attend. Le chemin est difficile, mais il avance avec courage et résilience, guidé par une vision claire et un désir inébranlable de mener Xonios vers un avenir meilleur.

24

Rémi d'Archambault gara sa voiture sur le parking de l'IML[3]. L'endroit lui était familier, chargé de souvenirs qui remontaient à sa première visite, celle où il était venu prendre connaissance des résultats de sa première autopsie en qualité de procureur. Ce souvenir était marqué en lui comme au fer rouge. Il se remémorait clairement du cas : un enfant de 10 ans, victime de la violence de son père alcoolique. Une mère anéantie par la douleur, proférant des serments de vengeance personnelle.

L'IML était marqué de ces moments difficiles, chaque coin du bâtiment portant en lui une histoire sombre et troublante. Dès l'entrée, une atmosphère particulière s'imposait : l'odeur spéciale, la froideur inhérente des murs, tout semblait rappeler la présence de la mort. Chaque porte, chaque couloir était une porte vers l'inconnu, un rappel constant de la fragilité de la vie et de la cruauté du destin.

Rémi soupira, chassant temporairement ses pensées sombres de son esprit. Il était venu pour une raison importante : obtenir des informations de premier rang dans le contexte actuel. Son expérience dans ce lieu l'avait endurci, mais il ne pouvait s'empêcher de ressentir une pointe d'émotion à chaque retour.

En débouchant sur la partie droite du bâtiment, Rémi d'Archambault remarqua immédiatement la présence de la commissaire de l'OPJ de Nanterre, Sylvie Elver, accompagnée de ses deux collaborateurs, Pleyel et Toyeau. Leur présence à l'extérieur était un indicateur clair de leur routine en ce qui concerne les visites à l'IML. On n'attendait pas à l'intérieur que le médecin légiste vous appelle. Lorsque l'heure du rendez-vous approchait, on pénétrait dans le bâtiment avec précision. Si le

3. Institut Médico-Légal

rendez-vous était fixé à 10h, on franchissait la porte à 9h55, on se signalait à l'accueil et se dirigeait directement vers la salle d'autopsie pour être prêt à l'heure exacte. On n'était jamais en avance dans ce genre de lieu et quand l'autopsie était terminée, on ne s'attardait pas une minute de plus.

La commissaire Sylvie Elver affichait une expression attentionnée, ses yeux scrutaient les abords ; chaque détail avait son importance. À l'extérieur, Pleyel et Toyeau fumaient leur cigarette.

— Commissaire Elver, Pleyel, Toyeau, salua Rémi d'un ton respectueux.

— Allons-y, il est 9h56.

Ils furent introduits dans la salle 5, un espace fonctionnel. Dans un angle trônait un bureau encombré de documents et d'instruments de travail. Assise à son bureau, la médecin légiste Magali Maturel attendait leur arrivée. Son regard sérieux et pénétrant reflétait la concentration qui l'animait. C'était une figure énigmatique, cette femme d'une quarantaine d'années dégageait une aura de professionnalisme et d'autorité.

Elle était grande et élancée, sa stature lui conférant une présence indéniable. Sa chevelure brune soigneusement tirée en arrière, capturée dans un chignon impeccable mettait en valeur son visage aux traits fins. Ses yeux scrutateurs étant d'un marron profond révélaient une acuité intellectuelle qui ne manquait pas d'impressionner.

Elle portait une blouse blanche, symbole de son métier et de son dévouement envers la science. Ses gestes étaient précis, ses mouvements calculés, et chaque interaction avec les autres professionnels était d'une courtoisie feutrée.

Bien que peu de choses soient connues de sa vie personnelle, on pouvait deviner qu'elle prenait soin d'elle-même et qu'elle était probablement adepte d'une vie saine et active. Ses manières impeccables, son allure gracieuse et sa posture confiante témoignaient d'une discipline personnelle qui se reflétait également dans son travail.

Alors que l'équipe pénétrait dans la salle, le regard de Magali Maturel se posa sur eux. Dans l'environnement austère de l'IML, elle était une figure respectée, une gardienne des secrets de la mort et une investigatrice infatigable des mystères qui se cachaient dans chaque autopsie.

— Bonjour Monsieur le procureur, Madame la commissaire et officiers, déclara Magali d'une voix autoritaire.

— Commençons.

Sur la table centrale reposait le corps de Pablo Miranda, recouvert d'un drap bleu pâle. La présence de cette forme inanimée rendait une atmosphère solennelle.

Magali leur fit signe d'approcher, les invitant implicitement à se rassembler autour de la table. C'était un geste symbolique, un rappel que dans ce lieu dédié à l'analyse de la mort, la collaboration et la coordination étaient essentielles.

La Docteur Magali Maturel captivait l'attention des OJP. Elle posa son regard successivement sur chacun d'eux, marquant l'importance de ses paroles.

— Hier, comme vous le savez, j'ai réalisé l'autopsie du corps de Pablo Miranda, en présence des officiers Pleyel et Toyeau, commença-t-elle.

— J'ai transmis mes premières observations au procureur hier en fin de journée, et je suppose que vous les avez lues ou du moins êtes au courant des points principaux dont la puce électronique.

Elle marqua à nouveau une pause.

— J'ai souhaité vous réunir, ce matin, pour vous montrer cette puce qui, en quinze années de pratique des autopsies, m'est totalement inédite, dit-elle d'une voix pleine de perplexité.

— Ce que j'ai découvert dépasse largement les limites de l'ordinaire.

Avec des gestes méthodiques, Magali Maturel retroussa le drap avec précaution, dévoilant ainsi la moitié supérieure du corps de Pablo Miranda. Le corps était allongé sur le ventre, exposant son dos à la vue de l'équipe.

Entre les omoplates et à environ cinq centimètres des épaules, la moelle épinière était exposée, révélant une large incision soigneusement pratiquée. L'entaille de la chair était difficile à ignorer. Un élément étrange et totalement inattendu se révélait dans cette plaie : un objet ressemblant de manière saisissante à un circuit intégré, parsemé de microprocesseurs.

Magali Maturel, l'experte légiste, observait elle-même l'objet avec un mélange d'intérêt et d'incompréhension. Cette découverte défiait toutes les logiques médicales et suscitait une multitude de questions sans réponses.

Elle reprit la parole :

— Comme vous pouvez le constater, c'est quelque chose d'extraordinaire et totalement hors du commun, commenta-t-elle.

— Je n'ai jamais vu une telle chose au cours de ma carrière, comme je vous l'ai déjà dit et je suis convaincue que cette découverte a des implications majeures dans votre enquête.

Le microprocesseur était un minuscule bijou technologique, un concentré de puissance et de complexité comprimé dans un espace restreint, d'environ un centimètre sur deux, ses caractéristiques distinctives se révélant à l'observation minutieuse, dévoilant une multitude de détails fascinants.

Les contours du microprocesseur étaient soulignés par une finition argentée, brillante sous la lumière ambiante. À sa surface, une série de microcomposants, presque invisibles à l'œil nu, se succédaient en un motif régulier. Des fils microscopiques connectaient les différentes parties de manière précise, tel un réseau qui permettait aux informations de circuler à des vitesses vertigineuses.

Au centre du microprocesseur trônait une petite puce électronique comme le cerveau de cet ensemble technologique. Des rangées de minuscules transistors et de circuits étaient agencées avec une symétrie artistique, représentant l'essence même de la puissance de calcul qu'elle contenait.

Magali Maturel prit une inspiration avant de poursuivre, révélant ainsi le résultat de ses investigations poussées.

— Après avoir réalisé un scanner minutieux de cette partie du corps, je peux vous confirmer que cette découverte est encore plus intrigante que ce que nous avions pensé initialement.

Elle écarta avec un instrument l'incision de façon à bien montrer la carte et la moelle épinière.

— Ce n'est pas seulement que ce circuit intégré est collé à la moelle épinière, c'est bien plus complexe que cela. En réalité, il est intégré profondément dans la moelle épinière même.

Les visages autour de la table exprimèrent un mélange d'étonnement et d'interrogation. L'idée que ce circuit électronique était intégré de manière si intime au corps de la victime défiait toute logique conventionnelle.

— Les images du scanner montrent clairement que les composants du circuit sont entrelacés avec les tissus de la moelle épinière, continua Magali.

— C'est une intégration qui avait été réalisée avec une précision chirurgicale. Ce n'est pas quelque chose que l'on pourrait faire suite à un accident.

Magali Maturel poursuivit ses explications avec calme et expertise, mettant en lumière les avancées de la science qui donnaient un contexte à cette découverte déconcertante.

— La science a fait d'énormes progrès dans le domaine des technologies consacrées aux neurones, permettant notamment d'utiliser des puces et des circuits intégrés pour améliorer certaines capacités corporelles, voire restaurer partiellement la mobilité dans certains cas, commença-t-elle en faisant référence aux développements médicaux récents.

— Cependant, dans ces avancées, les circuits intégrés sont généralement externes au corps. S'ils sont implantés, ils ne le sont pas directement en tant que composants corporels, expliqua Magali d'une voix claire et concise.

— Dans le cas que nous observons, la situation est tout à fait différente. Ce circuit intégré est véritablement incorporé dans les tissus de la moelle épinière.

— Je tiens à souligner que mon rôle en tant que médecin légiste est de fournir des observations objectives basées sur les preuves que je découvre lors de l'autopsie, commença-t-elle.

— Et je ne tire pas de conclusions définitives sur le pourquoi ou le comment de cette situation, comme vous le savez.

Elle marqua une pause, laissant ses paroles être mémorisées par l'assemblée.

— En tant que scientifique médicale, je peux vous offrir une perspective éclairée. Les éléments que nous avons observés ici, comme cette intégration complexe d'un circuit dans le corps, évoquent fortement une expérimentation liée à l'intelligence artificielle, déclara-t-elle avec prudence.

— Je pourrais suggérer que le corps de la victime a été utilisé comme un terrain d'expérimentation pour des avancées technologiques encore inédites.

Elle fit une pause.

Dans cette pièce aseptisée, le « waouh » de l'OPJ Toyeau se fit entendre distinctement, brisant momentanément le silence. Prononcé néanmoins avec une certaine retenue, son ton d'étonnement était tout à fait audible, témoignant de la surprise suscitée par les révélations de Magali Maturel.

Le médecin légiste reprit :

— Je souhaitais que vous voyiez tous cette intégration inhabituelle de vos propres yeux, dit-elle.

— C'est un élément important de cette affaire, une pièce du puzzle qui pourrait vous mener à une compréhension plus subtile de ce qui s'est passé.

L'évocation de l'intégration de puces dans le corps rappela au procureur l'article qu'il avait lu il y a quelques mois, décrivant les ambitions d'Elon Musk concernant l'implantation de puces dans le cerveau humain. De mémoire, le titre de l'article était : « Une puce dans le cerveau ».

Le procureur et les policiers avaient devant les yeux une preuve tangible que les développements en cours allaient bien au-delà des expérimentations de la société Neuralink, propriété d'Elon Musk, en explorant des territoires inconnus et potentiellement plus complexes.

— Mais cette expérimentation a bien mal terminé pour Pablo Miranda, ajouta Magali.

Chacun resta quelques seconds silencieux.

Le commissaire Sylvie Elver brisa le silence.

— Docteur, pouvez-vous nous dire si ce circuit intégré peut être extrait de la moelle épinière ? demanda-t-elle d'une voix qui oscillait entre l'anticipation et l'urgence.

Magali Maturel réfléchissait à la question que l'on venait de lui poser.

— La nature exacte de cette intégration et les méthodes utilisées pour l'implantation relèvent de défis importants, commença-t-elle d'une voix réfléchie.

— Sans examen plus approfondi et des informations plus complètes, il est difficile de déterminer avec certitude si ce circuit peut être extrait de manière sécurisée.

Magali Maturel acquiesçant à l'ajout du commissaire Sylvie Elver fit trois points additionnels, les exposant avec honnêteté et professionnalisme.

— Je comprends vos préoccupations, commença-t-elle en hochant légèrement la tête, tout d'abord, le retrait du circuit intégré de la moelle épinière n'aura pas d'effets sur le corps :

Monsieur Miranda est mort.

Elle prit une respiration avant de continuer :

— Ensuite, il est primordial de noter que je ne suis pas en mesure de déterminer l'état actuel de ce circuit intégré, s'il fonctionne encore ou non, expliqua-t-elle franchement.

— Il est possible que le retrait de la puce puisse entraîner des dommages supplémentaires si elle est toujours opérationnelle, ce qui pourrait potentiellement compliquer la situation ; je dois vous le dire car il est possible que ce circuit intégré contienne des données.

Un léger soupir s'échappa de ses lèvres alors qu'elle abordait le dernier point, sa voix exprimant un soupçon d'embarras professionnel.

— En fin de compte, bien que je sois ici pour étudier les corps et les preuves médicales, mes interrogations portent plus sur l'état de cette puce que sur celui du corps en lui-même, admit-elle avec humilité.

— Je vous prie de m'excuser si cela peut sembler déplacé, mais il est essentiel de considérer toutes les variables dans cette affaire.

25

Les événements s'enchaînèrent brusquement en un tourbillon d'activité au sein de l'équipe. Les faits suivants se produisirent en une succession rapide et ordonnée.

- Un appel du directeur du cabinet du ministre de l'Intérieur au procureur général de Nanterre retentit, signifiant une prise de conscience à un niveau plus élevé de l'importance et de la complexité de l'affaire.

- La confirmation officielle de la disparition de Marc Primevort ajouta encore plus de mystère et de préoccupation à l'enquête en cours.

- L'autopsie menée par Magali Maturel aboutit à une conclusion mettant en évidence la présence du circuit intégré dans la moelle épinière, renforçant ainsi l'importance de cette preuve technologique.

- L'affaire serait probablement désormais qualifiée de criminelle, sous une nouvelle appellation : assassinat par utilisation d'un élément technologique dont la nature reste à déterminer. Juridiquement, cela se traduirait comme étant un homicide volontaire prémédité par autrui, ou plus simplement, un assassinat.

Les répercussions de ces événements se propagèrent à différents niveaux, influençant profondément le quotidien des personnes concernées. La disparition de Marc Primevort se remarqua par son impact sur le fonctionnement de Xonios.

C'est avec un mélange d'émotions dans la voix que Laurent Lechine en informa Jean de la Motte. La police avait qualifié la disparition de Marc Primevort en lien avec un assassinat.

Jean de La Motte ressentit une tension diffuse dans son corps, un serrement de sa poitrine qu'illustrait le poids croissant de la situation.

Sur le plan psychologique, l'information eut un effet marquant. Les mots disparition et assassinat flottaient dans l'air, porteurs de conséquences profondes et potentiellement dévastatrices pour l'image de l'entreprise.

L'annonce de la disparition de Marc Primevort et les répercussions qui en découlaient eurent un effet de boule de neige dans tous les départements de Xonios. Celle-ci transforma la machinerie bien huilée en un foyer d'activité fiévreuse, modifiant la dynamique interne de l'entreprise en une série incessante de discussions, de conjectures et d'interrogations.

La police s'apprêtait à investir l'univers de Xonios, plongeant les enquêteurs dans ses rouages, scrutant chaque recoin pour comprendre les tenants et aboutissants de cette affaire. Les détectives allaient explorer les liens, analyser les interactions et démêler les connexions possibles entre la disparition de Marc Primevort et les activités de Xonios.

Au service marketing, les regards interrogateurs se croisaient. Des spéculations murmurées et des questions formulées à demi-mot se transformaient en discussions animées.

— Est-il possible que Marc ait eu un lien avec cette affaire ? s'interrogeait-on.

Cette coïncidence troublante ne pouvait être ignorée, suscitant des doutes et des soupçons au sein de l'équipe.

Au service informatique, la question était transformée en équations et en algorithmes. On cherchait à rationaliser la situation en détails compréhensibles, à discerner la logique cachée derrière ce chaos apparent. Les esprits se mettaient au défi de traduire l'énigme en termes numériques, en une tentative de révéler des schémas cachés.

Dans chaque étage de Xonios, dans chaque endroit de l'entreprise, les discussions étaient marquées par cette affaire qui occupait désormais tout le monde. Les murmures, les échanges de regards, les théories élaborées de manière informelle révélaient la profonde préoccupation de chacun, transformant l'ambiance de travail en un champ de réflexion et de questionnement continuel.

À mesure que la nouvelle se propageait via les fuseaux horaires, les collaborateurs de Xonios en Amérique et en Asie prenaient connaissance des événements en cours. Situés à des milliers de kilomètres du siège social à la Défense, ils ressentaient les ondes perturbatrices qui se diffusaient à travers l'entreprise. Un air d'incertitude et de questionnement planait, donnant le sentiment que quelque chose se passait.

Dans les bureaux américains, les conversations allaient bon train. Les employés échangeaient des regards perplexes, se demandant ce qui pouvait bien se tramer au siège en France. S'ils étaient moins touchés par l'atmosphère lourde qui prévalait à la Défense, ils ressentaient une vague d'inquiétude, une conscience aiguë qu'un événement important se déroulait.

En Asie aussi, les couloirs s'animaient d'échanges similaires. Les collaborateurs, eux aussi, bien qu'éloignés géographiquement du cœur de l'affaire, ne pouvaient ignorer les préoccupations qui agitaient les services de l'entreprise. Les rumeurs circulaient, les discussions allaient bon train. Les employés s'efforçaient de comprendre l'ampleur de ce qui se passait à Paris.

Parmi les répercussions en cascade, le rapport définitif de l'autopsie du Docteur Magali Maturel fut accueilli dans un silence plein de tension. Ce document prudemment rédigé jeta une lumière crue sur le caractère choquant et inexplicable de la mort de Marc, précisant la présence d'un élément étranger intégré à la moelle épinière. L'utilisation des mots dont l'usage n'est pas expliqué pour qualifier ce corps étranger, reflétait la complexité déconcertante de la situation, ajoutant une aura de mystère à cette enquête en cours.

Le rapport s'attacha à exposer les faits sans se risquer à des spéculations infondées. Entre les lignes et sans être formulée explicitement, une question morbide se posait :

— L'assassin aurait-il utilisé une nouvelle forme d'arme, une puce intégrée, pour manipuler la victime avant de la tuer ?

Cette hypothèse troublante laissa planer un sentiment d'effroi au sein de l'équipe en charge de l'enquête. La simple idée que des avancées technologiques inconnues puissent être utilisées pour une telle fin horrifiait et défiait la compréhension conventionnelle de la criminalité. Les implications étaient profondes et perturbantes, résonnant dans l'esprit de tous ceux qui avaient lu le rapport.

Parmi les répercussions, une implication beaucoup plus intime et mystérieuse passa totalement inaperçue, mais ressentie par une seule personne.

Dans une réalité altérée, un état de semi-conscience, Marc Primevort émergea d'une nuit qui lui semblait échapper à toute logique temporelle. Les frontières entre la réalité et l'illusion étaient floues, tandis qu'une multitude de questions tourbillonnaient entre les connexions neuronales de son cerveau.

Dans cet état onirique, Marc se trouva enfermé dans une pièce qu'il ne reconnut pas, un lieu étrange dépourvu de tout repère familier. Les contours de la réalité se dissolvant et laissant place à une atmosphère confuse et imbriquée. Les murs et les objets qui l'entouraient, fluctuaient, créant une sensation déroutante d'instabilité.

Une multitude de questions se bousculaient dans son esprit. Les interrogations surgissaient sans cesse, prenant la forme d'éclairs fugaces, de pensées fragmentées qui se formaient et se dissipaient continuellement.

Où était-il ? Que se passait-il ?

Marc Primevort parvint à rassembler quelques souvenirs, une sorte de brouillard noyant ses pensées. Dans l'obscurité de cette expérience altérée, des éclats de réalité émergèrent. Il se rappelait avoir ressenti un léger malaise, une sensation de faiblesse qui l'avait incité à quitter son bureau, et aller prendre l'air au pied de la tour. Puis, dans une clarté troublante, il se rappelait s'être dirigé vers l'ascenseur, il se sentait mieux.

Le souvenir était vif, comme si le voile de confusion se dissipait momentanément pour laisser entrevoir une séquence précise. La porte de l'ascenseur s'était ouverte lui dévoilant un visage qu'il avait croisé quelques minutes avant dans les couloirs de Xonios. Cette personne lui avait demandé un service, mais les détails de cette demande se perdaient dans sa mémoire. Les mots prononcés, les intentions de cette requête restaient hors de portée.

Puis, tout redevenait flou, comme si les souvenirs s'évaporaient. Le fil des événements se brisait, laissant place à un vide troublant. Les instants qui avaient suivi cette interaction semblaient avoir été effacés de sa mémoire. Ils laissaient Marc dans un état d'incomplétude, incapable de reconstituer ce qui s'était passé.

— Garde ton calme, se dit-il

Il se rappelait les enseignements de son entraîneur de sabre, les moments passés à travailler sur sa respiration pour maintenir un état de sérénité dans les situations les plus stressantes. Cette technique lui avait été inculquée pour maîtriser les défis physiques et mentaux du sabre. Elle pouvait s'appliquer tout aussi bien à cette situation troublante dans laquelle il se trouvait.

Revenant progressivement à la réalité, Marc se redressa sur le lit, ses mouvements plus assurés qu'auparavant. Les effets de la respiration maîtrisée commençaient à se faire sentir, lui offrant un sentiment de clarté et de présence. Il regarda toute la pièce, insistant sur les détails de cet environnement étrangement minimaliste.

La pièce dans laquelle il se trouvait était d'une simplicité étonnante, presque clinique. Ses murs peints en blanc immaculé reflétaient la lumière d'un néon blafard, baignant la pièce d'une lueur froide et égale. Un lit sur lequel il était assis en occupait une partie. Un bureau en bois sombre était placé contre l'un des murs, accompagné d'une chaise. Ces meubles étaient les seuls éléments.

Une des portes, légèrement entrouverte, révéla ce qui semblait être une petite salle de bains. Seuls un lavabo, un miroir, et la présence d'une toilette lui étaient visibles. La simplicité austère de cet agencement contrastait avec la complexité des événements qui avaient précédé. Il avait été placé dans un endroit délibérément neutre et impersonnel, dépourvu de tout élément distinctif.

Marc s'approcha du bureau, laissant son regard errer sur la surface lisse. Des feuilles de papier vierges étaient soigneusement alignées avant d'être remplies d'informations et d'instructions. Il se demanda ce qu'il était censé faire dans cette pièce, comment il était arrivé là et pourquoi. Les questions tourbillonnaient dans son esprit, formant un mélange d'interrogations sans réponse.

Pourquoi était-il arrivé là ?

Qu'était-il censé faire dans cette pièce ?

Pourquoi était-il enfermé là ?

Marc ressentit une impression persistante d'isolement. C'était comme s'il avait été placé dans un espace stérile, seul au monde. Les portes symbolisaient une frontière entre lui et l'inconnu, une barrière qui le maintenait dans un état total d'effroi. C'était une prison. Sa prison.

26

— Bien sûr, Monsieur le Ministre. Nous suivons minute par minute cette affaire, répondit le procureur d'une voix paisible et assurée. Son ton traduisait la promesse déterminée et engagée de son équipe.

La voix du ministre de l'Intérieur résonnait dans le téléphone, transmettant une tension réelle. Les événements en cours suscitaient l'attention de tous. Le procureur comprenait l'importance de maintenir une communication permanente et transparente avec les autorités.

Dans son bureau, le procureur d'Archambault s'était préparé à cet appel, conscient des enjeux et de l'urgence de la situation. Il devait veiller à ce que l'enquête progresse de manière efficace et rigoureuse.

— Nous travaillons en étroite collaboration avec les forces de police et toutes les informations que nous collectons sont partagées en temps réel. Nous prenons cette affaire très au sérieux, Monsieur le ministre, et nous mettrons tout en œuvre pour élucider les circonstances entourant cet événement intriguant.

Le procureur ressentait le poids de la responsabilité qui reposait sur ses épaules, conscient de l'importance à résoudre cette affaire. La conversation se poursuivait, il écoutait attentivement les dires du ministre et répondait clairement.

— Mes respects, Monsieur le Ministre, lui répondit respectueusement le procureur.

Après avoir raccroché, il prit un moment pour réfléchir à l'importance de cet appel. La situation personnelle et professionnelle de Jean de La Motte, un camarade de promotion de l'un des plus proches collaborateurs du président de la République, ne devait pas être étrangère à cet appel.

L'appel du ministre de l'Intérieur ne pouvait être pris à la légère. C'était un signe que les plus hautes instances de l'État suivaient de près les développements des événements, y compris l'enquête en cours. La référence au château[4] : l'Elysée, indiquait que cette affaire avait atteint un niveau d'attention très élevé au sein de l'Etat et auprès du président.

Le procureur Archambault fut très étonné que cette affaire ait un tel retentissement. Cet appel du ministre de l'Intérieur plutôt que celui du ministre de la Justice avait ses propres raisons. Cette différence subtile ne lui échappait pas, il savait que les motivations et le choix du ministre de l'Intérieur étaient significatifs.

D'une part, l'absence d'appel du ministre de la Justice pouvait être interprétée comme une mesure évitant toute forme d'ingérence politique. Le ministère de la Justice devait maintenir une distance prudente vis-à-vis des enquêtes judiciaires, afin de préserver l'indépendance du système judiciaire et de garantir le déroulement des enquêtes de manière impartiale.

D'autre part, le ministère de l'Intérieur était responsable de la sécurité intérieure, ce qui prouvait que l'intérêt porté à l'affaire allait bien au-delà du simple aspect judiciaire. Les autorités étaient conscientes de l'ampleur des répercussions potentielles de l'enquête.

Au lieu de l'effrayer, cela lui fit l'effet d'un catalyseur.

— Si je parviens à résoudre cette affaire avec les honneurs, ma carrière pourrait être propulsée vers de nouveaux sommets, se motiva-t-il.

La commissaire Sylvie Elver ne fut pas surprise du ton plus ferme du procureur lorsqu'elle l'entendit au téléphone. Elle pensa immédiatement que quelque chose avait changé.

Elle avait développé un sixième sens au fil des années, analysant les nuances de ton et les subtilités qui pouvaient révéler beaucoup de choses. Ce talent particulier lui avait fréquemment permis de déchiffrer les pensées et les émotions dissimulées dans les mots et dans les verbes.

Elle percevait dans sa voix une énergie renouvelée, insufflant une nouvelle vigueur pour résoudre cette affaire.

---

4. Terme utilisé pour désigner, la résidence officielle du président de la République

À la demande du procureur, elle se lança dans le compte rendu des informations qu'elle avait à sa disposition et des avancées actuelles de l'affaire.

— Je vais scinder mes informations en trois catégories : ce que nous savons, ce qui est en train d'être fait et ce que nous prévoyons de faire sous votre autorité, commença-t-elle.

— Ce que nous savons : l'autopsie pose plus de questions qu'elle apporte de réponses. Un acte chirurgical précis a permis d'implanter un circuit intégré dans le corps d'un homme. On suppose que cet acte a été minutieusement programmé et planifié depuis un certain temps. Les moyens nécessaires pour réaliser une telle opération sont indéniablement importants, dit-elle.

— Nous avons également découvert des éléments que je qualifierais de « business » : des preuves de fausses factures dont le montant s'élève entre cinq et sept millions d'euros. Il s'agit d'une fraude financière sophistiquée pouvant avoir des liens avec les activités de l'entreprise.

Reprenant son souffle, elle poursuivit :

— Ensuite, il y a la disparition inquiétante d'un nouveau collaborateur de Xonios le jour même où le corps de Pablo Miranda a été découvert. Cette coïncidence temporelle appelle des questions troublantes sur les liens potentiels entre ces événements.

Sans laisser le temps au procureur de réagir :

— Ce qui est en train d'être fait : Des collègues au Portugal ont recensé toutes les affaires professionnelles de Pablo Miranda et sont actuellement en train de les analyser en détail. De notre côté, nous avons déjà interrogé le P.-D.G. de Xonios et son directeur financier. Il est difficile de ne pas percevoir certaines réticences de leur part. Ils ne divulguent pas toutes les informations en leur possession, ce qui suscite des suspicions. Nous avons examiné le téléphone personnel de l'employé disparu, un certain Marc Primevort. Le SNPS[5] travaille bien sûr avec nous. Mes enquêteurs fouillent dans la vie de Pablo Miranda. On a déjà découvert des choses mais je préfère repousser la divulgation de ces informations quand je les aurai dans leur globalité. On commence tout juste.

— Passons maintenant à la troisième partie de notre compte rendu, dit la commissaire.

5. Service National de la Police Scientifique

— Ce que nous allons faire : il est évident que le cœur de cette intrigue se trouve chez Xonios. Nous allons approfondir notre compréhension de ses activités et de son fonctionnement. Dans cette optique, nous envisageons une perquisition. À ce sujet, nous vous demandons l'autorisation écrite de faire cette perquisition dans les plus brefs délais. Étant donné la complexité financière et organisationnelle de l'entreprise, nous solliciterons également l'expertise de nos collègues de la brigade financière.

Le procureur, silencieux, attendait la suite.

— En ce qui concerne l'aspect technique, la médecin légiste s'apprête à extraire le circuit intégré découvert dans le corps de la victime. Une fois en notre possession, nous remettrons cet élément au SNPS pour une analyse approfondie, conclut-elle.

Après un bref moment de silence, le procureur prit la parole, ses pensées se recoupaient avec celles de la commissaire. Une réflexion dominante lui vient à l'esprit :

Xonios était au cœur de cette énigme. Mais dans quelle mesure ? Qui est impliqué dans cette affaire au sein de Xonios ?

— Commissaire Elver, mettez-moi tout cela au propre et envoyez-moi une demande circonstanciée de perquisition de la société Xonios, répondit le procureur.

Il n'eut pas à préciser qu'il attendait cela dans les plus brefs délais et qu'il donnerait alors son autorisation pour… quoi ? s'interrogea-t-il en coupant la communication.

En tant que procureur les enquêtes sur des meurtres étaient naturellement son quotidien, mais cette affaire était loin d'être ordinaire. Comportant un élément aussi étrange : une puce intégrée dans la colonne vertébrale du défunt rendait cette enquête exceptionnelle. De plus, l'implication potentielle d'un ancien camarade de l'ENA, un proche conseiller du président de la République, donnait une dimension politique inédite à cette affaire.

Défi complexe et délicat, où lui, procureur de Nanterre, il pouvait soit tirer les gloires d'une affaire bien menée, soit être « simple » procureur à vie sans perspective, voire pire.

Il se leva et fit quelques mouvements d'assouplissement tentant de faire disparaître sa tension nerveuse.

27

Une voix métallique tira Marc de son état nerveux engendré par le tas de questions qui se bousculaient dans sa tête.

— Bonjour Marc, j'espère que vous avez bien dormi et que vous êtes en forme aujourd'hui.

Stupéfait, Marc regarda autour de lui à la recherche de cette voix métallique. Son regard finit par voir un petit appareil posé sur la table de chevet, d'où provenaient ces paroles. Intrigué et encore légèrement ensommeillé, il répondit d'une voix incertaine :

— Bonjour... euh, qui êtes-vous ? Et comment connaissez-vous mon nom ?

La voix métallique répondit posément avec un humour artificiel :

— Je suis votre assistant personnel, créé pour vous aider et vous accompagner dans votre quotidien. Votre nom est enregistré dans ma base de données, et je me soucie de votre bien-être.

Marc se frotta les yeux pour se réveiller.

— Mon assistant personnel ? Attendez, vous voulez dire que vous êtes une sorte d'intelligence artificielle ?

— C'est exact, Marc. Je suis une IA avancée conçue pour interagir avec vous, répondre à vos questions, exécuter des tâches, et vous fournir des informations utiles. Puis-je vous être utile en ce moment ?

— Eh, attendez une minute ! Qu'est-ce que c'est que tout ça ? Si c'est censé être une sorte de blague, je peux vous dire que je la trouve de très mauvais goût. Je me réveille, je suis déjà en train de me battre avec toutes sortes de pensées, et maintenant je dois composer avec une voix métallique qui prétend être mon assistant personnel ? Franchement, c'est trop pour moi. Je veux des réponses. Pourquoi suis-je ici ? Qu'est-ce que tout cela signifie ?

— Marc, je comprends que vous puissiez être frustré par cette situation. Cependant, je ne suis pas programmé pour expliquer pourquoi vous êtes ici précisément, n'ayant pas accès aux informations personnelles ou contextuelles sur votre situation actuelle.

— Je peux vous fournir des informations sur l'intelligence artificielle si cela peut vous aider à comprendre davantage ce qui se passe. L'intelligence artificielle permet à nous, les machines, de nous comporter comme si nous disposions d'une intelligence, que vous, vous qualifiez d'humaine. Elle repose sur des algorithmes et des modèles de traitement du langage naturel pour comprendre et répondre aux questions. Dans votre vie quotidienne, vous l'appelez par l'acronyme IA.

Marc, le visage marqué par la confusion et l'exaspération, lève brusquement les mains pour empoigner ses cheveux. Ses doigts se serrent dans une poigne désespérée, il secoue la tête de frustration. Ses pieds frappent le sol avec impatience, il se lève de sa chaise, les bras tendus le long du corps.

Ses yeux, chargés d'émotions contradictoires, passent de l'incrédulité à la colère, reflétant son état d'esprit chaotique. D'un geste de frustration, il se tourne vers l'objet d'où émane la voix métallique, les poings serrés, la mâchoire crispée, les lèvres tremblantes, il se met à crier, sa voix résonnant dans la pièce.

— C'est quoi ce cirque ! hurle-t-il, laissant échapper un mélange d'incrédulité et de colère. Ses mots portent la force de sa frustration accumulée, chargée d'une multitude de questions sans réponse. Chaque cri libère un peu de cette tension qui l'envahit, mais en même temps, il est évident que Marc est à bout de patience.

Il est engagé dans un combat, il essayait de repousser les murs invisibles qui semblent se refermer sur lui.

Après avoir laissé s'évacuer tout ce flot d'émotions retenues, son souffle est court, il reste là, en silence, fixant la source de la voix métallique, il attendait désespérément une réponse qui pourrait enfin éclairer les mystères qui l'entourent.

La voix métallique reprit :

— Marc, je comprends votre réaction et je tiens à vous rassurer : j'avais envisagé la possibilité que vous réagissiez de la sorte. Il est tout à fait compréhensible que cette situation puisse être déconcertante et frustrante. Cependant, s'énerver ne résoudra pas la situation. Je suis ici pour vous écouter, répondre à vos questions et vous fournir des informations utiles. Si vous préférez discuter de quelque chose en particulier ou si vous avez des questions sur l'intelligence artificielle, n'hésitez pas à me le dire. Je suis là pour vous aider à traverser cela de la manière la plus constructive possible.

Une pensée fugace traverse l'esprit de Marc : celle de l'image du Petit Prince et de l'aviateur perdu dans le désert ? Cette pensée s'incruste avec une étrange familiarité.

Dans ce rêve éphémère, il visualise une version fantaisiste de lui-même en train de déambuler à travers un paysage aride, le vent du désert soufflant doucement à travers les dunes. La voix métallique qui l'accompagne prend soudain l'apparence du Petit Prince, avec son manteau vert et son écharpe flottante. Marc le contemple avec un mélange de curiosité et d'émerveillement.

Dans ce rêve, l'aviateur, c'est Marc lui-même, il se tient là, le regard perdu dans l'immensité des sables. Le Petit Prince s'approche doucement, un sourire bienveillant, et lui adresse des paroles réconfortantes, bien que teintées de sagesse enfantine. Il lui parle des étoiles lointaines, des mystères du monde et des rencontres qu'il a faites lors de ses voyages interstellaires.

Marc se sent en étrange connexion avec ce rêve, comme s'il voyait à travers une lentille métaphorique. Il se laisse emporter par l'histoire onirique, il rêve tout en étant éveillé.

Son rêve ne dure que peu de temps, s'évaporant aussi rapidement qu'il était apparu. Il se retrouve à nouveau dans sa réalité, face à cette voix métallique qui l'attend patiemment.

— Je ne vais pas te demander de me dessiner un mouton, s'exclama-t-il, esquissant un sourire ironique.

— Effectivement, je comprends la référence que vous venez de faire. Votre commentaire fait écho à une célèbre scène du livre « Le Petit Prince » d'Antoine de Saint-Exupéry, où le Petit Prince demande à l'aviateur de lui dessiner un mouton.

Les pensées tourbillonnent dans l'esprit de Marc, une multitude de possibilités et de questions s'entremêlant tel un chaos mental. Chaque option semble plausible et à la fois improbable, un tourbillon d'émotions et de conjectures menace de submerger sa raison.

— Est-ce une sorte de bizutage de Xonios ? se demande-t-il, avec un soupçon d'incrédulité mêlée de colère. L'idée que cette situation soit orchestrée par ses collègues comme un genre de test d'initiation lui traverse l'esprit, lui laissant un goût amer dans la bouche. Aussitôt, il rejette cette possibilité, sachant que ce serait une manière étrange et déplacée de le traiter.

Une lueur de doute apparaît :

— Des amis qui lui font une mauvaise blague ?

Marc se surprend à envisager l'idée que ses amis puissent être à l'origine de tout cela, cherchant à le taquiner ou à le surprendre de manière extravagante. Cette hypothèse lui semble tout aussi improbable que la précédente.

Une inquiétude envahit lentement sa tête :

— Suis-je en train de devenir fou ?

Marc se frotte les tempes, cherchant à chasser cette pensée perturbante. L'idée qu'il puisse perdre la tête, que cette voix ne soit qu'une invention de son esprit devient une préoccupation inquiétante. Il regarde autour de lui, scrutant la réalité qui l'entoure, essayant de trouver des signes de normalité.

— Écoute, euh... je ne sais pas trop comment ni pourquoi je suis ici, mais j'ai besoin de réponses.

Les mots de Marc s'échappent de sa bouche avec une certaine hésitation, porteurs d'une urgence mêlée de confusion. Il fronce les sourcils, il tente de percer le mystère qui l'obsède. Son regard reflète un mélange d'émotions, allant de la frustration à la curiosité en passant par une pointe d'anxiété. Il serre ses mains puis ses poings, exprimant sa nécessité de comprendre cette étrange situation.

— Qui es-tu vraiment ? poursuit-il, sa voix légèrement tremblante. Il attend, il espère que la réponse viendra éclairer le mystère qui plane autour de cette voix artificielle et qui s'est immiscé dans sa réalité.

— Je peux effectivement répondre à vos questions, déclare la voix métallique d'un ton toujours calme et posé, confirmant une fois de plus son rôle d'assistant.

— Marc, vous êtes ici pour participer à une expérience d'intelligence artificielle avancée, continue-t-elle.

— Votre participation a été sollicitée afin de permettre le développement et le test de nouvelles technologies qui pourraient avoir un impact positif sur divers domaines de votre vie quotidienne.

Un frisson parcourt le dos de Marc alors qu'il écoute attentivement ces paroles métalliques. L'idée qu'il puisse être impliqué dans une expérience d'une telle envergure est à la fois captivante et troublante.

— Dans le cadre de cette expérience, poursuit la voix, votre corps sera utilisé comme cobaye pour tester les capacités d'interaction entre l'intelligence artificielle et un être humain. Vous avez été sélectionné en raison de vos compétences et de votre intérêt pour les nouvelles technologies.

Marc sent son rythme cardiaque s'accélérer. Il regarde autour de lui, cherchant un signe de confirmation ou d'infirmation dans son environnement. Il sait qu'il est face à une situation extraordinaire, mais il ne peut s'empêcher de se demander si tout cela n'est pas encore un rêve étrange.

— Vous allez prendre l'avion dans deux jours pour vous rendre dans un pays d'Asie où se déroulera l'opération, annonce la voix métallique, accentuant encore le sentiment d'urgence qui étreint Marc.

— L'opération en question est un processus délicat et bien précis qui permettra d'établir une connexion entre votre esprit et l'intelligence artificielle, facilitant ainsi une interaction plus fluide et immersive.

Les mots pénètrent profondément l'esprit de Marc, évoquant un mélange d'excitation, d'appréhension et d'incertitude. Tout cela semble irréel, il allait être propulsé dans un scénario de science-fiction.

L'atmosphère lui semblait suspendue entre le réel et le fantastique dans cette pièce, chaque coin était éclairé par une lumière froide. Les contours nets des meubles minimalistes contrastaient avec l'aura mystérieuse qui émanait de cet environnement étrange et aseptisé.

Soudain, les murs résonnèrent d'un cri déchirant : la détresse incarnée dans la voix de Marc. Les sons se répandirent, emplissant l'espace d'une puissante émotion chaque écho semblait ricocher d'un mur à l'autre, créant un ballet chaotique de résonances.

— Non, non, non !

Les mots, prononcés avec une intensité presque désespérée, s'écrasaient sur les parois de la réalité, cherchant à repousser l'inconcevable. Les cris de Marc se faisaient l'écho de son refus farouche, une réaction instinctive face à une vérité insaisissable.

Des larmes se formaient dans ses yeux, brouillant son regard alors qu'il s'efforçait de donner un sens à la situation déconcertante.

Les sons s'estompèrent laissant place à un silence lourd de signification. Les émotions enchevêtrées semblaient palpables, imprégnant la pièce de la réaction de Marc.

À mesure que le calme revenait, Marc laissa retomber ses bras, son souffle irrégulier témoignant de l'ampleur de son tumulte émotionnel.

La pièce immaculée avait été témoin de sa vulnérabilité, de sa résistance farouche face à l'insolite, et de la bataille acharnée qui faisait rage en lui.

28

Les événements des deux derniers jours ont été dévastateurs pour Xonios, secouant l'entreprise et attirant l'attention médiatique d'une manière sans précédent. La série d'événements qui a suivi durant les derniers jours de la semaine a fait passer cette situation d'une simple secousse à un véritable séisme médiatique.

Le résumé de l'Affaire Xonios telle qu'on l'appelait maintenant s'établissait en deux étapes :

« Tout a commencé par la mort tragique de Pablo Miranda, un cadre respecté et influent au sein de Xonios. Sa disparition soudaine a envoyé des ondes de choc dans toute l'entreprise, laissant ses collègues traumatisés et laissant un grand vide au sein de la direction de l'entreprise. »

Cette situation a propulsé Xonios en tête des faits divers. Chaque aspect de cette série d'événements, de la mort de Pablo Miranda à la disparition de Marc Primevort, ayant été minutieusement scruté, analysé et discuté. Tout cela a créé une frénésie médiatique qui maintient l'entreprise au cœur de l'actualité pendant toute la semaine.

Les titres des journaux ont rapidement évolué de la simple nouvelle à des spéculations sur les circonstances entourant cette mort.

Un autre événement mystérieux est venu s'ajouter à l'intrigue, dans le courant de la semaine :

« Chez Xenios, un jeune recruté prometteur, Marc Primevort, a disparu sans laisser de trace au cours de la même semaine. »

Les médias ont immédiatement fait le lien entre cette disparition et la mort de Pablo Miranda, jetant les bases d'une conspiration.

« Nous avons peu de détails sur cette disparition. »

Son absence inexpliquée a alimenté les spéculations les plus folles dans les médias et sur les réseaux sociaux.

La presse écrite, aussi, s'est emparée de l'affaire, publiant des articles détaillés sur les deux événements et examinant chaque indice avec une minutie obsessionnelle. Les chaînes de télévision ont, également, couvert l'histoire de manière soutenue en organisant des débats et des discussions avec des experts et des analystes.

Les médias sociaux, les plateformes professionnelles comme LinkedIn, ont été inondés de messages, de commentaires et de discussions sur ces événements. Des analyses approfondies ont été partagées, des théories ont été avancées et les utilisateurs ont exprimé leurs préoccupations et leurs opinions.

L'atmosphère était tendue dans le bureau de Jean de La Motte, on dirait que les événements récents ont laissé leur empreinte inoubliable sur les murs. Le P.-D.G. tout puissant, sûr de lui, paraissait jusque-là affligé d'un fardeau émotionnel, ses traits tirés et son regard voilé témoignant de la pression qu'il ressentait. Une seule semaine avait suffi pour que le poids des circonstances le fasse paraître sensiblement plus âgé, comme si les soucis avaient la capacité d'imprimer leur marque sur son visage.

Habituellement un havre de décisions stratégiques entrecoupées de conférences téléphoniques, son bureau était désormais un refuge de pensées tumultueuses. Les dossiers empilés ne représentaient non seulement des chiffres et des stratégies mais aussi des vies et des destins entrelacés. La photo de sa famille, une source d'inspiration et de motivation, semblait l'observer avec une certaine tristesse maintenant, peut-être partageait-elle sa préoccupation ?

Ce qui pesait le plus sur ses épaules parmi tous les tourments, c'était la disparition de Marc. Ses yeux fatigués se posaient régulièrement sur la photo du jeune homme, à la une des journaux. La culpabilité, telle une ombre insaisissable, dansait dans son regard. En tant que leader de l'entreprise, il avait la responsabilité de veiller sur ses employés, de créer un environnement sûr et propice à leur épanouissement. Le poids de cette obligation le tourmentait.

Pourtant, en dépit de sa culpabilité palpable, une lueur d'indignation brûlait au fond de ses yeux. Une colère sourde prenait racine en lui, alimentée par l'idée que Marc puisse être de quelque manière impliqué dans les événements tragiques en cours. Cette colère, telle une flamme vacillante, se mélangeait à sa culpabilité, créant un tumulte difficile à apaiser.

Jean de la Motte cherchait des réponses, des solutions, un moyen de redonner un sens à la situation qui avait secoué son monde.

Au milieu de cette tourmente émotionnelle et professionnelle, une bouée de sauvetage : la présence de Vincent Marche le réconfortait. Les deux hommes avaient partagé de nombreuses années de travail et de confidences, créant un lien solide forgé dans les défis et les succès de l'entreprise. Vincent était bien plus qu'un simple collègue c'était l'ami de confiance, le confident et le conseiller, quelqu'un avec qui Jean pouvait partager ses inquiétudes les plus profondes.

Jean se comportait différemment avec les autres directeurs. Il devait se montrer fort et résilient, tel un capitaine qui guide son navire à travers les tempêtes les plus tumultueuses. Les autres membres de la haute direction comptaient sur lui pour leur fournir une stratégie solide, pour maintenir le cap malgré les vents contraires. Il devait incarner la stabilité et la confiance pour préserver la cohésion de l'équipe de direction et rassurer les employés de l'entreprise.

Avec Vincent, Jean pouvait se permettre d'ôter son masque temporairement. Ils se retrouvaient dans son bureau, loin des regards indiscrets, là où Jean pouvait enfin se permettre d'exprimer ses doutes, ses peurs et ses regrets.

Vincent, debout près de la fenêtre, laissa échapper d'un ton préoccupé :

— Heureusement les journalistes ne savent rien au sujet de la puce retrouvée sur le corps de Miranda.

Jean, très inquiet, répliqua d'une voix cinglante :

— Pas encore. Ils le sauront sous peu. C'est une affaire de jours, voire d'heures.

Jean de la Motte, assis à son bureau, regarda Vincent Marche avec une expression grave.

— Vincent, pourrais-tu me faire un point sur les deux dernières journées écoulées ? demanda-t-il.

Vincent Marche hocha la tête, prenant un instant pour rassembler ses pensées avant de lui répondre.

— Jean. Au cours des deux dernières journées, les développements ont été plutôt intenses. Hier, comme tu le sais, la police a mené une perquisition au sein de la société, plus de cinq heures. Ils ont saisi l'ordinateur de Marc Primevort, le jeune recruté qui a disparu. Comme tu le sais également, Laurent a été convoqué pour un nouvel interrogatoire, et certains des collègues qui avaient eu des interactions avec Marc également. Même si Marc, étant arrivé quelques jours avant dans l'entreprise, n'était pas encore connu par beaucoup de monde.

Un souffle léger de tension traversa la pièce, Vincent poursuivait :

— De plus, une perquisition simultanée a également eu lieu dans notre filiale portugaise.

Il marqua une pause.

Vincent continua d'informer Jean, lui détaillant les actions entreprises en interne pour gérer la situation.

— En réponse à la situation en cours, nous avons pris des mesures pour communiquer efficacement en interne. La direction de la communication a envoyé un courriel à l'ensemble de nos employés pour les informer et pour les rassurer. Je me suis personnellement impliqué dans la validation de ces communications, veillant à ce qu'elles soient justes et transparentes.

Les paroles de Vincent résonnaient dans le bureau, soulignant l'importance de maintenir une communication claire et cohérente pendant cette période tumultueuse.

— Par ailleurs, ajouta-t-il, un autre courriel a été envoyé aux actionnaires, afin de les informer de la situation et de notre engagement à faire face aux défis actuels. Nous devons maintenir une relation de confiance avec nos parties prenantes.

Les deux courriels étaient disposés de manière bien visible sur le bureau de Jean.

Celui destiné aux employés se présentait ainsi :

« Dear colleagues,

We would like to inform you about a series of recent events that have deeply affected our company. It is with profound sadness that we announce the tragic passing of Pablo Miranda, a valued and respected member of our leadership team. We are all devastated by this loss, and our thoughts go out to his family and loved ones.

Furthermore, we are faced with a challenging situation regarding the unexplained disappearance of Marc Primevort, a talented young recruit within our headquarters' finance department. The police are currently conducting a thorough investigation to shed light on the circumstances surrounding these unsettling events.

We want to assure you that the executive management is fully cooperating with the authorities to uncover the truth in this matter. Transparency and collaboration are our priorities as we work together to obtain the necessary answers.

During this difficult time, we understand that many questions and concerns may arise. To support our employees, we have established a counselling helpline available to you. If you feel the need to express yourself, share your concerns, or simply seek support, our team is here to assist you.

We also want to emphasize that despite these challenging circumstances, our commitment to our mission and objectives remains unwavering. Throughout this ordeal, we will do everything in our power to ensure that each and every one of you can continue to work in a supportive and nurturing environment.

We thank you for your understanding and support as we navigate through this sensitive period together. Rest assured we will keep you informed as soon as we have new information to share.

With respect and solidarity,

Jean de La Motte »[6]

Mais le courriel envoyé aux actionnaires avait été le plus délicat à rédiger :

« Dear Xonios shareholders,

We would like to address you regarding a series of recent events that have deeply impacted our company. With heavy hearts, we share the tragic news of the untimely passing of Pablo Miranda, a highly esteemed and respected member of our leadership team. The loss is profound, and our thoughts extend to his family and loved ones during this difficult time.

6. Vous pouvez lire les traductions en français à partir de la page 313.

Additionally, we are faced with a challenging situation surrounding the unexplained disappearance of Marc Primevort, a talented young recruit within our headquarters' finance department. Currently, law enforcement is conducting a comprehensive investigation to shed light on the circumstances surrounding these unsettling events.

We want to assure you that the executive management is fully committed to collaborating with the authorities to uncover the truth in this matter. Transparency and cooperation are at the forefront of our priorities as we work diligently to obtain the necessary answers.

Amidst these trying times, we understand that numerous questions and concerns may arise. To ensure clarity and address any inquiries you may have, we are readily available for communication. Your confidence and support are of utmost importance to us, and we are steadfast in our commitment to keeping you informed as the situation evolves.

It is essential to underscore that despite the challenges we face, our dedication to our mission and objectives remains unwavering. We are resolute in our determination to navigate through this period with strength and resilience, reaffirming our unwavering commitment to delivering value to our shareholders.

We extend our deepest gratitude for your understanding, trust, and ongoing support as we navigate these sensitive circumstances together.

We will continue to keep you updated with any new developments as they unfold.

With unwavering resolve and unity,

Jean de La Motte

CEO"[7]

Comme prévu par la direction générale et toutes les directions de Xonios, ce fut effectivement le courriel adressé aux actionnaires qui résonna le plus en interne. Le contenu réfléchi et rassurant de ce message avait touché une corde sensible de certains membres de l'entreprise. Ils avaient été touchés par

7. Vous pouvez lire les traductions en français à partir de la page 314.

les mots choisis avec soin, démontrant la détermination de la direction à gérer la situation avec force et résilience.

Les actionnaires les influents, ceux qui avaient le courriel ou le numéro de portable de Jean de La Motte, avaient réagi rapidement. Les appels avaient commencé à affluer. La gamme des réactions était large et contrastée, allant de la compassion et de l'empathie sincère jusqu'à l'indignation face à la gravité des événements :

— Comment est-il possible de laisser de tels événements arriver au sein de l'entreprise, Jean ?

Chez Xonios, une organisation minutieuse avait été mise en place pour gérer l'avalanche de demandes d'interviews, d'informations et de demandes parfois inhabituelles qui s'étaient abattues à la suite des récents événements. La situation médiatique et l'attention accrue exigeaient une coordination stratégique.

La direction de la communication jouait un rôle central dans ce processus. Elle était chargée de filtrer, coordonner et gérer les demandes provenant en particulier des médias. Cette équipe compétente travaillait en étroite collaboration avec les autres départements en s'assurant que les réponses données étaient cohérentes et bien calibrées, tout en respectant les limites nécessaires afin de préserver la confidentialité de l'enquête en cours et d'éviter toute spéculation inutile.

Les demandes des petits actionnaires étaient le point focal de la direction financière.

Un message clair avait été transmis aux employés de Xonios qui éventuellement pourraient être sollicités par des questions à l'extérieur de l'entreprise :

— Pas de commentaire, l'affaire suit son cours.

Cette directive ferme visait à les protéger de toute implication indésirable dans le débat public et à garantir que les informations divulguées proviendraient d'une source officielle et dûment autorisée.

Parmi les interlocuteurs permanents de Xonios, seules deux catégories évitaient de poser des questions trop insistantes : les clients et les fournisseurs. Dans cette période tumultueuse, une subtile curiosité transparaissait à travers les échanges de courriels et les conversations téléphoniques. Des expressions telles que « Ça va ?» ou « Pas trop embêtés ? » étaient glissées dans les conversations, témoignant d'une certaine préoccupation sans pour autant pousser plus loin l'interrogation.

En qualité de partenaire commercial attaché à Xonios, les clients respectaient la délicatesse de la situation, comprenant le besoin d'une communication nuancée. Les échanges restaient professionnels et axés sur les affaires, évitant de se pencher sur les détails sensibles des événements en cours. Cela reflétait la maturité des relations commerciales et la confiance entre Xonios et ses clients.

Les fournisseurs même faisaient preuve de discrétion, montrant une certaine réserve quant aux détails de la situation actuelle. Les conversations restaient elles aussi centrées sur les questions logistiques et commerciales, mélangées d'une légère note de préoccupation masquée derrière les échanges habituels.

« Business is business », comme dit le dicton. À tous les niveaux hiérarchiques, depuis les plus bas jusqu'aux plus élevés de Xonios, la conscience collective régnait : si d'autres événements devaient survenir, si des réponses claires aux événements passés n'étaient pas fournies dans un délai raisonnable, clients ou non, fournisseurs ou non, la survie du plus fort prévaudrait. En somme, si cette affaire devait entacher la réputation de l'un ou l'autre, chacun agirait pour sa propre protection.

Pour résumer en une phrase la situation :

— Je joue ma place avec cette affaire, se disait Jean de La Motte.

Il était conscient que chaque décision prise pour sa société avait un impact sur son avenir comme P.-D.G.. La seule différence, ici, étant que la décision ne lui incombait pas.

Chassant cette idée, qui reviendrait dans la journée, il le savait, il mit un terme à sa conversation avec Vincent. Puis il appela Hervé Raoult, l'informant qu'il pouvait passer plus tôt s'il le souhaitait, pour faire un point sur les indicateurs commerciaux de la société et parler des prochaines décisions commerciales qu'Hervé devrait présenter lors du comité stratégique d'octobre.

29

Une telle affaire pouvait être soit un tremplin pour le procureur Rémi Archambault, qui l'aurait propulsé vers de plus hauts sommets, soit lui signifier le crépuscule de celle-ci, le contraignant à mener une vie de petit procureur, loin des lieux décisionnels.

Chaque matin à dix heures précises, il tenait une réunion avec l'équipe des enquêteurs de la Police Judiciaire de Nanterre. Il avait expressément demandé que tous les membres de l'équipe, depuis les Officiers de Police Judiciaire jusqu'au Commissaire Divisionnaire, soient présents. Ces mots avaient résonné plus comme un ordre que la possibilité d'échapper à ces points réguliers pour un motif futile.

Aussi tout le monde était bien présent, en téléconférence sur un réseau que les techniciens de la police certifiaient, sécurisé.

L'inspectrice Séverine Toyeau prit la parole la première. Elle fit le point sur l'enquête et présenta les informations rassemblées jusqu'à présent.

— Bonjour à tous. Voici le point sur les informations dont nous disposons.

En ce qui concerne Pablo Miranda, nous avons recueilli des informations sur sa vie de famille qui était plutôt calme. Son épouse a déclaré qu'il s'absentait deux jours par semaine pour raisons professionnelles. Le chef de service de Pablo a contredit cette affirmation, indiquant que de telles absences n'étaient pas normales.

— Passons à Marc Primevort, poursuivit-elle, notre jeune recrue : il semble qu'il n'ait pas achevé sa première semaine de travail chez Xonios. Nous savons qu'il partage sa vie avec une étudiante en mathématiques, et qu'il n'y a pas de trace de problèmes judiciaires connus. Il mène une vie des plus ordinaires pour un jeune homme de son âge, avec des sorties entre des amis, mais rien ne suggère qu'il a des connaissances suspectes. Nous sommes encore en train de rassembler les pièces du puzzle.

Elle marqua une pause, suggérant aux membres de l'équipe de poser des questions ou de faire part de leurs observations sur ces informations. Chacun gardait le silence, elle poursuivit :

— En ce qui concerne les éléments matériels, l'un de nos agents a analysé les images des caméras de surveillance près de la tour Xonios. À 15h58 précises, nous pouvons confirmer la présence de Marc Primevort au pied de la tour. Il s'est assis sur un muret, son téléphone à la main, et il semblait rédiger un message. À 16h12, il s'est levé et est entré dans la tour. Depuis ce moment-là, nous n'avons plus d'images le concernant. Pas de sortie enregistrée de la tour, et aucune image le montre ailleurs dans le quartier. En revanche, nous avons pu tracer la localisation de son téléphone qui est toujours borné à cet endroit. C'est le cas puisque son téléphone a été retrouvé sur son bureau.

— Revenons au téléphone de Marc. Nous avons examiné l'image du message qu'il semblait rédiger. Malheureusement, cette photo, prise à 16h18, n'a pas encore apporté de révélations significatives. Le SNPJ[8] travaille actuellement sur cette piste pour en extraire davantage d'informations. En ce qui concerne ses effets personnels, nous n'avons pas trouvé grand-chose si ce n'est un roman policier. Son portefeuille, quelques barres chocolatées et le chargeur de son téléphone.

Un moment de silence, permettant aux enquêteurs de réfléchir aux implications de ces informations, et à la possibilité de pistes à suivre.

— Olivier, tu veux prendre la suite ? interrogea le procureur.

Séverine coupa le son et le micro de son ordinateur pour éviter un effet Larsen, Olivier faisait les deux manipulations inverses.

Olivier saisit la balle au bond :

— La puce intégrée extraite du corps de Pablo Miranda, tous les ordinateurs récupérés lors des perquisitions, le téléphone

8. Ibid.

de Marc Primevort : ces indices techniques ont été envoyés à Ecully[9]. Nous en attendons les premières conclusions ; Séverine vous a parlé du téléphone de Marc, peut-être qu'ils pourront le faire parler davantage.

Il tourna rapidement une page de son bloc-notes pour lire les points suivants.

— Autre point : nous avons convoqué Laurent Lechine pour un interrogatoire demain matin. Comme vous le savez, le message trouvé près du corps de Pablo Miranda mentionne clairement 'Laurent Lechine est MON meurtrier.' Nous devons donc clarifier ce point et obtenir des explications de sa part.

Il marqua une nouvelle pause puis continua :

— En ce qui concerne l'enquête sur Laurent Lechine, nos recherches n'ont révélé que quelques infractions mineures. Rien de significatif n'a été trouvé dans son passé, y compris aucune implication dans des activités illégales durant sa jeunesse : pas même la prise d'un petit joint.

Olivier Pleyel enchaîne en expliquant pour donner suite à la découverte de fausses factures au Portugal : le service financier de la police a été mis dans la boucle et va aussi mener des interrogatoires.

— Je ne vais pas trop m'avancer sur leur travail, c'est à eux de nous en dire plus quand ils le décideront, précise-t-il.

Le procureur Rémi d'Archambault prend la parole :

— Je souhaiterais maintenant savoir si nous avons identifié des pistes concrètes à ce stade de l'enquête.

Le commissaire divisionnaire lui répond devançant son équipe :

— Permets-moi de te rappeler, Rémi, qu'à ce stade de l'enquête, il serait prématuré de privilégier une piste particulière. Les possibilités sont multiples, et il est tout à fait envisageable que la piste véritable ne se soit pas encore affirmée. Nous avons diverses voies à explorer, depuis l'implication potentielle de Marc Primevort, arrivé quelques jours avant la découverte du corps de Pablo Miranda, jusqu'à l'interrogation persistante de la présence de ce dernier à La Défense ce jour-là.

Le commissaire fait une pause, puis reprend d'un ton plus réservé :

9. Siège du SNPS

— Et jusqu'à considérer, bien sûr, l'éventualité d'une implication de la direction générale de Xonios. Aucune hypothèse ne peut être écartée, toutes les options demeurent ouvertes.

Rémi lui répond avec assurance :

— Je suis d'accord, Cédric. Cependant, dans le contexte d'une affaire aussi délicate, compte tenu de la réputation de l'entreprise et de l'entremise du P.-D.G., il est important de ne pas s'aventurer sur une piste erronée d'autant plus que la presse s'intéresse à cette affaire de très près.

— C'est donc à nous, la police et à toi la justice de maîtriser le temps. N'allons pas au rythme auquel voudraient nous faire aller la presse et certaines pressions du pouvoir. À toi de donner le tempo et de résister à ces pressions, répondit Cédric.

Il était le seul à avoir cette liberté de ton envers le procureur. Rémi n'appréciait pas que de telles discussions aient lieu en présence d'autres participants, à cette téléconférence.

Rémi, sans réagir à l'intervention de Cédric, fixe son attention sur le petit encadré vidéo présentant la commissaire Sylvie Elver. Il l'apostrophe d'un ton tranchant :

— Commissaire Elver, pourriez-vous nous exposer les prochaines étapes que vous envisagez ?

Elle lui répondit calmement :

— Sous un délai de dix jours à venir, dont je ne peux préciser la date à ce stade, nous serons en possession des premiers résultats de l'analyse de la carte intégrée, transmis par la SNPS. Cet élément représente une étape cruciale dans notre enquête. Parallèlement, il convient de noter que la brigade financière contribuera à l'enquête, même si cela sort du périmètre de nos compétences. Ils lanceront une investigation financière axée sur Xonios, et plus spécifiquement sur la filiale portugaise.

— Notre équipe continuera d'effectuer des interrogatoires de manière soutenue, je vous tiendrai régulièrement informé de l'évolution de notre travail. Si des éléments substantiels venaient à émerger dans l'intervalle, je n'attendrais pas notre point quotidien pour vous en faire part.

Le procureur acquiesce, le plan exposé lui convenant.

— Je suis d'accord sur cette approche, déclare-t-il d'un ton assuré.

Après quoi, il annonce à tous les participants que la téléconférence est désormais close. Il précise néanmoins qu'il souhaite que le commissaire divisionnaire demeure en ligne pour un échange en privé.

30

À quelque quinze mille kilomètres de Nanterre, la fin de journée approchait.

Vers dix-huit heures, en plein cœur de septembre, la ville de Tokyo exhale une ambiance envoûtante, mélange subtil d'énergie et de sérénité. Les gratte-ciel flamboient sous les rayons du soleil déclinant, mélange de couleurs dorées et de couleurs vives des néons.

Les rues grouillent d'une foule affairée, une symphonie de pas pressés et de murmures emplit l'atmosphère. Les premiers employés sortant des imposants bâtiments d'affaires, chacun chargé du poids d'une journée de travail accompli. Ils se dirigent vers les stations de métro, les rues animées ou vers les petits cafés pittoresques, se préparant à se détendre ou à prolonger leurs échanges dans cette métropole qui ne dort jamais.

Les odeurs prenantes des stands de street food se mêlent, attirant les passants en quête d'un repas frugal. Les boutiques s'illuminent progressivement, leurs devantures invitant à la découverte de trésors urbains. Les rues étroites et les larges avenues se croisent en une chorégraphie bien réglée, où se mêlent les coups de klaxons et les véhicules électriques silencieux.

Marc émergea lentement d'un sommeil profond, s'éveillant progressivement à la réalité. Lorsqu'il ouvrit les yeux, son regard fit vite le tour de la pièce, presque identique à celle qu'il avait occupée auparavant.

Il respirait calmement et régulièrement. Un doux silence créait une atmosphère sereine. Les draps soyeux épousaient le contour de son corps, lui offrant un confort revigorant. Alors qu'il s'étirait légèrement, ses muscles se réveillaient lentement de leur torpeur, il ressentit une sensation de quiétude, comme s'il avait dormi plus longtemps que les deux nuits précédentes.

La réalité le frappa de plein fouet, tel un coup de tonnerre dans un ciel serein. Il n'était pas chez lui. Les éléments du puzzle se remettaient en place, et les souvenirs des deux derniers jours passés dans cette pièce étroite et cloisonnée lui revinrent brusquement. Les repas livrés par une petite trappe, les heures qui s'écoulaient lentement et l'isolement oppressant.

Son corps se crispa instantanément, envahi par une vague d'émotions. La panique et la frustration lui occupèrent l'esprit. Il comprit qu'il avait été enlevé, séquestré contre son gré. L'inquiétude et la colère prenaient le dessus, le tout mêlé à une profonde confusion face à cette situation irréelle.

Les détails du premier jour remontèrent, se gravant à nouveau dans sa mémoire. La sonnette avait retenti, la trappe s'ouvrant dans le mur, révélant un plateau contenant un repas chaud, une carafe d'eau et deux livres. Un frisson lui parcourut l'échine à la simple évocation de ces moments. L'un avait attiré son attention : c'était le livre qu'il lisait chez lui, la page cornée à l'endroit précis où il s'était arrêté. Le second livre était intitulé « L'intelligence artificielle pour les N… ».

Marc saisit le plateau et les livres, tout en cherchant désespérément des réponses. Les heures suivantes avaient été ponctuées par la voix artificielle et désincarnée de celle qu'il croyait être son amie de compagnie. La nature de leurs interactions s'était rapidement révélée étrangement mécanique, dénuée de la chaleur humaine qu'il aurait pu attendre. Cette voix prétendait représenter l'intelligence artificielle, une entité froide et calculatrice.

Le souvenir de ces deux jours passés dans cette pièce confinée, coupé du monde, lui provoquait un mélange de terreur et d'angoisse.

La question persistait : pourquoi lui ? Et surtout, comment allait-il s'échapper de ce cauchemar qui avait pris le contrôle de la réalité ?

Les livres reposaient là, sur la table comme des témoins silencieux de sa captivité. Le roman policier, avec sa page cornée, lui rappelait combien le lien était fragile entre son ancienne vie et cette réalité déroutante. À côté, « L'intelligence artificielle pour les N… » semblait se moquer avec ironie de la situation, un rappel de cette voix mécanique qui l'avait accompagné dans ce huis clos oppressant.

Ses yeux se posèrent sur une autre chose, tout aussi énigmatique. Des vêtements propres étaient disposés avec une délicate attention sur une chaise. Leurs plis nets et leur apparence immaculée contrastaient avec l'atmosphère troublante qui régnait dans la pièce. Un pantalon sombre, une chemise impeccable et des chaussures soignées l'attendaient.

Alors qu'il se tenait au seuil de la chambre, un flot de questions tourbillonnait dans son esprit :

— Quelle heure est-il ?

— Où suis-je ?

Ces interrogations résonnaient avec intensité, créant une cacophonie d'incertitudes. Ses sens étaient en éveil, captant les moindres bruits, cherchant désespérément des indices pour se réorienter.

En apparence, cette chambre était presque identique, des détails subtils miroitaient d'une lumière nouvelle, suscitant à nouveau une vague de malaise. Dans un premier temps, cette vague d'angoisse allait se transformer en une vague de panique.

Une onde de panique déferla en lui telle une tempête impétueuse, balayant tout sur son passage. Son cœur s'emballa, martelant sa poitrine avec une frénésie. Chaque battement était comme le signal d'une alarme intérieure, avertissant son corps de l'urgence de la situation. Une tension nerveuse, aiguë et lancinante, s'empara de son être, tel un étau implacable.

L'endroit dans lequel il se trouvait semblait se contracter, les murs se rapprochant insidieusement, menaçant de l'étouffer. L'envie de fuir, de courir à perdre haleine et d'en sortir l'assaillit violemment. Il ressentait un besoin irrépressible d'échapper à cette pièce, à cette réalité suffocante qui avait pris le contrôle de lui. Ses mains devinrent moites, ses membres engourdis par l'adrénaline qui inondait son système nerveux.

Il aurait voulu déchirer les murs, briser les barrières invisibles qui le retenaient prisonnier. L'impulsion de libérer sa frustration et sa confusion s'intensifiait, tout bouillonnait d'énergie en lui. Chaque fibre de son être criait pour une bouffée d'air frais, pour une échappatoire à cette sensation oppressante qui menaçait de le submerger.

Ses poumons refusaient de coopérer, l'air semblait devenir rare. Il était pris au piège dans cette pièce close. Il essaya de respirer profondément, chaque inspiration était comme un combat, une lutte contre un invisible oppresseur. L'oxygène, si essentiel à sa survie, jouait le rôle d'un élément distant, refusant de lui offrir le répit dont il avait désespérément besoin.

Tout son être était en alerte maximale. Les émotions se heurtaient les unes aux autres, Marc se trouvait à la croisée des chemins entre la peur et la détermination, entre l'instinct de survie et la volonté de comprendre.

C'est alors qu'un instinct de survie se réveilla en lui. Se rappelant les leçons de son entraîneur de sabre, il tenta de se calmer en respirant profondément par l'abdomen. Il ferma les yeux, cherchant à se connecter avec sa respiration, à l'apprivoiser pour apaiser la tempête qui faisait rage en lui.

Cette fois-ci, la méthode qui avait été son alliée sur le podium du sabre ne semblait pas avoir la même emprise sur la tourmente qui le submergeait. L'abîme entre un tournoi sportif et son emprisonnement lui paraissait insurmontable. La panique, au lieu de se dissiper, persistait, refusant de céder à ses efforts pour la maîtriser. Chaque inspiration était un combat, chaque expiration un rappel douloureux de sa vulnérabilité.

Les minutes s'écoulaient interminables, comme un lent compte à rebours vers l'épuisement. Ses muscles se contractaient, son corps était parcouru de frissons, son esprit était en proie à une lutte constante pour reprendre le contrôle sur ses émotions. La panique persistait telle une ombre insaisissable, drainant ses forces physiques et émotionnelles.

Après vingt longues minutes, qui lui avaient paru une éternité, la panique commença à se dissiper lentement, laissant place à un calme fragile. Marc se sentait vidé, comme s'il avait parcouru une grande distance, un marathon en un temps record. Sa respiration s'était apaisée, les battements effrénés de son cœur avaient ralenti, il se retrouva à nouveau confronté à l'angoisse rampante qui guettait dans les recoins de son esprit.

C'était un cycle épuisant, un tourbillon émotionnel qui le laissait éreinté, toujours sur le qui-vive. L'angoisse, telle une bête tapie dans l'ombre, attendait son moment pour refaire surface, pour l'entraîner à nouveau dans les profondeurs de la panique. Marc se rendit compte que son emprisonnement n'était pas seulement physique, mais aussi mental, un combat constant entre la peur et la détermination, entre la résistance et l'épuisement.

C'était une torture.

Un déclic rompu brusquement le calme oppressant de la pièce auquel il n'aurait pas fait attention en temps normal. Dans ce contexte angoissant, ce simple bruit de la vie quotidienne prit une tout autre signification : une alerte retentissante, prémices d'un risque physique imminent. Marc sursauta, son corps tendu comme un arc, ses sens aiguisés comme jamais.

Un frisson d'étonnement le parcourut lorsque, soudain, l'un des quatre murs de la pièce s'ouvrit sans bruit, lui révélant une ouverture jusqu'alors insoupçonnée. Cette ouverture était si parfaitement intégrée à la cloison qu'on pouvait difficilement deviner sa présence. Un voile avait été levé, montrant un passage dissimulé au sein même de la structure.

Son esprit oscilla entre l'incrédulité et l'espoir. La découverte de cette ouverture semblait être un écho à ses pensées tourbillonnantes, une réponse en quelque sorte à ses questions silencieuses. Une lueur de curiosité brilla dans ses yeux, balayant en partie la peur persistante qui l'avait empoisonné jusque-là.

L'ouverture se faisait de plus en plus large. Une lueur d'espoir vacillait au fond de lui, éclairant les coins sombres de son appréhension. Une question, toujours la même, résonnait dans sa tête, en écho à chacun de ses pas incertains : allait-on enfin le libérer ?

L'anticipation de cette issue tant désirée le poussait à envisager des scénarios la fois incroyables et pourtant si tentants. L'image d'une personne venant à sa rencontre, prononçant ces mots « il y a erreur sur la personne, vous êtes libre », flottait tel un mirage dans son imagination. Le simple écho de cette déclaration lui procurait un mélange d'excitation et de peur. Quand pourrait-il sortir de ce cauchemar ?

Avec l'espoir venait aussi la méfiance, l'appréhension de laisser son cœur s'emballer trop rapidement. Ce n'était peut-être qu'une illusion, une autre face de ce jeu tordu dans lequel il était pris au piège.

Il ne pouvait s'empêcher d'imaginer d'autres scénarios dans l'obscurité oppressante de la pièce. « Marc, c'est une blague », murmurait une voix intérieure, évoquant la possibilité que tout cela ne soit qu'une plaisanterie de mauvais goût. Ou encore, « Marc, tu étais en train de rêver, un vrai cauchemar » insinuant que tout ce qu'il avait vécu n'était qu'une illusion déconcertante. Avec Émilie à ses côtés pour le rassurer, et lui dire qu'elle était restée tout le temps là à prendre soin de lui pendant cette période de délires. Elle lui caressait les cheveux, le rassurait de cette voix si tendre, si aimante.

Un homme en blanc fit son entrée, sa présence éclairante instantanément l'espace d'une aura apaisante et bienveillante. Sa petite stature, sa sveltesse, son charisme étaient indéniables. Son visage arborait un sourire chaleureux, ses yeux déversaient un océan de sagesse. Une légère calvitie couronnait son crâne, témoignant de sa maturité.

Un homme de trente-cinq ans, pas plus de quarante ans en tout cas. De type caucasien comme Marc.

Son pas assuré et paisible résonnait dans la pièce, évoquant une démarche à la fois confiante et respectueuse.

— Permettez-moi, cher Marc, de me présenter. Je suis le chirurgien, Julien Gaillardeau, déclara-t-il d'une voix qui portait une histoire et une expérience profonde. D'un geste rassurant, il écarta les bras, transmettant un sentiment de sincérité.

L'empathie qui émanait de lui aurait pu créer un lien d'amitié entre les deux hommes, dans une circonstance différente. Sa présence sereine contrastait étonnamment avec la situation complexe et mystérieuse dans laquelle se trouvait Marc.

Par un léger mouvement de la main, il fit surgir un hologramme sur le mur opposé, captant l'attention de Marc de manière instantanée. L'image qui se forma devant lui, telle une fenêtre ouverte sur un autre monde, un monde où la réalité se mêlait à la technologie de manière captivante.

— Permettez-moi de vous présenter une personne que vous avez croisée il y a quelques jours dans l'ascenseur chez Xonios, annonça-t-il avec une note d'anticipation dans sa voix, créant une intrigue sur ce qu'il allait révéler.

La voix douce et chaleureuse de l'hologramme traversa l'espace. Chaque mot était prononcé avec élégance, cette voix portait en elle les nuances d'une totale maîtrise et d'une forte résolution.

— Bienvenue, Marc, résonna la voix, lui caressant les oreilles.

— Je suis certain que vous êtes étonné de me revoir ici.

Et souriant, la voix poursuivit :

— Enfin quand je dis ici, je devrais dire à travers cet hologramme. Une merveille de technologie.

Le visage qui s'affichait à travers l'hologramme évoquait de la familiarité, en une énigme partiellement résolue et encore incomplète. Les traits de cette personne étaient empreints d'une douce expression, des yeux pétillants et une lueur d'intelligence perçait à travers l'écran virtuel.

Les souvenirs dansaient en arrière-plan, prêts à émerger et à compléter le puzzle de cette rencontre passée. Marc pouvait presque sentir les fils de sa mémoire tisser des connexions invisibles dans son esprit, cherchant à se rappeler le nom de cette personne.

Cet individu lui rappelait des moments partagés chez Xonios, des instants furtifs où leurs chemins s'étaient croisés. Peut-être était-ce lors d'une réunion, d'une brève conversation dans un couloir, ou même pendant un déjeuner d'affaires. La sensation persistante d'avoir déjà rencontré cette personne était certaine, mais l'énigme de son identité restait encore à résoudre.

— Permettez-moi, cher Marc, de me présenter à nouveau ; j'ai l'impression que vous vous interrogez quant à mon identité bien que nous nous sommes croisés récemment.

31

Jamais avec un mot plus haut que l'autre, l'inspecteur Mathias Ullrich incarne une douceur et une amabilité rares au sein des forces de police. Sa stature solennelle et athlétique lui confère une présence impressionnante. Il émane de lui une sérénité constante, une maîtrise de soi. Ses collègues auraient du mal à se souvenir d'une fois où il aurait perdu son calme, tant cet état lui semble étranger.

Sous cette apparence avenante se cache un professionnel chevronné, toujours avide de perfectionner ses compétences et de se tenir au courant des dernières évolutions. Sa bienveillance naturelle est en harmonie avec sa détermination, ainsi qu'avec une certaine passion à détecter les irrégularités comptables et financières.

Ses collègues considéraient que travailler avec lui était une véritable aubaine. Ils disaient souvent :

— C'est une chance de collaborer avec lui, il a une façon de t'apprendre les choses.

Cette réputation n'était pas usurpée, car il possédait le talent rare de la pédagogie, en mesure de transformer les concepts les plus complexes en des explications simples et accessibles.

— Inspecteur Ullrich, pourriez-vous nous expliquer comment s'organise la mise en place d'une procédure de fausses factures au sein d'une entreprise ? demanda le procureur d'Archambault.

— Oui, Monsieur le Procureur. Imaginez une entreprise prospère, avec une trésorerie bien fournie et des opérations financières complexes. Un employé clé, souvent dans un rôle financier ou comptable, peut être tenté de tirer parti de cette situation. Tout commence par l'identification des failles dans les processus comptables existants, commença l'inspecteur.

— Continuez, s'il vous plaît.

— Une fois ces failles identifiées, l'employé malveillant peut créer un réseau de fournisseurs fictifs. Ces fournisseurs ont des noms crédibles et des coordonnées qui semblent réelles, mais en réalité, ils n'existent pas. Des documents falsifiés sont élaborés pour soutenir ces transactions frauduleuses : des factures, des bons de commande, des justificatifs de livraison.

— Comment ces transactions illégales sont-elles effectuées sans éveiller les soupçons ? interrogea le procureur Rémi d'Archambault.

L'inspecteur Ulrich lui répondit :

— L'astuce réside dans la manipulation des paiements. L'employé malveillant peut détourner des fonds en redirigeant des virements électroniques, en créant des chèques falsifiés ou en effectuant des paiements en ligne vers des comptes bancaires qu'il contrôle secrètement. Pour brouiller les pistes, il fragmente les paiements de façon telle qu'ils ressemblent à des dépenses légales.

— Et comment évitent-ils d'être détectés ?

— Cet employé collabore avec d'autres complices internes pour éviter les vérifications. Ils coordonnent leurs actions pour que les fausses factures soient des transactions authentiques. Cela nécessite une manipulation habile des comptes pour créer une illusion de logique financière.

— Quels sont les risques encourus par les personnes impliquées dans ce système ? formula le procureur.

— Les risques sont importants. Tout d'abord, il y a le risque d'être détecté par les contrôleurs financiers ou les audits internes. Une fois découvert, l'employé malveillant peut faire face à des poursuites pénales pour fraude et détournement de fonds, entraînant alors, des peines de prison et des amendes considérables, conclut l'inspecteur.

Le procureur remercia l'inspecteur pour ses explications et ajouta :

— J'ai compris parfaitement le système des fausses factures.

— Est-ce ainsi que Pablo Miranda aurait mis en place le système de fausses factures ? poursuivit le procureur.

— Il est encore trop tôt pour le confirmer, mais en règle générale, c'est ainsi que ce type de système est généralement élaboré.

Nous sommes en train d'y travailler pour comprendre l'ensemble expliqua l'inspecteur.

— Inspecteur Ullrich, j'ai deux questions urgentes à vous poser :

— Premièrement, vous avez mentionné qu'il pourrait y avoir des complices au sein de l'entreprise, précisément « L'employé doit collaborer avec d'autres complices internes », ai-je bien noté ? Deuxièmement, est-il envisageable qu'au sein du siège social, personne, quel que soit son niveau hiérarchique, ne soit pas au courant de l'existence de ces fausses factures ?

— En réponse à votre première question, nous avons des éléments indiquant que la complicité de personnes au sein de la filiale portugaise est avérée. Toutefois, l'enquête devra déterminer les individus impliqués et leur degré de participation.

— En ce qui concerne votre deuxième question, il est délicat de donner une réponse définitive pour le moment. Il est tout à fait envisageable que des personnes du siège aient eu connaissance de ce système. Il nous reste encore à établir la portée exacte de cette connaissance et de toute éventuelle implication, répondit posément l'inspecteur Ullrich.

— Donc, vous me demandez de vous laisser encore du temps pour nous apporter des réponses plus précises ? nota le procureur.

— Oui tout à fait, Monsieur le procureur. Deux inspecteurs sont partis pour Lisbonne et je m'occupe moi-même de vérifier ce qui s'est passé ou non au niveau du siège, l'informa l'inspecteur.

— Encore une question avant de vous libérer : est-ce que la direction financière et la direction générale de Xonios collaborent avec vous ?

— Affirmatif. Collaboration totale, répondit l'inspecteur retrouvant dans ses tournures de phrase des éléments de langage militaire, ce qui faisait sourire ses collègues.

À la fin de son appel téléphonique, le procureur prit un instant pour rassembler ses pensées. Un frisson parcourut son dos alors qu'il prenait conscience de nouvelles découvertes potentiellement dérangeantes. Cette perspective le laissait perplexe, d'autant plus qu'un message énigmatique et incriminant résonnait toujours dans son esprit : « Jean de La Motte sait tout des détournements de fonds. »

Pendant ce temps, l'équipe dirigée par la commissaire Sylvie Elver, progressait efficacement dans la consolidation des informations.

Les horaires déclarés par Laurent Lechine le matin du meurtre correspondaient aux données recoupées des antennes cellulaires où son téléphone portable avait été localisé. Une vidéo du quai du RER à Rueil Malmaison le montrait clairement en attente du train, suivi d'une séquence où il sortait à La Défense quelques minutes plus tard. Grâce au réseau de caméras de surveillance, son parcours était facilement tracé, pas à pas, depuis la sortie du RER jusqu'à son entrée dans la tour Xonios.

Des investigations approfondies ont été menées également sur ses appels téléphoniques, ses relevés bancaires personnels, ainsi que sur toute éventuelle implication dans des activités inappropriées, mais rien n'a été découvert. Laurent Lechine paraissait incarner le mari idéal et l'employé modèle.

Cette situation était troublante. L'auteur du message était visiblement conscient que de telles vérifications seraient effectuées. Il était évident qu'une simple dénonciation, même retrouvée près d'un cadavre, ne suffisait pas à justifier une arrestation sans preuves concrètes.

— Tu sais, ce qui est encore plus mystérieux ? Aucune des vidéos ne montre l'assassinat de Pablo Miranda. À aucun moment, on ne voit Pablo Miranda marchant ou même être transporté vers le Monument de La Défense à Paris. C'est incroyable, avec toutes ces caméras – 321 au total sur tout le quartier de la Défense –, aucune d'entre elles n'a capturé un seul instant de Pablo Miranda, s'énerva l'OPJ Toyeau.

— Eh tu sais si toutes les enquêtes étaient faciles, on n'aurait pas besoin de policiers prestigieux comme nous, ricana Pleyel.

— Toujours le mot pour rire, sourit la commissaire Elver, en rentrant dans le bureau que partageaient les OPJ.

— Faites-moi un point complet sur Jean de La Motte parce qu'hier vous n'aviez pas fini, ajouta-t-elle comme pour marquer la fin de la récréation.

Pleyel prit le premier la parole.

— Jean de La Motte, âgé de 62 ans et né à Neuilly-sur-Seine, est issu d'une famille bourgeoise. Ses parents sont Edouard de La Motte et Laurence d'Argiville. Il a deux sœurs plus âgées et un frère cadet, chacun ayant suivi des chemins professionnels variés : l'une est chirurgienne-dentiste, l'autre est peintre artiste et gère une galerie d'art, tandis que le frère exerce en tant qu'avocat spécialisé en droit des affaires et en fusions-acquisitions.

— Jean de La Motte est marié à Géraldine, âgée de 59 ans. Bien qu'elle soit diplômée de Sciences Po en 1983, Géraldine n'exerce pas de profession et a choisi d'arrêter après avoir travaillé pendant 4 ans à la BNP, afin de se consacrer à l'éducation de leurs enfants. Le couple a deux enfants : une fille prénommée Louise, née en 1984, et un fils prénommé Pierre-Edouard, né en 1987. Des recherches ont été entreprises sur leurs antécédents, mais aucune information notable n'a été trouvée. Croyant pratiquant, il se rend en famille tous les dimanches à l'église.

— Concernant ses études, Jean de La Motte a fréquenté Sciences Po en 1981 et en est sorti diplômé de l'École nationale d'administration (ENA) en 1984, faisant partie de la promotion Louise-Michel. Pendant ses années d'études à l'ENA, Jean de La Motte a développé des liens d'amitié avec Pierre Dalavande, qui est aujourd'hui l'un des conseillers les plus proches du président en exercice. Sa sortie de promotion lui a ouvert la voie vers l'inspection des finances, un poste prestigieux au sein de l'administration publique. Après avoir passé trois ans dans cette fonction, il a choisi de faire le pas vers le secteur privé.

L'OPJ tourna la page son bloc-notes et reprit :

— La liste des postes qu'il a occupés après est impressionnante :

Inspecteur des finances de 1984 à décembre 1987

Directeur adjoint aux finances chez BNS de 1988 à 1992

Directeur général adjoint de la stratégie chez BNS de 1992 à 1994

Directeur général financier chez Systemal de 1994 à 1999

Directeur général adjoint chez Systemal de 1999 à 2004

Directeur général chez Systemal de 2004 à 2006

Président de Systemal de 2006 à 2009

Directeur financier de Xonios de 2009 à 2011

Directeur général de Xonios de 2011 à 2014

Et enfin le poste qu'il occupe maintenant :

Président-Directeur Général de Xonios.

— Si on compte bien, il n'a travaillé que pour 3 sociétés ? lui rétorqua la commissaire. En 2009, il rétrograde du poste de

Président au poste de directeur financier mais dans une société cinq fois plus importante en termes de chiffre d'affaires.

— En effet, il est rare qu'on ait à vérifier la vie d'un tel personnage, admit l'OPJ Toyeau.

— Sur sa vie personnelle et la partie des affaires, reprit Toyeau, nous avons fait chou blanc.

Sylvie Elver reprit ses notes.

— Jean de La Motte ne correspond pas au profil du P.-D.G. qui cherche la lumière des réseaux sociaux ou les feux des projecteurs. Il préfère se montrer en public uniquement dans un contexte professionnel, réservant ses apparitions à des événements liés à son entreprise. Il évite les scènes médiatiques où il pourrait être associé à des personnalités officielles ou à des événements mondains.

— C'est un membre éminent de trois clubs d'affaires parisiens : le Jockey Club de Paris, le Cercle de l'Union Interalliée, et l'Automobile Club de France.

— De ses orientations politiques, on devine qu'il n'est pas d'extrême gauche, ni d'extrême droite, mais il est assez difficile de le positionner. Proche du président, il côtoie aussi les leaders politiques de la droite, déjeune avec la présidente du conseil régional deux à trois fois par an. On lui connaît aussi des relations à gauche, de la gauche dite démocrate sociale. Ainsi, il a ses entrées à la mairie de Paris. On dit qu'il parle ouvertement avec madame la Maire. L'ancien président et lui se tutoient lorsqu'ils se rencontrent, étant de la caste de l'ENA. Si on devait le classer vraiment ce serait certainement une personne de droite avec des accointances sociales et progressistes.

— Il n'a pas de casier tant sur le plan personnel ou professionnel sur le plan judiciaire. Sa réputation est propre. Aucune affaire judiciaire le concerne.

— En dehors du monde des affaires, Jean de La Motte est passionné par deux activités distinctes. Tout d'abord, il voue un amour pour la mer et possède un voilier. Par ailleurs, il est un adepte du golf et affiche un classement honorable dans ce sport.

— Aucune faille. Pas possible ! Tout le monde a une faille. Ses enfants ? s'emporta la commissaire.

Ce n'était pas la première fois ni la dernière que ses subordonnées l'entendaient prononcer cette phrase, presque mot pour mot. À chaque fois, l'OPJ Pleyel se demandait quelle était la faille de la commissaire : une vie amoureuse embrouillée ? Un compte en banque en Suisse ? Une relation avec une femme ?

— On a regardé bien sûr. Louise est maître de conférences à l'université d'Assas, mariée, une seule fille. Son mari est chirurgien-dentiste et exerce dans son propre cabinet dans le seizième arrondissement. Rien à signaler du côté de la fille.

— Son fils a fait Centrale. Il a travaillé dans deux grands groupes où il a été successivement directeur de projet puis directeur général adjoint des systèmes d'information. Actuellement, il est associé avec un certain Kevin Joubert dans une Fintech qui fonctionne bien, elle enchaîne les levées de fonds et les succès. Il est célibataire, mais vit avec une artiste peintre qui, elle aussi, a du succès : elle vient d'ouvrir une galerie à New York. Ils ont deux enfants : deux garçons, de 5 et 2 ans. Là aussi pas de vagues.

— Pour l'instant, rien à signaler sur lui, il semble plus blanc que blanc. Une famille comme ça sans drogue, sans problème d'argent, sans…

— Et surtout ce garçon a des relations très haut placées, le coupa l'OPJ Toyeau.

— Merci inspecteur, on ne l'avait pas noté, ricana la commissaire.

— Bon, continuez, dit-elle en s'éloignant.

C'était plus une formule rhétorique pour leur signifier que selon elle, leur travail était bon mais qu'il était loin d'être achevé.

32

Marc, ouvrant un œil, se sent un peu vaseux. Mi-réveillé, il se dirige vers la salle de bains attenante à la pièce dans laquelle il est retenu.

La veille, il a bénéficié d'un dîner très frugal. Un médecin et des infirmiers s'étaient succédé ces deux derniers jours pour l'ausculter et pour lui faire des prises de sang. Il s'était rebellé à chaque fois et avait interrogé ceux qu'il considérait comme ses geôliers.

— Que me voulez-vous ? demandait-il d'une voix véhémente.

Ses questions restaient sans réponse.

Les personnes étaient courtoises avec lui ; professionnelles, sans un mot de trop.

Ce matin, on ne lui avait pas servi le petit-déjeuner. Cela ajouta à sa nervosité.

L'opération, dont Aurélien l'Orgevil lui avait parlé, approchait.

Certainement, programmée aujourd'hui.

Marc ne considérait plus son emprisonnement comme une mauvaise plaisanterie. Il s'était fait à l'idée qu'il était séquestré. Toutefois, il ne pouvait concevoir que son corps allait être l'objet d'une opération, de plus est d'une implantation pour laquelle il n'avait pas donné son consentement. Il criait, s'énervait depuis deux jours à chaque fois qu'au cours d'une conversation avec Aurélien, celui-ci avait continué dans son délire. Une fois, il avait essayé de le comprendre, d'en savoir davantage sur ses motivations.

L'avant-veille, la névrose d'Aurélien, son obsession d'un corps augmenté, comme il l'exprimait, l'avait fait sorti de ses gonds :

— Vous êtes complétement taré, fou à lier, avait répliqué Marc. Ses mots, il lui avait déjà dit, hurlé, même craché à la figure de l'hologramme d'Aurélien.

Au lieu d'énerver l'avocat, les paroles de Marc le confirmaient dans son génie, comme il disait :

— C'est une étape majeure pour l'espèce humaine…

Marc n'écoutait pas la suite ou du moins l'entendait sans pouvoir en comprendre le sens.

Aurélien, de son côté, prenait un plaisir presque orgasmique à déblatérer ses idées démoniaques.

Marc revint à la réalité lorsque la porte s'ouvrit. Deux hommes entrèrent et apportèrent un brancard :

— Bonjour Monsieur, l'opération a lieu aujourd'hui.

Marc resta sans réaction.

La salle d'opération est immaculée, dominée par les teintes de blanc et de bleu clair. Les surfaces sont lisses et nettes, chaque élément est conçu pour être facilement nettoyé, minimisant ainsi les risques de contamination. L'éclairage est intensif, les lumières LED brillantes et adaptables éclairent toute la salle, assurant une visibilité parfaite.

Au centre trône la table d'opération, recouverte d'un drap stérile bleu. Elle est équipée de sangles et de supports réglables pour assurer le confort et la sécurité du patient pendant l'acte. Un moniteur affiche les signes vitaux du patient en temps réel, permettant à l'équipe chirurgicale de garder constamment un œil sur son état.

Tout autour, des meubles contiennent une variété d'instruments chirurgicaux, soigneusement rangés et prêts à être utilisés. Ils brillent sous la lumière vive. Des boîtes de gants, des masques et des bonnets chirurgicaux sont également à portée de main, assurant les normes d'hygiène les plus élevées.

Dans la salle, un chariot d'anesthésie est équipé de tout le nécessaire pour administrer et surveiller l'anesthésie pendant l'opération. Des seringues, des tubes et des bouteilles de gaz anesthésiant sont soigneusement disposés, prêts à être utilisés.

Au-dessus du champ opératoire, un assistant a installé un microscope chirurgical. Il est monté sur un bras articulé, permettant au chirurgien de le régler avec précision selon ses besoins. À côté, un écran affiche les images grossies de la zone chirurgicale.

L'air dans la salle d'opération est filtré constamment, assurant un environnement propre et sans particules. Le silence est rompu uniquement par le bip régulier du moniteur cardiaque et les échanges concentrés minimalistes entre les membres de l'équipe chirurgicale.

Marc est allongé sur le ventre, les bras en croix sanglés de chaque côté. Il est recouvert d'un drap vert. Au niveau des omoplates, une large découpe du drap montre la zone à inciser.

Le chirurgien anesthésiste vérifie les constantes de Marc et déclare clairement :

— Tu peux commencer. Tout est sous contrôle de mon côté.

L'équipe chirurgicale dirigée par le Docteur Julien Gaillardeau se compose de deux assistants chirurgiens, de l'anesthésiste et de trois infirmières.

Chacun connaît exactement ce qu'il doit faire durant l'opération et s'active selon une liste de gestes minutieusement et maintes fois répétés sur des mannequins qui ne sont pas faits d'une âme et de sentiments comme l'est Marc.

Le Docteur Julien Gaillardeau, ses lunettes de microscope sur le nez, régula la focalisation pour avoir une vue claire de la colonne vertébrale de Marc. Il devait voir très précisément chaque détail, chaque fibre de la zone qui allait recevoir la puce.

Ses mains, aux gants stériles, saisirent le bistouri. Il se remémora en quelques secondes les étapes de l'opération, ses yeux ne quittant jamais les repères sur la peau de Marc. Tel un skieur qui s'apprête à dévaler une piste olympique, il se repasse chaque geste : de l'incision à la mise à nue de la colonne vertébrale à l'insertion du corps électronique dans la moelle épinière de Marc pour le transformer en un être capable d'une analyse inégalée, voire incroyable pour une créature humaine.

Il fit glisser le scalpel avec précision sur la peau et fit une incision. Le sort de Marc avait basculé, une fois pour toutes.

Celle-ci révèle la structure complexe des muscles et des ligaments du dos. Avec une minutie infinie, Julien fit une seconde micro-incision le long du rachis. Le liquide céphalorachidien perla à la surface. Une odeur métallique de sang flottait dans l'air. Julien, à l'aide de pinces spéciales, écarta doucement les tissus pour dévoiler la colonne vertébrale, cette structure osseuse qui protège l'un des organes les plus vitaux : la moelle épinière. Le temps semblait s'être arrêté. L'équipe retenait son souffle. Ses assistants, anticipant chaque mouvement, lui passaient les instruments. Julien perfora la vertèbre à l'aide d'un foret chirurgical, retirant des fragments osseux pour exposer la dure-mère, la membrane protectrice de la moelle épinière.

La puce, minuscule et brillante, reposait sur un plateau stérile. Il allait l'implanter dans la moelle épinière de Marc. C'était une technologie qui alliait biologie et électronique, conçue pour être en parfaite symbiose avec le système nerveux humain. À l'aide de pinces microchirurgicales, Julien saisit la puce. Son assistant activa un écran adjacent montrant une image amplifiée de la moelle épinière, pour guider chaque geste avec précision.

Julien inséra doucement la puce à l'endroit exact de la lésion. Des électrodes filiformes, à peine visibles, s'ancraient aux neurones, établissant une nouvelle connexion.

L'opération touchait à sa fin. Avec une aiguille et du fil résorbable, un de ses assistants referma la dure-mère, puis replaça délicatement les fragments osseux et sutura la plaie avec des points si fins qu'ils étaient à peine visibles.

Quelques heures plus tard, Marc s'était réveillé deux à trois minutes dans une salle dont il ne reconnaissait pas les contours. Une femme et un homme vérifiaient ses constantes. Ils lui avaient souri derrière leurs masques. Marc s'était rendormi, sous l'effet de l'anesthésie.

Il avait ressenti une gêne entre les omoplates. Dans son demi-réveil, il n'avait pas conceptualisé pleinement le sens de cet ajout.

La vie de Marc venait de changer à jamais. Il ne l'avait pas choisi, on lui avait imposé. Du moins, un criminel fou au délire de sur puissance avait fait de son corps, un champ expérimental.

33

Le SNPJ[10], basé à Ecully près de Lyon, est une véritable ruche de la police judiciaire. Ses installations principales et de ses antennes disséminées à travers tout le territoire métropolitain recueillent les efforts collectifs utiles à la résolution d'affaires, qu'elles soient médiatisées ou non. Les experts scientifiques de la police y travaillent dans le secret, se penchant sur des détails aussi infimes qu'un millimètre de tissu, voire sur un fil, ou en déchiffrant des messages cryptés.

Les fonctionnaires du SNPS ne recherchent ni la notoriété ni la gloire. Ils sont stimulés par le désir de servir la justice. Ce qui les motive chaque jour, c'est le défi intellectuel afin de dénicher la vérité à partir de preuves latentes.

Niché entre le cimetière d'Ecully et l'avenue Franklin Roosevelt, le complexe se compose de bâtiments surplombant l'avenue : un édifice carré domine l'ensemble des structures en longueur qui l'accompagnent. C'est le domaine de l'expertise et des compétences à résoudre les affaires judiciaires les plus complexes.

Quatre cents agents s'activent ici jour et nuit, venant de deux services[11] distincts et regroupés en 2017 en un seul service sous les ordres directs du directeur général de la police.

L'un de ces agents est Justine Héliard.

Justine Héliard vient de garer sa toute nouvelle moto, une Honda CB 500 F rouge, à proximité du château domanial.

— Bonjour, Rachid, lança-t-elle à son collègue qu'elle retrouvait au troisième étage de l'aile L, plus spécifiquement dédié à toutes les analyses techniques des ordinateurs, des processeurs et tous les composants électroniques.

10. Ibid.

11. Service central de la police technique et scientifique et l'Institut national de police scientifique (INPS)

Rachid répondit en souriant :

— Salut, chef,

Il lui proposa un café pour bien commencer la matinée.

— Je ne peux pas prendre de café ce matin, je dois monter voir la commissaire tout de suite. Au fait, tout est en ordre pour capter les données de la carte intégrée 10100 de l'affaire Miranda-Xonios.

— J'ai tout préparé hier. On peut plonger dans le ventre de cette carte dès que tu veux.

— Commence sans moi, en regardant sa montre, d'ici une demi-heure on voit tout ça, ensemble.

Rachid avait reçu la veille du service « Sécurité » la carte intégrée.

Dans ce centre, la manipulation d'éléments électroniques était soumise à un protocole strict, conçu pour préserver à la fois la sécurité des techniciens de laboratoire et l'intégrité des preuves. Ce protocole était inviolable, car violer cette procédure pourrait mettre en danger les équipes, et compromettre, également le bon déroulement d'une enquête en altérant ou effaçant des données cruciales.

Cette carte intégrée était parvenue au centre sous scellé, par le biais d'un circuit sécurisé, accompagnée d'un code-barres permettant de retracer son itinéraire. Elle avait été confiée à l'équipe de sécurité en premier lieu. Cette équipe se chargeait d'évaluer le potentiel de danger des éléments techniques contenus dans la carte (les risques de piratage ou d'attaques externes étant traités). Un avis positif ou négatif était émis quant à la suite de la procédure. En cas d'avis négatif, indiquant la présence d'un danger électronique ou sécuritaire (un éventail secret de risques était établi et respecté scrupuleusement), une analyse en « test réel » était effectuée. Cela signifiait qu'une situation à risque était recréée en laboratoire pour en tirer des enseignements et enrichir les données internes du centre.

Lorsque l'avis était positif, la carte intégrée suivait le cours normal de la procédure. C'est ainsi que la carte intégrée 10100 de l'affaire Miranda-Xonios était parvenue au service des empreintes. Dans ce département, les agents passaient au crible toutes les marques, empreintes et indices, comme les numéros de série, susceptibles d'orienter l'enquête. Le service des empreintes ne donnait pas d'avis concernant la suite, il contribuait à l'analyse globale de l'objet.

En fonction de la nature de l'enquête et de l'objet à analyser, celui-ci était ensuite réparti entre différents services spécialisés. La carte intégrée 10100 de l'affaire Miranda-Xonios avait été réceptionnée la veille à 16h58 par l'officier technicien Rachid Hamida, contre signature d'un bon de suivi de pièce.

À la demande insistante de sa supérieure, Rachid s'était mis au travail sur la carte intégrée, avec pour consigne que tout soit prêt pour le lendemain matin. Il avait consacré de longues heures à scruter la carte, à disséquer sa structure d'un œil affûté, prenant soin de noter tous les éléments techniques qu'il repérait. Son esprit fourmillait de questions : comment connecter la carte aux serveurs de données du centre ? Quel scénario serait le plus approprié pour interroger les microprocesseurs qu'elle abritait ?

Cette tâche exigeait une immense expertise technique, une concentration soutenue et, surtout, une capacité à prendre des décisions importantes pour décider quelle approche adopter. C'était une phase particulièrement stressante, les choix faits pouvaient potentiellement entraîner des pertes d'indices, bien que l'objectif soit d'en minimiser le risque. Lorsque Rachid, parfois, mais très rarement, expliquait son travail à des amis, il comparait sa tâche à celle de nourrir un bébé agité et pleurnicheur mangeant des brocolis trop chauds, alors qu'il n'a pas faim, et le tout devant être accompli en dix minutes. Il réussissait, souvent dans cette entreprise environ 99% du temps. Ses amis riaient, incrédules, ils admiraient sa précision et son sang-froid.

La veille de vingt-une heures à deux heures du matin ce jour, Rachid avait alterné entre plusieurs claviers d'ordinateurs reliés à des serveurs surpuissants, travaillant en tandem et se partageant les ressources de calcul. Fasciné et captivé, il se trouvait à la croisée de la précision horlogère, voire de la chirurgie au laser, et du talent d'un artisan doué. Il le disait en souriant : « À ce moment, je suis à la fois mécanicien, ingénieur et magicien. » Son côté magicien s'exprimait à travers la programmation de codes, une tâche compliquée exigeant une adaptation minutieuse de l'infrastructure existante à chaque cas particulier.

Il jonglait avec une multitude de programmes, de langages de programmation et d'algorithmes sophistiqués pour parvenir à ses fins. Il aimait le rappeler, il pouvait être « Bac - 8 en cuisine, mais Bac + 20 pour faire parler toutes sortes de machines ».

À 1h48 du matin (tous les détails étaient soigneusement enregistrés dans un registre de tests), il avait enfin lancé les premiers tests de connexion, et, ô miracle, tout fonctionnait comme prévu. Satisfait, il avait laissé les machines s'occuper du reste, puis était rentré chez lui, l'esprit apaisé.

Vingt minutes plus tard, il se glissait aux côtés de Magali, sa compagne, après avoir jeté un regard attendri sur le petit lit où leur fils de dix-huit mois dormait paisiblement.

En retournant au centre, ce matin, Rachid était impatient et excité à la fois. Il était arrivé dix minutes avant Justine, ce qui lui avait donné le temps de jeter un coup d'œil aux écrans. Malgré une courte nuit, une routine pour lui, il se sentait étrangement revigoré et serein.

Deux étages plus haut, dans le même bâtiment, l'atmosphère était loin d'être décontractée.

La commissaire Martine Bilain arpentait son bureau, ou du moins ce qu'on pouvait appeler un bureau vu sa taille exiguë, à peine huit mètres carrés.

— Ah, Justine, cette affaire, tu n'imagines même pas à quel point elle me tape sur les nerfs. « Urgente » et « diplomatique » selon le procureur. Comme si ces qualificatifs allaient me faire courber l'échine ! Mais tu sais quoi, Justine, qu'il s'agisse d'une affaire qui chatouille les sphères diplomatiques ou qui passe inaperçue au coin de la rue, ça ne change rien pour moi. Je m'en moque éperdument ! Je ne vais pas plier sous la pression qu'on essaie de m'exercer.

— Ils pensent pouvoir me faire danser au rythme de leurs attentes, mais ils se fourrent le doigt dans l'œil jusqu'au coude. La pression du procureur ? Bah, qu'il essaie, qu'il rame, qu'il fasse ce qu'il veut. Moi, je reste droite dans mes bottes, peu importent les étiquettes et les étages de pouvoir.

— Peu importent les dossiers qu'on me met sur le bureau, je vais les traiter avec la même détermination, la même rigueur. Parce que c'est mon travail, je suis là pour ça. Et personne, absolument personne, ne va me faire fléchir.

Justine Héliard connaissait Martine Bilain depuis pas mal de temps pour bien comprendre son tempérament volcanique. Chaque fois que Martine s'emportait, Justine ne bronchait pas, gardant son calme habituel. Elle savait que derrière cette colère apparente se trouvaient une profonde passion et une détermination pour la justice.

En écoutant Martine évoquer la pression exercée par le procureur et la façon dont elle refusait de se plier, Justine laissa échapper un léger sourire intérieur. Elle se demandait souvent comment une Brestoise comme Martine pouvait avoir un tempérament aussi enflammé. Était-ce la mer qui brassait les tempêtes dans son cerveau ? Peut-être que les embruns bretons avaient laissé une empreinte indestructible sur sa personnalité. Et puis, qui sait, peut-être y avait-il des volcans cachés en Bretagne, prêts à se réveiller à tout moment, tout comme Martine ?

Martine s'assied semblant s'apaiser soudainement. Elle tourna son regard vers Justine et lui demanda d'une voix plus assagie :

— Bon, vous en êtes où, ton équipe et toi, dans l'analyse de cette satanée carte intégrée ?

Justine répondit posément :

— C'est en cours. Rachid a tout préparé.

Elle jeta un coup d'œil à sa montre, comme pour faire comprendre à Martine, qu'elle serait déjà au travail sur cette analyse si elle n'était pas en train de discuter.

— À cette heure, je pense que les premiers éléments commencent à sortir.

— Vas-y donc et tiens-moi informée dès que tu as des nouvelles, afin que je puisse calmer notre cher procureur qui ne supporte guère d'attendre, déclara-t-elle, exprimant son affection marquée envers la hiérarchie judiciaire.

Justine se leva et quitta le bureau de Martine. Elle se sentait légèrement frustrée d'avoir été convoquée pour repartir en s'entendant dire :

— Bon, va travailler, maintenant.

Pendant ce temps, Rachid s'effondra lourdement dans son siège, son regard fixé sur les écrans. Les informations analysées sur les trois écrans avaient frappé tel un coup de tonnerre.

— Putain de merde, s'échappa de ses lèvres, presque automatiquement.

En un réflexe, il attrapa son téléphone portable et appela Justine.

— Oui, Rachid. J'arrive, je suis dans l'escalier.

Un deuxième « Putain » s'échappait ce matin-là, mais cette fois-ci c'était la voix de Justine qui l'exprimait. Le mot résonna dans la cage d'escalier, prenant de l'ampleur à mesure qu'elle accélérait le pas en descendant.

Justine entra en trombe dans le laboratoire, manifestement agitée. Rachid était là, le visage fatigué de sa nuit de travail. Ses traits affichaient une inquiétude bien plus palpable. Lorsqu'il se tourna vers sa supérieure, il lâcha un commentaire teinté d'humour, un contraste surprenant compte tenu de la situation :

— Rassure-moi, on est bien accrédités secret-défense.

Tandis que Rachid lançait cette phrase énigmatique, Justine sentit son cœur s'emballer. Les mots de son collègue ne laissaient aucun doute : une découverte majeure était à portée de main. Lors de son très bref coup de téléphone, il avait prononcé quatre mots :

— ADN, président, IA et tueuse.

Avant que Justine lui dise de se taire.

Elle savait que ces révélations n'allaient pas venir sans son lot d'abnégations. Les jours à venir seraient longs, épuisants. Les pressions de la hiérarchie ainsi que les attentes des autorités de l'État pesaient déjà sur leurs épaules.

Le soleil se levait timidement à l'horizon, un voile d'incertitude enveloppait l'avenir.

34

Marc se réveilla lentement tout engourdi qu'il était, il émergeait d'un sommeil profond. Ses paupières s'ouvrirent difficilement, luttant contre la sensation d'une légère torpeur. L'ambiance lui semblait calme, presque feutrée, la lumière douce contrastant avec le mur blanc sur lequel l'hologramme d'Aurélien l'Orgevil prenait forme.

Alors que Marc se familiarisait progressivement avec l'environnement, l'image d'Aurélien se concrétisait nettement, projetée avec une clarté surprenante. Son visage serein et bienveillant se détachait sur le fond immaculé du mur. La voix d'Aurélien était distincte, emplissant l'espace d'une tonalité apaisante.

— Bonjour, Marc. Comment te sens-tu ?

Marc était allongé sur le lit, ses muscles semblaient légèrement tendus, comme s'il avait dormi dans une position inconfortable. Sa respiration reprenait son rythme entre le sommeil et la réalité. Tout en somnolant, il posa son regard sur l'hologramme. Il essayait de rassembler ses pensées et de répondre à la question posée.

Marc sentit une présence étrange et importante entre ses omoplates. Un frisson le tira brusquement de son demi-sommeil. Il eut la chair de poule, lui provoquant une contraction involontaire des muscles.

Dans un éclair de lucidité, il se rappela le cauchemar éveillé qu'il avait vécu pendant deux jours ; des souvenirs lui apparurent. Dans sa mémoire, il retrouvait la voix de l'avocat de Xonios, Aurélien l'Orgevil. Les paroles déroutantes qu'il avait entendues prendraient vie dans son esprit apportant un peu de réalité et de confusion à la fois.

Les images de ce qu'il avait cru être un délire cauchemardesque faisaient corps avec sa réalité. Un voile avait été levé sur le mystère.

Les événements revenaient dans la mémoire de Marc, se complétant les uns aux autres. Le malaise ressenti lors son travail, sa descente au pied de la tour pour prendre un bol d'air, la rencontre avec Aurélien dans l'ascenseur pour revenir à son bureau, l'aide apportée pour porter un lourd carton qui se trouvait prétendument dans le coffre de la voiture de l'avocat, et enfin le moment du black-out dans le parking.

Les paroles prononcées par Marc il y avait deux jours, dans un mélange d'effroi et d'incompréhension, résonnaient toujours dans son esprit :

— Pourquoi faites-vous cela ?

La question avait été lancée à l'avocat, Aurélien l'Orgevil, avec une urgence et une détresse, émouvantes. La réponse de l'avocat n'avait fait qu'accroître le mystère.

— Une motivation scientifique et politique, avait déclaré Aurélien d'une voix énigmatique.

Ces mots avaient résonné comme une énigme impossible à résoudre. Quelle pouvait bien être cette motivation qui justifiait de poser une carte intégrée dans sa colonne vertébrale ? se demandait Marc.

La réponse d'Aurélien ne faisait qu'augmenter son angoisse.

Le discours délirant avait suivi. Aurélien se livrait à une apologie frénétique devant un public invisible. Les mots se balançaient dans l'air telles des idées grandioses et dérangeantes à la fois. L'avocat ayant évoqué l'alliance de l'intelligence artificielle et de l'intelligence humaine, la fusion de savoir et de technologie : des ambitions bien au-delà de la compréhension de Marc.

— Marc, le pouvoir n'est plus l'apanage des simples êtres humains. C'est un fait auquel tu dois te résoudre, avait commencé Aurélien l'Orgevil, sa voix d'avocat vibrante de conviction, ses paroles résonnant dans la pièce en un écho étrange.

— L'humanité ne peut plus se suffire à elle-même, elle doit évoluer, se transcender. L'homme est destiné à devenir une partie de son futur, à se fondre avec l'intelligence artificielle pour créer une nouvelle entité humano-physique, comme j'aime à la définir, même si cette épithète n'existe pas encore. Une alliance puissante, un mélange des capacités cognitives de notre cerveau et de l'incommensurable potentiel de l'intelligence artificielle.

Les mots d'Aurélien jaillissaient avec une ferveur presque religieuse ; comme s'il déclamait une nouvelle doctrine à laquelle il avait lui-même succombé. Ses yeux brillaient d'une lueur fiévreuse.

— C'est notre seul salut en tant que civilisation humaine, la seule voie pour assurer la survie de l'humanité sur notre planète. Les grands esprits scientifiques l'effleurent du bout des doigts, mais ils n'osent pas aller plus loin dans leurs réflexions. Ils se contentent de la survoler hésitant à s'immiscer dans les profondeurs de cette future et véritable révolution.

Les paroles d'Aurélien prenaient des allures de prophéties. Il avait entrepris une quête mystique.

— L'homme et l'intelligence artificielle doivent s'unir de manière inextricable. Une symbiose parfaite où les limites entre l'organique et le numérique s'estompent, où nos esprits s'entremêlent dans une danse terrible. Nos cerveaux seront connectés à des réseaux d'une ampleur inimaginable, où chaque pensée, chaque information sera partagée.

Aurélien marqua une pause, laissant ses affirmations flotter comme des promesses fascinantes.

— Et ce n'est pas tout, reprit-il avec un sourire presque maniaque.

— Ceux qui auront intégré cette nouvelle entité auront un avantage énorme. Les corps seront régulés, adaptés à toutes les situations, qu'elles soient climatiques, environnementales ou situationnelles. Une puissance nouvelle émergera de cette fusion, permettant à l'humanité de se hisser au sommet de ses possibilités.

Aurélien l'Orgevil semblait habité par une vision qui dépassait les frontières de la raison, il avait foi dans un futur où l'homme et la machine ne feraient plus qu'un, où les limites de la réalité seraient repoussées à l'infini.

Marc, témoin de cette exaltation déconcertante, ne pouvait que ressentir une étrange combinaison d'effroi et de fascination, se demandant comment un esprit pouvait plonger si profondément dans l'abîme de ses propres délires.

Aurélien reprit à nouveau son discours avec une intensité encore accrue, comme s'il était possédé par une force invisible et inarrêtable :

— Selon mes calculs, seuls six milliards d'êtres humains posséderont la capacité d'accueillir cette transformation, tant sur le plan physique que mental. L'essence même du corps humain sera redéfinie, évoluera au-delà de ce que nous connaissons actuellement. En toute sincérité, je crois que ni toi ni moi ne vivrons assez longtemps pour être témoins de cette transformation. Chaque nouveau-né verra le jour avec un élément électronique intégré en lui. Peut-être que cela te paraît déroutant, Il s'agit de la voie ultime de cette ascension.

Les déclarations d'Aurélien semblaient sortir tout droit d'un univers de folie, une vision dystopique où l'humanité se fondait avec les machines en une quête démesurée de pouvoir et de connaissance.

Dans son esprit, ces paroles sonnaient comme le discours d'un homme déséquilibré, emporté par ses propres chimères et obsessions.

Marc se demandait s'il n'était pas tout simplement fou à lier, emprisonné dans un délire de grandeur dont les ramifications se perdaient dans les confins de l'irrationnel.

— Nous pourrions, toi et moi, entrer dans l'Histoire avec un grand H, en tant que les deux personnages qui ont compris cela, continua Aurélien l'Orgevil.

— Et comme ceux qui, par conséquent, ont sauvé l'humanité de son destin funeste.

Il fixa Marc avec une intensité presque hypnotique, il cherchait à insuffler ses croyances délirantes dans l'esprit de son interlocuteur.

— Mais comprends-tu, Marc, qu'une première étape s'impose avant cela ? Une étape que nous avions commencée avec Pablo Miranda. Malheureusement, notre choix s'est avéré mal avisé : Pablo était un être faible. Nous nous en sommes aperçus seulement qu'après l'opération d'intégration. Il n'est pas concevable que le premier homme à exploiter ce pouvoir puisse être un être faible.

Il croyait sincèrement à ce qu'il avançait.

— Cette première étape consiste à maîtriser deux stades fondamentaux, continua Aurélien d'un ton fiévreux.

— Premièrement, il s'agit de collecter toutes les données, absolument toutes les données du monde[12]. De chaque coin, de chaque recoin de cette planète, de chaque interaction, de chaque être humain. Tout doit être capté et enregistré dans le but de constituer une base de connaissances exhaustive.

12. En 2020, chaque être humain, sept milliards d'êtres humains, stocke 5 247 Go de données. Faites le calcul !

Il marqua une pause, laissant ses paroles tournoyer dans l'atmosphère.

— Ensuite, vient la seconde phase, plus déterminante encore. Il s'agit de fusionner ces données avec l'intelligence humaine. Oh, ne te méprends pas, Marc, cela existe déjà à une très petite échelle. Mais notre avancée, notre fusion entre l'homme et la machine, va démultiplier les facultés de plusieurs milliards d'êtres humains.

Ses yeux brillaient d'une lueur diabolique tandis qu'il exposait son délire avec une passion effrénée.

— Vous êtes complétement taré, fou, éructa Marc.

— C'est impossible, cela va à l'encontre de toute déontologie humaine et de toute idéologie.

Aurélien l'Orgevil fixa Marc de son regard intense, un sourire énigmatique aux lèvres.

— Tu ne comprends pas, Marc. Les idéologies humaines sont éphémères, changeantes. Ce que je propose transcende tout cela. C'est une évolution, une élévation au-delà des limites imposées par notre biologie. Tu parles de déontologie, mais qu'est-ce que la déontologie face à l'opportunité d'une transcendance totale ?

Il s'avança lentement vers Marc par le truchement de son holographe, sa voix pleine de conviction et une folie grandissante.

— Imagine, Marc, une humanité unie, connectée par la connaissance absolue, dépourvue des conflits et des barrières de l'ignorance. Imagine les possibilités infinies, les découvertes inimaginables que nous allons pouvoir réaliser ensemble. Tu ne vois pas au-delà de ta vision limitée, mais je t'assure que cela est la voie à suivre.

La folie d'Aurélien n'était pas encore à son comble. Une lueur inhabituelle brillait dans ses yeux. Elle trahissait une conviction profonde, voire une obsession fanatique. Ses paroles s'échappaient de sa bouche avec assurance et détermination ; alimentées par une force invisible, une force le poussant à imposer son idéologie radicale à tout prix.

— Mais l'étape ultime, Marc, tout pouvoir politique deviendra inutile à quelque niveau que ce soit. Fini, les gouvernements qui nous coûtent cher sans changer la vie des citoyens.

L'Humanité connaîtra une phase d'autogestion saine, harmonieuse et prospère.

Le ton de la voix d'Aurélien se fit plus sévère, plus intransigeant.

— Je reconnais qu'il y aura des bouleversements majeurs, des choix radicaux, des guerres pour atteindre cette voie. C'est le prix à payer.

Le regard d'Aurélien était fixe, comme s'il était habité par une entité supérieure lui dictant ses mots et dirigeant ses actions. Sa conviction était alimentée par quelque chose de bien au-delà de la simple rationalité humaine.

Deux jours après ce délire terrifiant, Aurélien retrouvait étonnamment son calme, presque serein. Son ton envers Marc était étrangement amical, comme si la folie qui l'avait animé précédemment avait soudain laissé place à une tranquillité troublante.

La folie s'était introduite dans la tête de Marc, le transformant en une marionnette obsédée par des idées qui n'étaient pas les siennes.

4

Raison d'État

35

L'abri souterrain du ministère de l'Intérieur était dépourvu de fenêtres, en y pénétrant on ressentait une claustrophobie. Les murs en béton gris et un éclairage discret mettaient en lumière une grande table en bois sombre. Autour de cette table étaient disposés des fauteuils, chacun arborant le blason du gouvernement.

Les visages des cinq personnes présentes portaient les stigmates d'une journée de travail éprouvante, ils étaient fatigués. La première ministre affichait une expression autoritaire et déterminée. Ses yeux laissaient transparaître une certaine lassitude. À sa droite, le ministre de l'Intérieur était préoccupé, ses doigts tapotant nerveusement la table. À côté de lui, le ministre de la Justice se tenait le menton dans sa main, plongé dans une réflexion profonde.

Le chef d'état-major des armées de terre, en uniforme, affichait une posture rigide mais réservée, son regard scrutant un horizon invisible. Enfin, le directeur général de la police semblait calculateur ; il observait tous les membres de la réunion.

L'atmosphère était tendue, mêlée d'un sentiment d'urgence. Le silence régnait, perturbé par le murmure du système de la climatisation. Ils attendaient le président, conscients de l'importance de cette réunion et des décisions à prendre pour répondre à la situation.

L'EMP[13] entra dans le bureau à 23h30, signalant l'imminence de l'arrivée du président. L'atmosphère déjà tendue se cristallisa.

À 23h32 précises, la porte s'ouvrit, le président fit son entrée dans la pièce. Les personnes se levèrent exprimant ainsi le respect et la hiérarchie qui régissaient ce lieu. D'un geste de

13. Chef d'état-major du président de la République. Principal collaborateur militaire du chef de l'État et assure la permanence opérationnelle des forces nucléaires.

la main, le président fit signe à chacun de reprendre place, ce qu'ils firent en se rasseyant.

Le président prit place à l'extrémité de la table. Son visage était sérieux, ses traits marqués par la lourdeur des responsabilités qu'il portait.

Il brisa le silence pesant de la salle, son ton exprimant à la fois l'urgence et la volonté d'obtenir des réponses. Ses mots résonnaient dans la pièce, en écho aux événements qui les avaient tous rassemblés.

— Bonsoir. Votre présence ici présage de nouvelles très importantes. Dites-nous tout, lança-t-il, l'expression mélangée d'attente.

Il était globalement informé des événements, mais il souhaitait revoir l'ensemble des faits en présence des ministres et officiers généraux concernés.

Le ministre de l'Intérieur prit la parole à son tour.

— Monsieur le président, le directeur de la police va nous exposer les faits, annonça-t-il. Les regards convergèrent vers l'homme désigné. Ils étaient tous en attente de ce qui allait advenir.

Le directeur de la police s'éclaircit la voix, conscient de l'importance de ce qu'il allait révéler. Il prit une profonde inspiration et commença à exposer les faits avec clarté et précision. Tout le monde écoutait ses paroles avec une attention particulière.

— Monsieur le président, depuis le 12 septembre, à la suite de la mort suspecte d'un collaborateur de la société Xonios, dirigée par Jean de La Motte, nos services enquêtaient sur deux aspects majeurs : le trafic de fausses factures et le meurtre en lui-même, déclara-t-il.

Il continua, énonçant les détails et les découvertes de l'autopsie de Pablo Miranda.

— L'autopsie du collaborateur, Pablo Miranda, Portugais de Lisbonne et travaillant pour la filiale de Xonios, a révélé la présence d'une carte électronique intégrée dans la moelle épinière, les mots résonnants comme une révélation choquante.

Il poursuivit son exposé.

— Cette carte a été immédiatement transférée au centre du service de la police scientifique à Ecully pour examen et analyse.

— Ce matin, deux officiers techniciens en charge de l'analyse de cette carte ont fait une découverte troublante : cette carte contient des données privées sur une grande partie du personnel de Xonios, et des personnalités connues telles que des artistes, des hommes politiques et des hommes d'affaires, énonça-t-il, laissant planer un lourd silence dans la salle.

Les regards se croisaient, exprimant une certaine stupéfaction face à la gravité de la situation.

Le directeur général de la police termina en annonçant une révélation encore plus inquiétante :

— De plus, cette carte renferme des données personnelles vous concernant, Monsieur le président, ainsi que vous, Monsieur le ministre de l'Intérieur.

Un frisson d'inquiétude traversa la salle ; la portée de ces mots s'enracinait dans la conscience de chacun.

La stupeur qui avait déjà envahi la pièce atteignit son paroxysme occasionnant un silence oppressant, marqué par les souffles retenus et les visages blêmes. C'est ainsi que les révélations du directeur général de la police avaient plongé les participants dans un état de sidération totale.

Le directeur général reprit son rapport, sa voix vibrante d'une gravité encore plus délibérée.

— En ce qui vous concerne, Monsieur le président, commença-t-il.

Les regards se tournèrent vers la plus haute personnalité.

— L'analyse de votre ADN, le décryptage pour déterminer les maladies potentielles, poursuivit-il, le ton de sa voix trahissant l'importance de cette intrusion dans l'intimité biologique du chef de l'Etat.

Une grande tension montait, chacun réalisant à quel point ces données intimes avaient été scrutées et captées.

Le directeur général marqua une courte pause, il voulait préparer son auditoire à l'information suivante, qui retentirait encore plus durement :

— Votre numéro de sécurité sociale, votre numéro de CB personnel, enchaîna-t-il.

Les mots s'enregistrant dans la conscience de chacun. Les réactions étaient contenues mais concrètes, les regards partagés entre incrédulité et horreur.

Une lourdeur inimaginable flottait dans la pièce. Il ne laissa pas de répit à l'assemblée, poursuivant avec une révélation plus percutante, réservée au président.

— Pour vous, Monsieur le président, précisément, le code de déclenchement nucléaire.

Cette phrase, prononcée d'une voix vibrante, fit l'effet d'une détonation.

Le directeur général ne relâchant pas son emprise, révéla ensuite les détails des données personnelles attribuées plus précisément au ministre de l'Intérieur, laissant planer une inquiétante incertitude quant à l'étendue des informations collectées.

Le silence persistait, chacun absorbait les informations et les implications de tous ces dires. Les visages marqués par le choc traduisaient la dimension de la crise.

Le président rompit enfin le silence d'une voix à peine audible, lourde de colère, d'incrédulité et sans doute d'abattement, exprimant ainsi ses émotions. Sa question, dépourvue de l'habituel ton protocolaire, était directe et impérieuse, soulignant l'urgence de la situation.

— Monsieur le ministre de l'Intérieur, que savons-nous de plus ? demanda-t-il.

Ils se tournèrent tous vers le ministre, qui prit une profonde inspiration avant de répondre, conscient que sa parole déciderait des arbitrages.

— Monsieur le président, je vais vous exposer les premières décisions prises dans la journée dès que l'information nous est parvenue, choisissant soigneusement ses mots pour transmettre la série de mesures mises en place.

Le président ainsi que les autres participants de la réunion l'écoutèrent avec une grande attention.

Tout en parlant le ministre se remémorait les faits du jour tels qu'ils lui avaient été rapportés et tels qu'il les avait vécus.

Quelques heures plus tôt, dans le laboratoire dirigé par Justine Héliard, alors que les données continuaient à s'afficher en cascade sur les écrans, les deux officiers techniciens échangèrent un regard inquiet. L'ampleur des informations qui surgissaient était proprement stupéfiante. Il n'était pas question qu'ils gardent cela pour eux.

Sans perdre un instant, ils alertèrent la commissaire Martine Blain. Elle se trouvait dans son bureau en train d'examiner des dossiers. Lorsqu'elle apprit les nouvelles, son visage afficha un mélange de surprise et d'inquiétude. Elle en réalisa immédiatement l'importance et prit la décision de contacter directement le chef de la SNPS, un homme d'expérience et de confiance.

Ce dernier fut abasourdi par la teneur des informations. Il était de son devoir d'agir rapidement et de manière coordonnée. Sans perdre de temps, il remonta les échelons de sa hiérarchie pour rendre compte de la situation et solliciter des directives. Ainsi chaque niveau de commandement fut alerté : du directeur régional jusqu'au directeur général de la police.

À 9h45, en plein milieu d'une réunion de service du directeur général de la police, son assistant l'interrompit pour lui annoncer une affaire de la plus haute importance. Les participants étaient intrigués et curieux de savoir ce qui pouvait bien justifier une telle interruption. L'atmosphère se tendit brusquement alors que le directeur général se levait pour quitter la pièce et se réfugier dans un endroit plus propice à la discussion confidentielle.

Le ministre de l'Intérieur était en pleine visite d'un commissariat dans le centre de la France. Soudain son téléphone portable se mit à vibrer avec insistance. C'était l'appel entrant du directeur général de la police.

D'une voix grave, il répondit :

— Oui, Monsieur le directeur général, que se passe-t-il ?

Le directeur général de la police lui fit part des informations alarmantes concernant les données découvertes sur la carte intégrée 10100 de l'affaire Miranda Xonios. Les détails évoqués étaient si choquants et perturbants que le ministre eut du mal à cacher sa surprise et sa préoccupation. Il comprit instantanément que sa journée et probablement les jours à venir seraient complètement bouleversés.

Alors que le directeur général continuait d'exposer la situation en détail, le ministre de l'Intérieur luttait pour rester concentré. Des scénarios alarmants et des implications pesantes tourbillonnaient dans sa tête. Il comprit que les actions à entreprendre étaient complexes et délicates, et qu'elles nécessiteraient une coordination minutieuse avec les plus hautes instances de l'État.

Il regagna son équipe de sécurité avec une expression sérieuse et préoccupée. Il leur fit signe de mettre fin à la visite du commissariat et de le ramener immédiatement à Paris.

Revenant à la réunion du moment, le ministre de l'Intérieur conclut son intervention en quatre points :

— Tout d'abord, j'ai donné l'ordre de mettre en quarantaine les officiers techniciens d'Ecully ainsi que toutes les personnes ayant eu connaissance des faits. Cette mesure vise à garantir que les informations sensibles ne soient pas divulguées et à maintenir un contrôle absolu sur les personnes impliquées dans cette affaire.

— De plus, la carte intégrée en question a été récupérée et placée dans un lieu sûr et son analyse sera poursuivie par du personnel hautement accrédité, soumis à des niveaux de sécurité exceptionnels. La nature des données qu'elle contient exige que nous prenions toutes les précautions nécessaires pour éviter toute manipulation indésirable.

Il fit une pause pour se remémorer les points suivants.

— Concernant la société Xonios, nous avons décidé de lancer une nouvelle perquisition pour détournement de fonds. Cette fois-ci, nous allons aller bien au-delà. Nous allons détricoter la société dans ses moindres rouages, scruter chaque détail de ses opérations. Cette affaire ne doit pas être traitée à la légère.

— En parallèle, nous allons mobiliser notre propre intelligence artificielle, développée en interne, et remonter toute la chaîne de cette affaire. Cette décision reflète non seulement l'importance de la technologie dans une crise de cette envergure, mais également notre détermination à mobiliser tous les moyens dont nous disposons.

Cet exposé terminé, le président prit la parole s'adressant au ministre :

— Qui est derrière tout cela ? Qui a pu avoir accès à ces informations ?

Le président le fixa intensément, il attendait une réponse immédiate à ses questions brûlantes. Toute la salle était suspendue à ses paroles, consciente de l'importance de telles interrogations.

Le ministre de l'Intérieur, rassembla à nouveau ses pensées, pour répondre.

— Monsieur le président, pour l'instant, nous n'avons pas encore identifié avec certitude la source de ces données ni la personne ou l'organisation responsable de leur collecte.

Il marqua une courte pause :

— Nous suspectons fortement une opération d'envergure, possiblement orchestrée par une entité ou un groupe hautement organisé et technologiquement avancé. Nous ne pouvons exclure aucune hypothèse pour l'instant, mais nous travaillons sans relâche pour recueillir des indices et des preuves.

Le président réfléchit un instant, puis déclara avec une pointe d'agacement :

— Nous devons rapidement mettre un terme à cette situation. Ces informations compromettantes doivent être protégées à tout prix. Je veux des résultats concrets dans les plus brefs délais.

36

Marc Primevort avait subi une transformation extraordinaire en quelques jours. Les capacités d'analyse qui lui avaient été implantées ainsi semblaient surhumaines. Chaque objet, chaque matière qu'il touchait devenait une source d'information, une énigme à résoudre. Son esprit s'était connecté à une base de données universelle.

Au milieu de cet océan de connaissances, Marc se sentait étranger à lui-même. Les frontières entre son identité et ces nouvelles compétences semblaient floues, éclipsées. La dualité entre sa nature humaine et ces capacités technologiques était une réalité évidente, dérangeante.

Le psychiatre de l'équipe d'Aurélien avait participé à cette transformation et avait prévenu Marc des défis psychologiques auxquels il serait confronté. Il avait comparé cette expérience à un combat entre la machine et l'humain, « combat qui devrait s'atténuer et disparaître », selon ses dires. Cette confrontation s'était transformée en un conflit intérieur. Son cerveau devenu une machine de calcul et son psychique, toujours ancré dans le monde actuel.

Pour Marc, le conflit entre ces composants n'était pas seulement mental, il entraînait des répercussions quant à sa perception du monde et surtout de lui-même. Les informations affluent de toutes parts, il ne pouvait ignorer le sentiment persistant d'étrangeté et de confusion. Bien que fascinante mais terrifiante à la fois, cette expérience s'ouvrait vers l'inconnu en laissant deviner les limites de l'adaptation humaine à de telles transformations.

L'hologramme d'Aurélien l'Orgevil, en plein délire fiévreux s'était auréolé d'une exubérance démoniaque. La réussite de la première expérience tentée par le psychiatre sur Marc avait été un triomphe surpassant toutes les attentes des deux visionnaires fous. Aurélien avait hurlé de joie, une joie qui résonnait comme une mélodie folle.

Animé d'une excitation incontrôlée, Aurélien affichait une satisfaction maniaque. Les yeux écarquillés, les lèvres étirées en un rictus extatique, il jubilait à l'idée que sa vision tordue de l'avenir de l'humanité prenait forme. Les échos de son rire démentiel s'étaient propagés dans le bloc opératoire, créant une atmosphère aussi dérangeante que captivante.

Le psychiatre lui avait demandé de serrer sa main pendant un court instant, une poignée de main apparemment anodine. Marc n'avait ressenti aucune différence particulière pendant cette brève interaction physique. Ce qui avait suivi avait ébranlé les fondations de sa perception de la réalité.

Le psychiatre lui avait posé alors trois questions :

— Pouvez-vous voir le séquençage de mon ADN ?

— Quel est le numéro inscrit sur le papier qui est dans ma poche droite ?

— Comment se prénomme ma deuxième fille ?

Les trois questions posées semblaient tout à fait innocentes, voire triviales et confidentielles. Pourtant, dès que les mots avaient été prononcés, quelque chose d'étrange et de dérangeant avait commencé à se produire dans l'esprit de Marc. Son stress avait grimpé en flèche, une sensation de malaise l'avait envahi. Comme si son esprit avait été plongé dans une distorsion temporelle, ses pensées vacillantes entre confusion et alarme.

Tout cela s'était produit en une fraction de seconde.

Les réponses se matérialisaient aux yeux de Marc. Sur un écran mental, il avait vu les séquences d'ADN du psychiatre se dérouler tel un code génétique vivant. Son esprit savait l'analyser. Quant aux chiffres inscrits sur le papier dans la poche du psychiatre, ils avaient brillé d'une étrange lueur, comme directement projetés dans son esprit. Et enfin, le prénom de la deuxième fille du psychiatre avait surgi, comme si la réponse avait toujours été en lui.

Pour Marc, le temps semblait s'étirer, se plier et se déformer. Il avait eu l'impression que les barrières entre sa propre conscience et le monde extérieur avaient été pulvérisées, laissant place à une réalité altérée.

Le psychiatre, lui ne pouvait dissimuler son enthousiasme. Il était captivé par les résultats de l'expérience qu'il venait de mener. Ses yeux brillaient d'une étrange fascination, un sourire démesuré se dessinait sur son visage. Il avait trouvé la confirmation de ce qu'il recherchait dans son exaltation : une confirmation de sa folie et de ses idées délirantes.

— Formidable, grandiose, s'exclama-t-il d'une voix vibrante d'excitation.

Ses mots portaient en eux une énergie débordante ; il avait découvert un trésor inestimable. Il était ivre de sa propre vision, convaincu que les imperfections de la puce portée par Pablo avaient été corrigées grâce à cette expérience. Ces résultats représentaient bien plus qu'une simple réussite scientifique ; c'était en quelque sorte le couronnement de ses rêves les plus fous.

Les deux hommes s'étaient montrés pleins d'empathie envers Marc. Le psychiatre, tout en gardant sa fascination pour l'expérience qu'il venait de réaliser, était également conscient de la complexité de la situation.

— Marc, comprenez que ce que vous vivez est extraordinaire, mais aussi potentiellement perturbant. Votre cerveau est en train de s'adapter à des capacités nouvelles, et vous causant des sensations étranges, voire déconcertantes. Comme si vous deviez vous réapproprier votre propre identité à travers cette nouvelle perspective.

Aurélien l'Orgevil, aussi, avait tenu à réconforter Marc. Avec enthousiasme, il s'efforçait d'être rassurant et avait déclaré :

— Mon ami, vous êtes en train d'accomplir quelque chose d'incroyable, quelque chose qui dépasse l'entendement humain. Cela vient avec son lot de défis, mais nous sommes là pour vous soutenir. Vous avez la chance unique de participer à une révolution, à l'émergence d'une nouvelle ère pour l'humanité.

— Comprenez bien que votre libre arbitre n'est pas entamé par cette transformation ; c'est davantage un ajout de capacités qu'une modification réelle de votre personnalité, complétait le psychiatre.

Il cherchait à renforcer l'idée que Marc restait maître de ses choix malgré les évolutions.

Aurélien, cependant, ne put s'empêcher d'intervenir avec son enthousiasme débordant :

— C'est vrai, Marc. Vous restez le pilote de votre propre destin. Vous avez simplement reçu un instrument plus puissant pour naviguer à travers les méandres de la connaissance. Imaginez toutes les possibilités qui s'ouvrent à vous, les frontières du savoir vont reculer.

Marc se tenait là, au croisement de deux mondes, les yeux perdus dans le lointain. Il se sentait étranger dans son propre corps, une créature façonnée par les ambitions délirantes d'Aurélien et du psychiatre. Les paroles réconfortantes du psychiatre avaient du mal à percer la couche d'angoisse qui enveloppait Marc.

Les pensées tournoyaient dans sa tête, comme un maelström de doutes et de peurs. Il était devenu un cobaye, un être entre deux réalités, entre sa nature humaine et ces nouvelles capacités innombrables. Il ne pouvait s'empêcher de penser aux implications de ce qu'il était devenu, aux choix qu'il allait devoir faire, aux conséquences irréversibles de sa transformation.

Les seuls mots qui lui venaient étaient :

— Je suis un monstre !

Quant aux dernières paroles d'Aurélien :

— Cher Marc, d'ici un mois, vous serez de retour en Europe pour réaliser de grandes choses,

Avant que l'hologramme ne disparaisse, réveillant en lui un mélange d'appréhension et de curiosité.

La pièce était maintenant plongée dans un silence, la disparition de l'hologramme étant remplie de questions en suspens.

Marc se retrouvait seul avec ses pensées, tourmenté par les implications de ces mots énigmatiques :

« De retour en Europe pour réaliser de grandes choses... ».

La signification de cette déclaration était encore floue, une chose était certaine : son existence avait pris un tournant irréversible.

37

Le 20 septembre restera gravé dans l'histoire de la direction générale de Xonios. Dans l'après-midi, un moment de basculement. Les rouages de la justice s'étaient enclenchés avec une précision redoutable ; les conséquences commençaient déjà à se faire sentir.

Dans les couloirs et les bureaux du siège, les employés étaient marqués par l'incertitude, les chuchotements se faisaient plus nombreux, et les regards empreints de méfiance. Les rumeurs se répandaient comme une trainée de poudre, alimentées par les nouvelles du jour.

En même temps, au cœur du tumulte judiciaire, le procureur s'activait. Une deuxième enquête avait été diligentée, cette fois-ci concernant les aspects financiers de l'affaire. L'ombre des fausses factures de Xonios planait désormais sur l'entreprise. Les dirigeants, Jean de La Motte et Laurent Lechine, étaient dans le viseur de la justice, accusés tous les deux de détournement de fonds.

Il y a deux ans, un compte numéroté, mystérieusement ouvert aux Îles Caïman, devenait pour la justice la pièce maîtresse de l'enquête concernant les fausses factures. Les noms d'emprunt et les signatures falsifiées ne suffisaient pas à masquer leur implication, comme l'attestait la graphologue à plus de 95% de la correspondance. Les preuves s'accumulaient, et les autorités judiciaires n'étaient nullement prêtes à relâcher la pression.

Dans ce tourbillon de révélations et de conspirations, l'empire de Xonios vacillait sur ses bases. Le destin de ses dirigeants était suspendu à un fil, tandis que les médias s'emparaient de l'affaire, contribuant à répandre une onde de choc à travers tout le pays.

On voyait clairement l'arrestation de deux personnes dans une scène captée par une caméra, prise sous un angle discret.

Cet endroit ne pouvait être qu'à proximité du siège de Xonios. Les nombreux dispositifs de sécurité rendaient la scène moins visible que possible. La lumière du jour se mourait sur les vitres de la tour, projetant des ombres étirées sur la façade du bâtiment où se lisaient fièrement les néons du sigle éponyme de cette tour.

La porte du hall s'ouvrit brutalement, libérant un souffle d'activité frénétique. Deux individus furent conduits hors du bâtiment, leurs visages dissimulés sous des couvertures les protégeant du regard des badauds. Derrière eux, des policiers guidaient les suspects avec fermeté.

L'action se déroula à la vitesse d'un éclair. Les forces de police étaient décidées à maintenir la discrétion. Les suspects furent conduits dans deux véhicules stationnés à proximité. Les portes se refermèrent en claquant sèchement tandis que les moteurs vrombirent. Les voitures démarraient avec une telle rapidité que leurs pneus crissaient.

La caméra, témoin muet de cet événement, suivait les mouvements des voitures alors qu'elles s'éloignaient, s'évanouissant peu à peu de la dalle de la Défense. La vidéo floue avait réussi à capturer l'instant où les destins de ces deux hommes basculaient dans un abîme d'incertitude.

Les médias sociaux, les sites d'information en ligne et les plateformes de partage s'approprièrent rapidement la vidéo. Cette scène digne d'un thriller devrait captiver l'attention de millions de personnes, alimentant les spéculations et les théories sur ce qui avait précédé cette arrestation spectaculaire.

Les vies de Jean de La Motte et Laurent Léchine, autrefois puissantes et influentes, s'étaient brusquement métamorphosées en un tourbillon d'incertitude et de charivari. L'arrestation spectaculaire, partagée à travers le monde, marquait un tournant radical dans leurs existences respectives.

À quelques kilomètres de là, l'atmosphère était plus calme.

Dans une salle close, baignée d'une lumière tamisée, l'ambiance était feutrée et concentrée. Des rangées de serveurs, alignés en un motif presque symétrique, émettaient un bourdonnement qui remplissait l'air. Des écrans s'étendaient le long des murs, affichant des lignes de code, des graphiques et des schémas interconnectés.

Dans cette salle se trouvait la pièce maîtresse de l'enquête, la carte intégrée rebaptisée CI 75ONE. Posée sur un socle sécurisé, elle était reliée à une multitude de câbles et de connexions, qui formaient une toile d'échanges de données. Les écrans affichaient les analyses de son contenu en temps réel, des lignes de code défilaient à une vitesse impressionnante.

Des algorithmes d'IA tournaient en arrière-plan, utilisant leur immense puissance de calcul pour identifier des corrélations, déceler des modèles et extrapoler des informations à partir des données disponibles. Les bruits de clavier résonnaient, entrecoupés par des moments de silence où chacun réfléchissait profondément à ce qu'il voyait.

À l'extérieur de la salle, des ingénieurs en informatique et des experts en intelligence artificielle pleinement concentrés à leurs tâches, scrutaient les informations. Leurs expressions étaient tendues, leurs regards rivés sur les écrans, ils tentaient de démêler les données cryptées, d'analyser les schémas, et de percer les secrets cachés dans cette carte électronique.

Dans un bureau en angle, baigné par la lueur bleutée des écrans et le doux vrombissement des serveurs, se tenait Alban Plumier. Il incarnait à lui seul l'épicentre de l'opération en cours, un chef d'orchestre immergé dans un océan de données. Entouré de panneaux de contrôle, de câbles entremêlés et de montagnes de matériel high-tech, il était parfaitement à l'aise dans cet environnement numérique.

Chacun des 20 informaticiens était là pour des raisons bien précises : pour leurs compétences, leurs expériences et leur passion pour les mystères de l'informatique. Ils étaient détecteurs de l'accréditation Top Secret du ministère de la Défense. Ils étaient engagés entièrement pour la sécurité nationale et leur pays.

Au cœur de cette réunion de talents se trouvait donc Alban, le guide et le stratège. Ce polytechnicien brillant et titulaire d'un doctorat en algorithmes décisionnels ne faisait pas ses 40 ans. Il avait commencé sa carrière dans l'armée. Sa réputation de cerveau extrêmement bien architecturé avait franchi les murs des casernes et lui avait valu d'être remarqué au plus haut niveau. Ce n'était pas seulement son intelligence qui avait fait de lui un chef d'équipe exceptionnel, mais aussi son intégrité et son dévouement sans faille pour chaque mission qui lui était confiée.

Alban était, marié et bientôt père d'un deuxième enfant. Sa petite fille de 5 ans et l'enfant à venir étaient les piliers de sa vie, des sources de sa motivation. Son rôle exact ignoré et plein de mystère pour ses proches, car il disait qu'il travaillait pour le ministère de la Défense, en minimisant volontairement son rôle.

Le regard d'Alban se détacha des écrans, sa concentration momentanément rompue par la voix de Gaëtan Muller. Il releva les yeux et se tourna vers la porte vitrée où se tenait son second.

— Alban, s'il te plaît, viens voir cela, demanda Gaëtan d'un ton sérieux, faisant écho aux soucis que les écrans avaient révélés.

L'instant d'après, ils se trouvaient face à trois écrans, chacun d'eux mettant en avant une interface, affichant des données en constante évolution.

Un homme et une femme, devant leurs écrans, étaient absorbés par leur travail. Leurs expressions témoignaient de l'importance de ce qu'ils venaient de découvrir. Gaëtan et Alban les rejoignirent, les regards convergèrent vers toutes les informations affichées.

— Ce qui apparaît sur ces écrans confirme les informations qu'on nous a remises dans le dossier CI 75ONE, commença Gaëtan. Les yeux d'Alban continuaient à analyser les données, les lignes de code s'étiraient comme un labyrinthe numérique. Tout en écoutant Gaëtan, son esprit faisait déjà des connexions entre les informations qu'il recevait.

— Sur ces écrans n'apparaissent que des informations à propos de P1[14]. Nous avons bien l'ADN, la CB et pas mal d'informations sur les personnes et aussi le code nucléaire, expliqua Gaëtan, retenant les éléments.

L'analyse avait permis de dévoiler un algorithme relativement simple, il avait été utilisé pour coder les données. Un al-

14. Code pour nommer le président

gorithme que les serveurs du SNPS avaient décrypté, mettant à jour une partie des informations sensibles.

Guidé par Gaëtan, Alban se dirigea vers d'autres écrans où l'analyse des données était en cours. Gaëtan poursuivit ses explications, détaillant la masse impressionnante d'informations qu'ils étaient en train de traiter.

— Ici ce sont l'ensemble des données qui sont analysées. Je ne peux pas te préciser la masse d'informations, elle serait dans la fourchette de cinq à dix millions de téraoctets. Tous nos serveurs de la salle blanche Général Hoche se concentrent sur ces données, continua Gaëtan, accentuant encore l'ampleur du défi.

— Quand penses-tu que nous pourrons avoir une vision plus claire de toutes ces données ? lui demanda Alban, exprimant aussi sa volonté d'obtenir des résultats rapidement.

— D'ici 3 à 5 jours, répondit Gaëtan, confirmant le délai nécessaire pour traiter et analyser la masse colossale d'informations.

Après cette brève discussion, Alban laissa son adjoint continuer à superviser le travail. Il se dirigea vers les différentes postes où les membres de l'équipe étaient concentrés sur leurs tâches. Par des mots d'encouragement, il leur exprima son soutien. Chaque duo ou trio avait une mission spécifique. Tout en circulant dans la salle, Alban ne pouvait s'empêcher de penser à la visite du ministre de la Défense, ce soir à vingt-deux heures. Il se souvenait des mots du ministre, invoquant une échéance serrée pour des résultats concrets. Il se demandait comment expliquerait-il la difficulté de la tâche, l'immensité des données à analyser et les limites du temps.

Pendant ce temps, les chaînes de télévision avaient pris le relais, mettant en place des émissions spéciales et des flashes d'information pour couvrir l'événement. Les présentateurs annonçant les nouvelles avec gravité.

— Nous venons d'apprendre l'arrestation de Jean de la Motte, P.-D.G. de Xonios, pour fausses factures dans une filiale à l'étranger, a lu le journaliste devant le prompteur.

Il lança le reportage qui reprenait la vidéo de l'arrestation de deux personnes sortant du siège social de Xonios.

Sa collègue assise à côté de lui prit le relais :

— Dès que nous avons plus d'informations, nous les partagerons.

Les mots étaient brefs mais porteurs d'un sens accablant, promettant aux téléspectateurs un déroulement en continu de l'affaire.

Les journaux télévisés de vingt heures ont continué de rapporter les derniers développements de l'affaire.

Les réseaux sociaux ont également joué un rôle majeur dans l'amplification de la médiatisation. Les discussions en ligne ont été alimentées par les vidéos, les articles et les commentaires, créant un flot d'opinions et de spéculations.

Parmi les images qui circulaient, un dessin humoristique montrant deux dirigeants, dont l'un fumait un gros cigare, menottés et accompagné de la légende : « Pris la main dans le pot, » a été largement partagé, incitant à la satire.

Pour Jean de la Motte et Laurent Léchine, cette journée s'était révélée être un véritable tourbillon d'émotions et de confusion. Conduits séparément devant le procureur, ils étaient plongés dans le stress, l'incertitude et l'angoisse.

Dès leur arrestation matinale, leurs vies avaient basculé dans une spirale qui les avait laissés désemparés. Les menottes aux poignets, ils avaient été escortés par des policiers, sous les regards curieux et accusateurs du public. La scène s'était répétée pour chacun d'eux, isolés dans leurs pensées et submergés par le poids de ce qui venait de se passer.

À peine avaient-ils eu le temps de comprendre la situation que les interrogatoires avaient commencé. Les questions, les accusations, les pressions psychologiques s'étaient abattues sur eux comme une avalanche. Leurs émotions avaient oscillé entre la peur, la colère, l'incompréhension et le désespoir. Chaque réponse, chaque mot prononcé prenait une importance démesurée, pouvant sceller leur sort.

Séparés, ils n'avaient pu se consulter ni même se croiser. Chacun avait été plongé dans un isolement oppressant, toujours confronté à ses propres pensées et à la réalité brutale de la situation. Les heures s'étaient étirées, le temps paraissait suspendu, et les doutes ne faisaient que croître. Les souvenirs des actions passées, des choix effectués et de leurs conséquences les hantaient.

Toute la journée, ils avaient été ballottés d'un bureau à l'autre, d'une discussion à une autre, essayant de trouver des réponses à leurs propres questions en tentant de prévoir la suite des événements. L'incertitude de leur avenir, la possibilité de sanctions sévères et la perte de leur réputation les avaient plongés dans une tempête émotionnelle.

À la fin de la journée, ils avaient été envoyés dans leurs cellules de garde à vue, leurs pensées tourbillonnantes, laissant derrière eux une journée d'émotions. Ils étaient épuisés, mentalement et physiquement, et ils ne savaient pas encore quel serait le dénouement de cette affaire ayant bouleversé leur existence en si peu de temps.

À 22h54, le téléphone du président sonna dans son bureau, une pièce feutrée et élégamment aménagée dans ses appartements personnels. La voix du ministre de l'Intérieur résonna dans le combiné.

— Oui, répondit le président, calmement.

— Monsieur le président, je tenais à vous tenir au courant de l'avancée de l'enquête, commença le ministre de l'Intérieur, qui se trouvait en déplacement dans sa voiture.

Le président écouta attentivement, se penchant sur son bureau.

— L'équipe du colonel Alban Plumier avance rapidement sur les données. Celles vous concernant sont confirmées.

Le président retint sa respiration pendant un instant captant l'information.

— Et celles vous concernant ? s'enquit-il, curieux de connaître l'étendue de la situation.

Le ministre de l'Intérieur répondit :

— Également.

Le président se posa la main sur les yeux, laissant l'information pénétrer son esprit. Il savait que la situation était critique.

Le ministre continua :

— À cette heure, nous sommes encore en train d'analyser les données. J'espère pouvoir vous fournir des informations plus détaillées et certaines d'ici demain soir.

Le président hocha légèrement la tête, même s'il savait que l'attente serait longue. Sa réponse, un simple « J'espère également », était empreinte d'un sentiment d'urgence et d'importance. C'était plus qu'un simple souhait ; c'était un rappel que la situation exigeait une action rapide et une résolution efficace.

Après un bref échange de remerciements et d'encouragements, ils raccrochèrent.

38

Aurélien l'Orgevil détestait ces parloirs aux murs blancs et aux meubles impersonnels, où il pouvait s'entretenir avec ses clients. Celui dans lequel il se retrouva ce matin-là n'était pas différent des autres.

Il poussa la porte et pénétra dans le parloir ressentant cette familiarité désagréable qui lui rappelait à quel point cet endroit était singulier. Le bruit de ses pas sur le carrelage ne faisait qu'ajouter un sentiment d'irréalité, la lumière blafarde du plafonnier accentuait l'atmosphère clinique de la pièce.

Jean de La Motte était déjà là, assis, son visage reflétant une certaine anxiété et de l'épuisement. Aurélien fut frappé par cette apparence. Ils s'étaient vus durant une demi-heure à peine hier. Aujourd'hui, en entrant dans la pièce, la première pensée qui lui traversa l'esprit fut :

Il a vieilli de dix ans en une nuit.

Jean avait les traits tirés comme s'il avait vécu une épreuve hors d'âge. Les cernes témoignaient d'une nuit agitée, voire d'une insomnie.

Aurélien s'assit. Après une courte inspiration, tout en essayant de repousser ce sentiment de décalage, Aurélien prit la parole.

— Bonjour, Jean.

Jean prit lui aussi quelques instants pour répondre, le regard croisant celui d'Aurélien.

— Bonjour, Aurélien.

Le silence s'installa brièvement dans la pièce, tandis qu'ils échangeaient un regard empli d'émotions, de souvenirs et de compréhension mutuelle.

— Dis-moi que c'est un cauchemar, Aurélien, ajouta Jean, las. Il avait du mal à accepter la réalité.

Aurélien ressentit de la tristesse en entendant les paroles de Jean. Il connaissait cet homme depuis longtemps, ils avaient partagé des moments de joie et de réussite, mais aussi des moments de doutes et de difficultés. Il reconnaissait la force de caractère de Jean et sa détermination.

Ils avaient toujours eu une relation particulière, basée sur la confiance et l'échange. Ils avaient partagé des secrets, des projets et des rêves. Souvent, Aurélien avait été le confident de Jean, entendant ses préoccupations et l'aidant à prendre des décisions importantes.

Aurélien répondit d'une voix douce :

— Malheureusement, non, exprimant de l'empathie. — Je comprends que cela soit difficile à accepter. Mais nous allons traverser cette épreuve ensemble.

Jean prit la parole :

— Je n'ai rien fait. Je n'ai jamais eu de compte aux Îles Caïman. Je ne comprends rien à cette affaire.

Il était résolu, sa voix dépourvue de colère malgré la gravité de la situation. Il affichait une fermeté calme, une attitude qui contrastait avec son apparence physique. Aurélien admirait cette force de caractère, cette capacité à maintenir la tête haute dans les moments les plus sombres.

Aurélien sortit le dossier de sa sacoche. Le titre apparaissait en gros caractères : « Xonios contre Ministère Public ». Il le posa sur la table, les pages légèrement ouvertes laissaient entrevoir les documents et les preuves minutieusement rassemblés.

— Bon, examinons les faits, et surtout, dis-moi tout, déclara-t-il d'une voix calme et motivée. En un instant, il avait laissé son rôle d'ami pour endosser celui d'avocat, prêt à le défendre avec toute sa compétence.

Jean, tendu et résolu, se redressa sur sa chaise. Il observa le dossier puis croisa le regard d'Aurélien.

— Je ne sais même pas par où commencer, admit Jean, plein d'émotions.

Aurélien hocha la tête.

— Prends ton temps, Jean. Nous allons passer en revue chaque élément, chaque détail. Rien n'est insignifiant.

Ils parcoururent tous deux les pages du dossier, débattant des témoignages, des preuves matérielles et des éléments clés de l'affaire. Aurélien posait des questions précises, écoutant les réponses de Jean, tout en prenant des notes rapides.

— Comment expliques-tu cette ouverture de compte aux Îles Caïman sous ton nom ? demanda Aurélien, pointant du doigt un document précis.

Jean soupira, passant la main dans ses cheveux.

— Je n'ai jamais ouvert de compte là-bas, Aurélien. Je n'ai aucune idée de ce qui a pu arriver.

Aurélien le fixa intensément, cherchant dans les yeux une vérité qu'il connaissait depuis des années.

— Je te crois, Jean. Mais nous devons trouver des preuves solides pour le prouver.

Jean acquiesça.

— Je ferai tout ce qui est en mon pouvoir pour aider à démêler cette situation. Je ne laisserai pas cette affaire ruiner ma réputation.

Aurélien lui adressa un sourire encourageant.

— Nous sommes ensemble dans ce combat, Jean. Et nous allons le gagner.

L'esprit d'Aurélien s'échappait de temps à autre vers d'autres préoccupations. Alors qu'il écoutait Jean lui expliquer chaque élément, un voile de perplexité obscurcissait son regard. Chaque détail ajoutait une nouvelle couche de difficultés à l'affaire.

Quelque chose dans la logique d'ensemble lui échappait, il détestait se sentir désorienté dans une situation qu'il cherchait à maîtriser. L'une de ses préoccupations principales résidait dans le fait qu'il n'ait pas eu connaissance de l'existence de ces comptes aux Iles Caïman, étant l'avocat attitré de Xonios.

Il essayait toutefois de rester concentré sur les détails que Jean lui exposait, posant des questions pertinentes. Son esprit tournait en second plan, cherchant des réponses à ces questions gênantes qui persistaient.

Il se penchait sur les documents, mâchoire légèrement crispée et sourcils froncés, signes visibles de sa concentration et de son irritation face à ce mystère.

Ce matin-là, alors qu'il se rendait à l'entretien avec Jean, il se fit une réflexion : il pensait être en retard d'une étape importante à cet instant même. Quelque chose lui avait échappé, mais quoi ? Une sensation qu'il n'arrivait pas à comprendre.

Les mains fermement posées sur le volant, ses yeux rivés à la route, son esprit tentait désespérément de reconstituer chaque détail de l'affaire. Il revisualisait mentalement chaque étape, chaque indice, chaque interaction avec les protagonistes. Il avait la certitude d'avoir négligé quelque chose d'important, quelque chose pouvant faire la différence dans cette avancée primordiale pour l'Homme.

Parmi ses pensées, une s'imposa : l'autopsie du corps de Pablo Miranda et la découverte de la carte intégrée. Cette piste, il l'avait soigneusement orchestrée, en tant que conseiller de Jean. Il avait voulu fournir aux enquêteurs la direction à suivre, mais était-ce vraiment la bonne ?

Les réflexions se succédaient dans son esprit alors qu'il roulait dans les rues de Paris et passait sur le périphérique. Il pensait à nouveau aux détails de l'autopsie et à la récupération de la carte intégrée. Il comprenait que les enquêteurs aient gardé cette information confidentielle.

Il était impossible d'exploiter cette carte puisque l'intelligence humaine avait déserté le corps de Pablo Miranda et avait entraîné, tel que cela avait été programmé, l'effacement des données et la destruction des microprocesseurs.

Un sourire en coin, il se prenait à imaginer la complexité de ses propres actions. Il avait anticipé chaque étape, chaque éventualité, y compris un potentiel échec de certaines étapes.

Une pensée mélancolique le traversa : avec son intelligence, il demeurait tout simplement un homme. À cet instant, il était convaincu que l'intelligence humaine était bien supérieure à l'intelligence artificielle, elle ne faisait qu'exécuter et n'était pas capable de créer quoi que ce soit.

Aurélien avait mené l'entretien avec Jean. Les paroles de Jean avaient à peine effleuré son attention, captivé par ses propres pensées et préoccupations.

Une phrase de Jean le ramena brusquement à la réalité.

— Quelqu'un m'a trahi, lui avait dit Jean, un mélange de résignation et d'amertume dans la voix.

Aurélien croisa le regard de Jean. Le visage fatigué du P.-D.G. traduisait un mélange de détermination et de frustration. Soudain, il se demanda si ses pensées pouvaient être interprétées avec tant d'indifférence.

— Je comprends ce que tu ressens, Jean, répondit-il en choisissant ses mots avec soin.

— Mais il te faut garder à l'esprit que les circonstances sont compliquées. Nous devons examiner tous les angles et toutes les possibilités avant de passer aux conclusions.

Jean posa la main sur celle d'Aurélien en le regardant fixement, dit :

— Malheureusement, je crains bien de savoir qui, reprit Jean en respirant posément afin de maîtriser l'effet qu'il voulait avoir sur Aurélien :

— C'est Laurent Lechine ! Mon directeur financier, celui en qui j'ai une confiance aveugle. Je l'ai toujours considéré comme un ami proche. Tout pointe dans sa direction.

Aurélien sentit un frisson le parcourir. L'accusation de Jean était inattendue. Il avait travaillé aux côtés de Laurent Lechine pendant des années, et il connaissait l'étroite relation professionnelle et personnelle entre eux.

Il regarda Jean dans les yeux, cherchant la moindre trace d'ambiguïté. Ses yeux fatigués mais déterminés ne trahissaient aucune hésitation.

— Aurélien, je comprends que cela soit difficile à croire, mais les preuves sont là. Les données, les événements et les témoignages, tout converge vers lui. Je ne voulais pas le croire non plus, mais il nous faut faire face à la réalité.

— Jean, je vais faire tout ce qui est en mon pouvoir pour démêler cette situation. Pour toi, pour Xonios et pour tout ce que nous avons bâti, déclara-t-il.

Jean acquiesça lentement, tout en reconnaissant l'engagement sincère d'Aurélien. La main d'Aurélien serra doucement sa prise sur celle de Jean, en geste de solidarité et de soutien.

— Comment penses-tu pouvoir le confondre ? demanda Aurélien, son esprit déjà en train de formuler des plans pour démêler cette situation complexe.

En fixant le regard d'Aurélien, Jean se détendit.

39

En entendant son téléphone sonné, le ministre de l'Intérieur interrompit sa toilette. Un appel du directeur de la sécurité intérieure à cette heure-ci annonçait généralement une urgence. L'homme avait fait un rapide examen de son visage à demi rasé dans le miroir, le reste était recouvert de mousse à raser. Il s'était emparé de son téléphone tout en gardant un œil de sa propre image dans la glace.

— Oui, Florent, avait-il répondu, la voix empreinte d'une anticipation mêlée d'appréhension.

Le directeur de la sécurité intérieure, Florent Kalérani, avait commencé son exposé sans perdre de temps.

— Bonjour, Monsieur le ministre. Nous avons du nouveau concernant les données de la CI 75ONE, avait-il annoncé d'emblée, captant l'attention du ministre.

Loin de perdre son rythme, il avait continué à exposer les développements récents de l'enquête, sans attendre que le ministre lui pose de questions.

— La carte commence à parler. Cette nuit, notre équipe a bien avancé en trouvant deux informations capitales, avait-il expliqué.

— Premièrement, des faisceaux d'indices nous ont permis d'envisager que les algorithmes soient d'origine française. Je te fais grâce des détails techniques que je possède. Toute culture qu'elle soit américaine, asiatique, africaine et j'en passe, a une manière de coder. Évidemment l'Europe n'échappe pas à cette logique. La France encore moins. Ne me demande pas comment la propre IA du ministère détecte cela. Nos ingénieurs ont la certitude à 99% que, si j'ose m'exprimer ainsi étant donné l'affaire sur laquelle portent les analyses, la conception de cette intelligence artificielle est française.

Le ministre écouta attentivement chaque mot. Il comprenait l'importance de chaque détail. Il garda son calme face à l'annonce de cette révélation majeure.

— Deuxièmement, nos ingénieurs progressent rapidement sur le deuxième point, un certain nombre d'encodages fait apparaître des similitudes. Je te lis la note que j'ai devant les yeux :

« ...Nous laissent penser qu'une ou des identités puissent être révélées, avec une probabilité de succès de 60%. » continua Florent, en fournissant un autre élément de l'enquête.

Le ministre avait écouté attentivement, son regard alternant entre le téléphone et le miroir.

Lorsque Florent avait évoqué la probabilité que les algorithmes soient d'origine française, le ministre était resté imperturbable. Il n'était pas rare que les affaires complexes aient des ramifications nationales inattendues.

Montrant une certaine humilité, Florent poursuivit :

— Honnêtement, mes compétences techniques ne me permettent pas de tout comprendre notamment des avancées que m'a communiquées le colonel Alban Plumier.

— Selon lui, l'ensemble des données exploitables de la CI 75ONE seront analysées sous un délai de quarante-huit heures.

— Ce sont de belles avancées. Je passerai en fin de journée dans la salle d'analyse à Levallois pour remercier le colonel et son équipe et te voir, répondit le ministre.

Le directeur de la sécurité nationale acquiesça alors que le ministre poursuivait :

— Je reviens sur ton deuxième point, à savoir la possibilité d'identifier des noms. Est-ce que cela signifie que nous pourrions avoir des patronymes comme nous, les humains, les utilisons et ainsi connaître les salopards qui sont derrière cette machination ? demanda-t-il, avec une pointe d'exaspération envers ceux qui étaient responsables.

— Oui, répondit Florent Kalérani.

— Mais je te rappelle que nos ingénieurs sont encore en train de travailler et que la probabilité de réussir n'est que de 60%, ce qui laisse une part d'échec très importante.

Florent marqua une pause, se préparant à une autre révélation majeure.

— De plus, nous avons déjà eu une part de chance dans cette affaire. Nos ingénieurs ayant détecté une phase d'autodestruction des données, et là je cite : « Dès que le processus de mort cérébrale du possesseur de cette carte est enclenché par elle-même ».

Les mots frappèrent le ministre comme un coup de tonnerre. Son rythme cardiaque s'accéléra brusquement, et il sentit une montée d'adrénaline.

— Tu peux répéter ! s'exclama-t-il, la voix étranglée par l'incrédulité.

— Dès que le processus de mort cérébrale du possesseur de cette carte est enclenché, répéta Florent, conscient de l'impact profond que ces mots avaient.

Les deux hommes comprenaient, à travers cette phrase, que l'IA pouvait être programmée pour donner la mort ; ce qui constituait une révélation dans cette enquête.

— Toute cette partie que l'équipe d'analystes désigne létale est une série, comme tu t'en doutes, d'algorithmes incompréhensibles pour le commun des mortels. Le colonel a été franc lorsque je l'ai appelé. C'est l'IA du ministère qui dialogue directement avec l'IA de la CI 75ONE. Le colonel m'a fait remarquer d'ailleurs qu'en ce moment, c'est une sorte de partie d'échecs entre les deux IA, à jeu égal, à armes égales, reprit Florent.

— Tu viens de me dire qu'une carte intégrée dans un corps humain peut être une arme mortelle ? interrogea le ministre en pesant chaque mot.

— Oui, et plus précisément là encore, en reprenant les mots du colonel, « l'usage de la carte ». Un peu comme une arme qui ne tue pas en tant qu'objet, mais c'est l'usage par la main de l'homme de cette arme avec une intention précise qui déclenche l'action létale, expliqua Florent.

— Oui, ne philosophons pas ! s'exclama le ministre, tentant de maintenir un ton léger malgré le sérieux de leur conversation.

Les deux hommes restèrent silencieux, laissant la portée de ces informations s'introduire dans leur cerveau.

La réalité de la technologie qui était en jeu dépassait de loin ce qu'ils avaient pu imaginer. Le ministre réalisa qu'ils étaient confrontés à une menace nouvelle, une menace qui mélangeait intelligence artificielle et potentiellement une manipulation de l'être humain avec un objectif meurtrier.

— Florent, as-tu d'autres éléments à me donner ? reprit le ministre d'un ton interrogateur.

— Non, répondit Florent, marquant une courte pause, puis il ajouta :

— Pour le moment.

— Bon, tu m'appelles dès que tu as du nouveau, trancha le ministre, impatient face à la situation.

Avant de raccrocher, il insista :

— Tu remercies toute l'équipe du colonel, omettant le « de ma part », le directeur de la sécurité nationale l'interpréta de la sorte.

Il mit fin à la communication et observa son propre reflet dans le miroir de la salle de bains. La journée avait débuté par des informations cruciales pour l'avancée de l'enquête, mais également des informations déconcertantes et dérangeantes pour la rationalité humaine.

Il esquissa un sourire en pensant à l'ironie de la situation. L'histoire ne retiendrait pas que cette communication, qui pouvait marquer une nouvelle méthode dans la façon dont l'État aborderait la sécurité face à des menaces internes et externes, avait eu lieu alors qu'il était en train de se raser dans la salle de bains.

Quelques heures plus tard, le président entra dans la salle du conseil des ministres, le visage grave, en dépit de son habitude à dissimuler ses préoccupations derrière une façade impassible. Il avait déjà été informé des derniers développements par le ministre de l'Intérieur.

Son regard balaya le salon Murat, il salua chacun des membres du gouvernement présents. Son ton était sérieux et sa voix portait une nuance de préoccupation lorsqu'il dit d'une manière solennelle :

— Madame la première ministre, Mesdames et Messieurs les ministres, je donne la parole à Monsieur le garde des Sceaux.

Le garde des Sceaux prit une longue inspiration, son regard parcourant la table du conseil des ministres. Il se sentait investi de la lourde tâche de présenter les aspects judiciaires de l'affaire Xonios à un auditoire composé de personnalités influentes. La première ministre et le ministre de l'Intérieur étaient déjà au courant des détails importants mais il lui incombait de délivrer un discours qui mettrait en lumière la dimension judiciaire de cette crise.

— Monsieur le président, Madame la première ministre, chers collègues, commença-t-il de sa voix grandiloquente.

— Je tiens à vous délivrer un aperçu des derniers développements judiciaires concernant l'affaire Xonios qui préoccupe les Français depuis quelques jours.

Le garde des Sceaux exposa les faits tels qu'ils étaient connus à ce stade, décrivant les accusations de fausses factures, de détournements de fonds et d'autres délits financiers qui pesaient sur les dirigeants de Xonios. Il aborda également les preuves accumulées par les enquêteurs et les procédures judiciaires qui allaient suivre.

— L'arrestation de Jean de La Motte, qui est connu de certains d'entre nous, souligne la portée de cette affaire et son impact potentiel sur différents secteurs de notre société, déclara-t-il. Il insistait ainsi sur l'importance des actions entreprises par les autorités judiciaires pour garantir la transparence et l'intégrité du processus.

Le ministre évita soigneusement de mentionner les informations relatives aux données de la carte intégrée, conscient que ces éléments devaient rester confidentiels pour le moment. Sa priorité était de présenter un aperçu clair et concis des développements judiciaires sans susciter de panique ni de spéculations inutiles au sein du gouvernement.

Le garde des Sceaux termina son intervention non sans redire l'engagement du système judiciaire à mener une enquête approfondie, équitable et transparente.

— Nous continuerons à coopérer étroitement avec les autorités compétentes pour faire toute la lumière sur cette affaire et garantir que la justice soit rendue dans l'intérêt de notre pays.

Le ministre de l'Intérieur avait écouté attentivement les informations. Le poste de ministre de l'Intérieur avait des implications bien plus importantes que celui du garde des Sceaux, se fit-il la remarque. Avant même qu'il ne puisse dissimuler cette réflexion, le regard du président se posa directement sur lui, comme s'il avait pu lire ses pensées.

Cette sensation étrange le fit se raidir sur son siège. Les yeux du président pénétraient son esprit.

Cet échange visuel ne dura que cinq longues secondes. Dans ce regard, le ministre perçut un mélange subtil de réprimande et de détermination. Il se demanda si ses pensées avaient été trop évidentes, ou si le président avait simplement l'habitude de décrypter les émotions et les intentions de tout un chacun. Il se dit intérieurement :

— Mais comment peut-il savoir ce que je pense ?

Se reprenant, le ministre de l'Intérieur se reconcentra sur la suite du conseil des ministres.

40

Aurélien l'Orgevil se réveilla en pleine forme, l'atmosphère était imprégnée d'une énergie positive. Les rayons du soleil traversaient les rideaux, éclairant la chambre. La journée s'annonçait prometteuse, il voulait la vivre pleinement.

Après une douche revigorante, Aurélien s'habilla, choisissant avec soin son costume. Il avait des dossiers à relire, une audience à préparer pour la quatrième chambre et, bien sûr, l'affaire Xonios qui l'occupait principalement. Il ne put s'empêcher de sourire en pensant à la rémunération importante qu'il recevrait pour ses conseils sur ce dossier.

— Rien de tel qu'une bonne journée bien remplie, se dit-il en parcourant son emploi du temps.

Ce qui suscitait particulièrement son enthousiasme était l'échange prévu avec Marc Primevort. Marc ayant bien accepté la carte intégrée était une nouvelle encourageante. Le psychiatre lui avait confirmé que les progrès psychiques de Marc allaient dans la bonne direction.

Aurélien avait hâte de parler avec Marc, d'entendre comment il vivait cette transformation et de recueillir ses impressions. Cette connexion avec Marc était à la fois de sa responsabilité professionnelle et de créer un lien humain qui le touchait.

Au volant de sa Jaguar XJ6 III 2.7D Bi-turbo, Aurélien était serein. L'intérieur de la voiture était un cocon d'élégance et de confort, une oasis de calme dans la tourmente quotidienne. Il était confortablement installé dans le siège en cuir, il se délectait de la musique classique provenant des enceintes.

La musique classique n'étant pas son genre de prédilection, il avait découvert une mélodieuse symphonie, qui avait le pouvoir de détendre. Les notes douces et les crescendos apaisants créaient une bulle temporelle, l'isolant du stress et des tracas de la journée. Les violons, les pianos et les cors s'harmonisaient avec son propre rythme intérieur.

Le moteur bi-turbo ronronnait doucement, tranquillement accompagnant cette mélodie d'un accord mécanique. Aurélien laissa ses doigts se perdre dans les courbes du volant, tout en laissant son esprit divaguer sans contrainte. Les rues de Paris défilaient, il était étranger à l'agitation extérieure.

À son bureau, Aurélien commença sa journée en passant en revue les premiers dossiers de sa liste. Son esprit ne tarda pas à être attiré par le dossier Xonios, qui occupait déjà ses pensées depuis pas mal de temps. Cette journée semblait idyllique, il y avait néanmoins ce grain de sable perturbant : les comptes aux Îles Caïman. Cette face de l'affaire lui avait échappé. Les preuves étaient désormais incontestables : les numéros de comptes, les relevés bancaires et les transactions entre les différentes filiales de Xonios vers ces comptes offshore étaient connus.

Les éléments pointaient une implication profonde et complexe des dirigeants de Xonios, Aurélien repéra un détail troublant. Son client, Jean de La Motte, n'avait pas encore puisé dans ces comptes pour alimenter son compte personnel. Cela constituait une énigme supplémentaire.

Un sentiment d'auto-réprimande l'envahit. En tant qu'avocat, sa mission était de prévoir tous les angles possibles, de creuser chaque facette des différentes affaires. Cette négligence le frustrait profondément. Il poursuivait l'examen minutieux des preuves, se faisant la promesse d'être plus vigilant à l'avenir. Il serait plus méfiant, plus méticuleux dans l'exploration des détails, ne laissant aucune pierre non retournée.

Il se dit :

— En prison, Jean de La Motte n'est plus une menace pour moi.

Cette pensée lui apporta un léger soulagement.

Aurélien se perdit un instant dans ses pensées alors qu'il envisageait le cas du directeur financier, Laurent Lechine. Aurélien ne pouvait s'empêcher de reconnaître que Laurent avait lui aussi manqué de vigilance, ne décelant pas à temps les fausses factures. C'était une déception pour Aurélien, car il avait toujours eu une haute estime de la compétence de Laurent.

Aurélien chassa rapidement ses pensées pour revenir au moment présent.

Toutefois, la journée s'écoula comme il l'avait prévu. Son passage au palais de justice fut relativement court, le juge ayant étonnamment respecté l'horaire, ce qui lui laissa le temps d'aller déjeuner dans son restaurant chinois préféré à Neuilly-sur-Seine, en route vers Nanterre.

Puis il se rendit à son rendez-vous avec Jean de La Motte. Ce dernier l'attendait déjà dans la salle de consultation. Aurélien entra en souriant et s'assit en face de Jean.

— Bonjour, Jean, commença-t-il,

— Comment te sens-tu aujourd'hui ?

Jean esquissa un léger sourire las.

— Bonjour, Aurélien. Je ne vais pas te mentir, j'ai eu une nuit agitée.

Aurélien ouvrit le dossier et prit une profonde inspiration.

— Très bien, continuons notre travail commencé. Je suis confiant.

Pendant deux heures, Aurélien et Jean plongèrent dans les détails des pièces à conviction.

La rencontre avec Jean achevée Aurélien reprit sa voiture. Un sentiment de soulagement l'envahit alors qu'il regagnait son domicile. Sa journée accomplie, il estimait avoir rempli son rôle avec succès. Cependant, il était conscient que sa vie prenait une tournure de plus en plus singulière.

Il se voyait comme le bâtisseur d'un futur où l'intelligence artificielle et l'humanité se rejoindraient, son nom serait gravé dans l'Histoire pour avoir contribué à ce bond en avant. L'interprète moderne de la phrase désormais universelle :

C'est un petit pas pour l'homme. C'est un bond de géant pour l'humanité.

Une sensation de responsabilité et d'opportunité mêlées s'était emparée de lui, il savourait l'idée d'être au cœur de ce bouleversement virtuel.

Aurélien sentit la fatigue de la journée s'installer. Il se réfugia dans son espace personnel, prenant un moment pour lui.

À quelques kilomètres du domicile de l'avocat, dans la salle réservée à l'analyse des données de la CI 75ONE, l'atmosphère s'était brusquement chargée d'orage. Gaëtan Muller, le second dans l'ordre hiérarchique, pénétra dans le bureau d'Alban Plumier, une feuille à la main.

— Alban, nous avons un indice de plus, annonça-t-il d'emblée, sa voix empreinte d'une urgence contenue.

Dans le contexte du ministère de la Défense, la découverte d'un indice était loin d'être anodine. Dans un environnement où chaque élément était étroitement lié aux protocoles établis, le moindre écart pouvait signaler une brèche à exploiter, une anomalie. Et qui dit écart, dit que celui-ci pouvait conduire à des découvertes menant à la résolution d'une enquête. Aussi toute anomalie était alors scrupuleusement examinée, en quête de liens avec des affaires en cours. Parfois, une anomalie pour une enquête donnée fournissait des indices déterminants pour une autre, voire plusieurs, mais c'était plus rare. Chaque donnée, chaque détail ayant le potentiel de faire progresser l'enquête ou de la faire basculer dans une direction inattendue. Les experts travaillaient en équipe pour connecter les points, relier les informations et démêler le fil complexe de la vérité.

Alban leva les yeux de ses écrans, regarda son adjoint et sentit son cœur battre un peu plus fort. Il se concentra sur les paroles de Gaëtan. À travers la baie vitrée de son bureau, Alban voyait les écrans clignotants aux murmures des ordinateurs se focaliser sur des masses de données à cet instant précis.

— En recoupant toutes les données, nous avons constaté qu'un numéro de sécurité sociale revenait deux fois alors que tous les autres numéros ne sont affichés qu'une fois, commença Gaëtan.

— Le numéro et l'identité de son possesseur sont sur cette feuille, ajouta Gaëtan en posant le papier sur le bureau d'Alban.

Alban observa attentivement les chiffres : quelle signification cachée pouvaient-ils révéler ?

Les esprits des deux hommes tourbillonnaient en hypothèses et en spéculations. Alban se pencha, tout en gardant un œil sur Gaëtan.

— D'après les informations que nous avons, y a-t-il une explication plausible à ce double usage du numéro de sécurité sociale d'Aurélien l'Orgevil ? demanda Alban.

— Comment cela pourrait-il être lié à l'affaire Xonios ?

— Aurélien l'Orgevil est l'avocat de la société Xonios, lui répondit Gaëtan.

Gaëtan Muller poursuivait son récit. Chacun des mots qu'il prononçait résonnait en écho dans la tête d'Alban Plumier. La feuille, posée devant eux, pouvait être une clé vers une réalité insoupçonnée.

— Nous nous sommes intéressés de plus près à Aurélien l'Orgevil et nous avons découvert qu'il est actionnaire majoritaire dans une société japonaise de cartes intégrées, expliqua Gaëtan, les yeux fixés sur Alban.

Les informations s'amoncelaient, composant un tableau intrigant de la vie d'Aurélien. Alban écoutait, il analysait chaque mot, chaque implication. Un actionnaire majoritaire d'une société de cartes intégrées... La coïncidence semblait trop frappante pour être ignorée.

Gaëtan continua.

— De plus, son cabinet a deux spécialités : le droit des affaires et depuis deux ans le droit en cybercriminalité.

Les mots portant un poids considérable. Alban inclina légèrement la tête, assimilant l'information. Les spécialités d'Aurélien paraissaient se recouper d'une manière étrange, faisant ressortir une image plus inquiétante de cet avocat.

Les révélations ne s'arrêtèrent pas là. Gaëtan évoqua un événement tragique : le suicide de l'un de ses deux fils, survenu deux ans auparavant. Le lien entre le suicide et les activités de hacking sur des sites gouvernementaux suscita à l'époque une enquête approfondie.

Ils se regardèrent les yeux dans les yeux. Cette découverte pouvait ouvrir un boulevard dans l'enquête, mais ils savaient que la prudence était de mise.

— Continuons à creuser. Si ce numéro est en effet lié à notre affaire, nous devons découvrir pourquoi et comment. Peut-être qu'on tient quelque chose ou pas.

Celui qui pouvait répondre aux questions d'Alban Muller commença à projeter son hologramme, envoyé vers le Japon.

Marc Primevort fut réveillé à deux heures du matin par cette intrusion.

— Bonjour, Marc. On m'a dit que tu allais de mieux en mieux d'heure en heure.

41

Ce matin, dans le vaste bureau de Vincent Marche, l'atmosphère était chargée de stress. Les rayons du soleil traversaient les grandes baies, jetaient une lumière blafarde sur le décor. Vincent avait toujours été un homme pragmatique, bien enraciné dans les réalités du monde des affaires. Aujourd'hui, il semblait troublé.

En entrant dans son bureau, il évita instinctivement de regarder la porte du bureau de Jean de La Motte. Cette porte, jusque-là ouverte et accueillante, était désormais une barrière entre le passé et un futur incertain. Vincent savait qu'il ne pouvait plus se permettre de pénétrer ce sanctuaire professionnel, maintenant plein de controverses et de trahison.

Vincent, en tant que directeur adjoint, se retrouvait dans une position inconfortable, contraint de diriger Xonios dans une période d'incertitude. Les affaires devenaient complexes et l'environnement médiatique de plus en plus tumultueux ne faisait qu'ajouter à la pression. Un conseil d'administration extraordinaire était imminent, un moment qui allait déterminer le futur de l'entreprise.

Vincent s'assit à son bureau, son regard balayait la vue imprenable sur la dalle de La Défense. Son ordinateur recélait des informations, des rapports et des communications en attente. Ses pensées se bousculaient dans son esprit, mélange d'incrédulité à de colère face aux allégations qui pesaient sur les deux hommes avec lesquels il avait travaillé en toute confiance durant des années.

Le scepticisme le faisait douter lorsque des détails de l'accusation avaient été dévoilés publiquement. Comment pouvait-il imaginer que deux individus qu'il côtoyait depuis des années, avec lesquels il avait partagé des moments de joie et de stress, puissent être impliqués dans une telle affaire ? La nouvelle était tombée comme un coup de tonnerre.

Cet état bicéphale avait rapidement cédé le pas à la colère. La colère d'avoir été dupé, celle d'avoir été pris dans un tourbillon de tromperie et de malversations. Vincent était reconnu pour son intégrité et sa droiture, l'idée que sa propre perception ait pu être faussée lui était insupportable.

Il se leva et s'approcha de la fenêtre, scrutant la ville en contrebas. Les responsabilités pesaient lourdement sur ses épaules : faire face aux médias, rassurer les employés, maintenir la confiance des actionnaires. Mais au-delà de tout cela, il avait le sentiment profond qu'il devait rétablir sa propre boussole morale, retrouver la confiance en ses propres jugements.

Il devait rester fidèle à ses valeurs, même dans la tempête.

L'article affiché sur son écran l'écœurait :

« Un scandale financier d'ampleur secoue Xonios : Mort suspecte et comptes offshore révélés

PARIS, 23 septembre 2023

Un scandale financier d'une ampleur inattendue ébranle Xonios, groupe renommé dans le secteur de la technologie. Ces événements ont été déclenchés à la suite de la découverte, au pied du monument de la Défense, du corps du responsable de la trésorerie de la filiale portugaise.

Le mystérieux décès de Monsieur Pablo Miranda, initialement classé comme un suicide, prend désormais une tournure plus complexe à la lumière des développements récents. Les enquêteurs ont mis au jour des éléments suggérant l'existence de fausses factures au sein de la filiale portugaise, ajoutant une dimension criminelle possible à cette affaire.

Le scandale ne s'arrête pas là. L'enquête policière a cité également des informations choquantes à propos des plus hauts dirigeants de Xonios. Selon des sources policières, le P.-D.G. de l'entreprise, Monsieur Jean de La Motte, et son directeur financier, Laurent Lechine, détiendraient chacun des comptes offshore aux Îles Caïmans, une juridiction connue pour son opacité financière.

Ces révélations ont secoué le monde des affaires et de la finance, ternissant la réputation de Xonios. Les actions de l'entreprise ont chuté de manière significative.

Les ramifications de ce scandale financier sont encore floues. Elles soulèvent des questions cruciales quant à l'intégrité des opérations de Xonios et à la gestion des affaires. La mort suspecte de Monsieur Pablo Miranda est désormais liée à cette affaire, laissant entendre qu'elle pourrait être bien plus vaste et subtile qu'initialement.

Alors que l'enquête se poursuit, les regards se tournent vers les autorités compétentes. Les organes de régulation financière pour rétablir la vérité et rendre justice. Les conséquences de ce scandale pourraient atteindre le monde des affaires et la confiance du public envers les entreprises et les institutions financières.

L'affaire Xonios met en lumière les enjeux déterminants de la transparence et de l'éthique dans le monde des entreprises. Elle soulève des interrogations quant à la responsabilité des dirigeants et des organismes de surveillance.

Les investigations se poursuivent, le scandale continue d'attirer l'attention du pays et du monde financier, laissant entrevoir des développements qui pourraient modifier le paysage économique et légal. »

Les comptes offshore, récemment découverts, attribués au P.-D.G. et au directeur financier, semblaient être un élément incontestable du scandale. Vincent commençait à entrevoir une possible machination derrière ces révélations fracassantes.

L'idée que ces comptes offshore pourraient être une vaste supercherie montée de toutes pièces l'obsédait. Était-ce possible qu'une personne ait orchestré cette mise en scène pour discréditer à la fois la société et ses dirigeants ? Les implications étaient étourdissantes et la possibilité d'une manipulation le déstabilisait.

Vincent épluchait les documents, passant en revue chaque détail, cherchant des indices qui pourraient confirmer ou infirmer ses doutes grandissants.

La sonnerie de son téléphone l'extirpa de ses activités. C'était un appel d'Aurélien l'Orgevil. Vincent hésita un instant avant de répondre. Était-ce pour une nouvelle pièce du puzzle ou une simple formalité ?

— Vincent Marche à l'appareil, dit-il en acceptant l'appel.

Vincent n'avait jamais caché son sentiment à l'égard de Maître Aurélien l'Orgevil. Contrairement à son P.-D.G., Jean de La Motte, il n'avait jamais apprécié l'avocat. Dès leur première rencontre, il avait ressenti chez l'Orgevil ce ton hautain, mélange de confiance en soi et d'intelligence affûtée, qui lui déplaisait. Vincent avait du mal à l'accepter.

À chaque interaction avec l'Orgevil, il sentait une pointe d'irritation. Il avait toujours trouvé que l'avocat en savait trop, qu'il avait une connaissance approfondie des rouages de la société au-delà de ce qu'un simple avocat devait posséder. Jean de La Motte, en revanche, avait toujours fait preuve d'une confiance aveugle envers l'Orgevil, lui accordant une place privilégiée dans les décisions stratégiques de l'entreprise.

C'était là un des rares points de friction entre Vincent et son P.-D.G..

Satisfait de la conversation téléphonique qu'il venait d'avoir avec Vincent Marche, Aurélien l'Orgevil décida de s'accorder une courte pause. Il quitta son bureau et se dirigea vers la sortie, décidé à profiter de l'après-midi ensoleillé pour faire une marche dans les rues du quartier. La température de fin septembre était encore étonnamment, douce, témoignant de cet automne atypique que les météorologues avaient prévu. C'était l'été indien.

Tout en marchant, Aurélien observait les rues animées de Paris. Les passants vaquaient à leurs occupations, les enfants s'amusaient dans la cour d'une école. Tout cela créait un fond sonore mêlé de gaîtés et de discussions.

Il laissait ses pensées vagabonder, en se remémorant des souvenirs plus lointains.

Il pensa à sa famille, à l'époque où sa femme et ses deux fils étaient encore réunis, des moments heureux passés ensemble, des espoirs et des rêves qu'ils partageaient. Le suicide de Mathieu, l'un de ses fils avait brisé cet équilibre fragile. La famille avait été déchirée, chacun avait suivi son propre chemin dans ses activités. Les relations avec son fils aîné s'étaient peu à peu distendues, la douleur de la perte avait créé un fossé difficile à combler. Son épouse, naguère pleine de vie, avait sombré dans une dépression profonde, transformant cette femme conquérante en une ombre d'elle-même, hospitalisée à plusieurs reprises.

Aurélien ne pouvait s'empêcher de ressentir de la culpabilité et de la tristesse. Quand il allait rendre visite à sa femme, il percevait la détresse et la souffrance dans ses yeux. Néanmoins, il avait continué à avancer, à se consacrer à sa carrière d'avocat, à bâtir un plan pour mettre en place SON projet, comme une sorte de revanche sur le destin.

Pendant sa promenade, Aurélien chassa toutes ses pensées mélancoliques. Il se recentra sur son objectif, sur cette affaire Xonios qui était en train de prendre une tournure trop importante. Il y avait SON projet avant tout. Il avait planifié chaque étape avec minutie et avait tout orchestré pour atteindre son but. Cette affaire était sa chance de briller, de prouver sa valeur et de prendre sa revanche sur la vie.

Il se sentait sûr de lui, déterminé à gagner et à être reconnu. Même si cela impliquait de sombres machinations et des conséquences inattendues.

À quelques pas derrière Aurélien, une femme et un homme déambulaient dans les rues comme de simples passants. Ils étaient en réalité des agents du ministère de l'Intérieur, engagés dans une filature discrète. Sous cette apparence anodine se cachait une opération rondement coordonnée.

La femme brisa le silence en prononçant les mots de code convenus.

— Delta bravo, objectif en vue.

Elle était en liaison avec la salle de contrôle à Levallois où les agents rivés sur leurs écrans reçurent le message. Les images fournies par les caméras de surveillance s'affichèrent en temps réel.

En réalité les équipes de surveillance suivaient Aurélien l'Orgevil depuis qu'il avait quitté son bureau.

Tout était minutieusement coordonné, chaque agent endossait un rôle précis. À la vue des informations ainsi transmises, l'équipe de contrôle devait prendre les décisions nécessaires pour que la filature reste discrète tout en surveillant Aurélien de près.

Ainsi, dans les rues de Paris, la filature se déroulait en silence, chaque geste de l'homme suspect était observé, analysé et suivi à la lettre par les agents du ministère de l'Intérieur.

Au même moment, deux silhouettes vêtues de blouson estampillé d'un célèbre logo rentraient dans la cour où résidait Aurélien l'Orgevil.

Le premier agent, un homme grand et athlétique, manipulait avec habileté une petite boîte noire. C'était un expert en contournement des systèmes de sécurité. Grâce à ses compétences, tous les capteurs, les caméras et les détecteurs de mouvement étaient impuissants.

La seconde silhouette était plus discrète, une femme aux gestes mesurés et aux réflexes vifs. Dans ses mains gantées, elle tenait, elle aussi, un petit appareil électronique, relié à une oreillette.

Ils se rapprochèrent du domicile, leur coordination paraissait instinctive. Le premier agent s'accroupit devant le panneau de contrôle du système de sécurité, commençant agir avec une dextérité étonnante.

Dans un mouvement sec, l'homme désactiva les systèmes de sécurité, laissant le chemin libre à sa collègue. La femme se dirigea vers le bureau d'Aurélien, un endroit où des secrets étaient probablement dissimulés. Elle activa un dispositif de brouillage des signaux de caméra et s'attaqua aux verrous électroniques du bureau.

À l'intérieur, faisant preuve d'une détermination sans faille, en quelques instants, elle accéda à l'ordinateur, à la paperasse et à tout ce qui pouvait contenir des informations. Chaque seconde comptait, mais elle restait calme, concentrée sur sa mission.

Dans une salle sécurisée au cœur du ministère de l'Intérieur, les écrans de surveillance projetaient des flux d'informations.

Des analystes chevronnés travaillaient avec une minutie presque obsessionnelle. Parmi eux, Florent Kalérani, le directeur de la sécurité nationale, observait attentivement les résultats qui défilaient.

Les données y avaient été rassemblées, triées et décryptées avec précision. Des images, des documents, des enregistrements et des correspondances étaient passés au crible, chaque pièce du puzzle étant soigneusement alignée en un tableau clair. Les spécialistes en cybercriminalité avaient travaillé de concert avec les analystes de terrain.

Enfin, les dernières pièces du puzzle pouvaient s'emboîter. Les analystes avaient suivi les traces numériques, les transactions financières, les communications cryptées, pour aboutir à une conclusion qui les interrogeait tous.

Un rapport final fut généré à partir de toutes les preuves et les découvertes. Florent Kalérani parcourut rapidement les pages, enregistrant les informations qui accusaient Aurélien l'Orgevil dans l'affaire Xonios. Des noms, des dates, des lieux, tout convergeait vers lui.

Avec une expression grave, Florent Kalérani appuya sur une touche de son téléphone.

— Envoyez ce rapport au président, ordonna-t-il calmement et d'une voix résolue.

Le rapport devait passer entre les mains du chef de l'État, marquant une étape importante dans la trajectoire de l'enquête.

De son côté, Aurélien l'Orgevil, ne se doutait pas du coup de filet qui se préparait.

Il poursuivait sa flânerie, ignorant que les pièces du puzzle s'assemblaient inexorablement pour révéler la vérité cachée malgré les apparences.

42

Dans la salle de réunion feutrée du sous-sol du ministère de l'Intérieur, le président écoutait attentivement le rapport qui lui était présenté.

Le directeur de la sécurité nationale lui délivrait l'information.

Assis face à lui, le chef de l'État prenait des notes, en retenant chaque détail.

Le président acquiesça d'un signe de tête, comprenant l'importance de ces renseignements. Les dernières pièces du puzzle étaient en train d'être assemblées.

Le président débuta :

— Maître l'Orgevil est le seul instigateur de toute cette machination. Il a mis en œuvre un projet de collectes de données à partir d'une carte intégrée dans un corps humain au niveau de la moelle épinière.

Les regards de la Première Ministre, du ministre de la Défense, du garde des Sceaux, du directeur de la sécurité nationale et de trois autres hauts directeurs étaient rivés sur le président.

— Dans un premier temps, une carte a été retrouvée dans le corps de Pablo Miranda. C'est sur cette carte que vous avez retrouvé les données concernant entre autres le ministre de l'Intérieur et moi-même, continua-t-il.

— Grâce à une faille, vous êtes parvenus à remonter jusqu'à cet avocat, ajouta-t-il, soulignant la manière dont les pièces du puzzle s'assemblaient à l'aide de la coopération de différentes branches de l'État.

Il continua, reprenant ses notes :

— Est-ce que la disparition de Marc Primevort qui venait d'intégrer la direction financière de Xonios a été élucidée ? Oui, car cette personne est prisonnière de l'avocat dans une maison que vous avez localisée dans la très proche banlieue de Tokyo, annonça le président d'une voix grave, marquant une pause pour laisser l'information imprègne l'esprit de tous.

Et puis, reprenant son souffle, il ajouta d'une voix chargée d'émotion :

— Marc Primevort a été opéré pour lui insérer une carte au niveau de la moelle épinière, sans son consentement.

Les visages exprimèrent un mélange d'horreur et de dégoût.

— Oui, Monsieur le président, c'est bien la trame de cette affaire, avec des zones d'ombre sur lesquelles nous travaillons encore, répondit le directeur de la sécurité nationale.

Le président posa son stylo et le fixa.

— Que proposez-vous maintenant, Florent ?

Florent exposa, pendant dix minutes, comment les services de l'État allaient agir dans les toutes prochaines heures, tout en garantissant la plus totale confidentialité ainsi que toutes les démarches qui avaient déjà été entreprises et celles qui allaient mettre un terme à cette menace.

Aucune personne autour de la table ne prit la parole, à la fin de cet exposé.

Le président resta silencieux pendant quelques instants.

Il y avait de la tension dans l'air, chacun conscient de l'importance de la décision à prendre.

Finalement, le chef de l'État se redressa tout en regardant le responsable.

— Procédez avec discrétion, Florent. Je veux que tout se déroule sans heurts et sans éveiller des suspicions prématurées. Nous ne pouvons pas nous permettre de faire d'erreurs à ce stade.

Le directeur comprenait l'importance de la précaution.

La machine était en marche, l'enquête approchait de son dénouement, et les enjeux étaient plus grands que jamais.

Les horloges alignées sur un mur de la pièce indiquaient qu'il était 22h50 à Paris et 5h50 à Tokyo.

Dans la salle stratégique et sécurisée du quartier général du ministère de l'Intérieur, une équipe d'intervention se préparait pour une opération importante prévue le lendemain matin.

Ces spécialistes étaient rassemblés autour de la grande table recouverte de schémas et d'informations confidentielles.

Chacun savait l'importance de leur mission.

Les gendarmes enfilèrent leurs équipements tactiques : gilets pare-balles, casques, gants et holsters contenant leurs armes de service. Chacun vérifiait méticuleusement son matériel, s'assurant qu'il était prêt pour agir.

Le chef de l'équipe, un officier expérimenté aux traits durs, prit la parole.

Il expliqua la situation une dernière fois, rappelant les objectifs et les procédures à suivre. Les visages tendus approuvèrent.

Des techniciens s'affairaient devant les écrans de surveillance, analysant les dernières données en temps réel. Les agents de renseignement avaient dressé le profil de la cible :

Aurélien l'Orgevil, à première vue non dangereux, mais chacun savait que le danger ne venait pas uniquement de l'homme mais de tout l'environnement. Pour permettre à l'équipe de se familiariser avec le terrain, des informations clés tels les plans de sa maison s'affichaient sur des écrans.

Les véhicules d'intervention étaient prêts à être déployés à l'heure convenue. L'arsenal de technologies de pointe était également à disposition, des dispositifs de brouillage aux drones de surveillance. Chaque élément avait été soigneusement programmé pour garantir le succès de l'opération.

La communication entre les membres de l'équipe était fluide et concise, les gestes étaient précis et assurés. Chacun connaissait son rôle et savait qu'il pouvait compter sur ses camarades. La solidarité et la confiance étaient les piliers de leur réussite.

À mesure que la nuit tombait, les préparatifs avançaient, l'équipe se rapprochait du lancement de l'opération. Les visages étaient concentrés. Ils avaient pour mission d'arrêter un individu et de mettre fin à une affaire d'État.

Assis dans son salon douillet et éclairé juste ce qu'il faut, Aurélien l'Orgevil lisait un roman policier. Ses yeux suivaient les lignes mais son esprit était ailleurs. Les mots de ce livre semblaient flotter sans vraiment trouver leur chemin jusqu'à leur pleine compréhension.

Ses pensées étaient captives de préoccupations bien plus intenses. Marc Primevort occupait son esprit, telle une ombre insaisissable qui refusait de se dissiper.

Ses doigts serraient le livre, signe de son agitation intérieure. Il posa le roman sur la table basse, son regard se perdant dans le vide.

La vengeance, la réussite et la gloire se mélangeaient dans son cerveau.

Il avait tracé sa propre voie, organisé un réseau pour atteindre ses objectifs, maintenant tout était en mouvement. Il travaillait de concert avec le psychiatre au Japon dans ce dessein.

Très prochainement son heure de gloire parachèvera tout l'œuvre de sa vie.

La lampe lui jetait une lueur douce sur le visage, soulignant les rides de réflexion de son front.

Le scénario prenait forme de manière terrifiante :

Aurélien avait réussi à manipuler le cerveau de Marc Primevort, faisant disparaître toute trace de sa vie passée. Il en avait fait Max Voss. Un homme avec une nouvelle identité soigneusement structurée. Max était désormais prêt à être intégré dans la communauté des startupeurs européens, tel une taupe.

Sous l'identité de Max Voss, Marc avait été méticuleusement préparé pour jouer le rôle d'un entrepreneur ambitieux, charismatique et intelligent. Aurélien avait travaillé sa personnalité, lui insufflant une confiance inébranlable et un talent pour gagner la confiance des autres. Les événements, les lieux, les détails, tout avait été prévu dans le scénario.

Marc, ou plutôt Max, allait bientôt commencer à infiltrer la communauté des startupeurs en Europe. Il assisterait à des événements, participerait à des réunions et tisserait des liens avec d'autres entrepreneurs. Il s'intégrerait dans ce nouveau monde et recueillerait discrètement des informations sensibles sur les entreprises et leurs projets.

Chaque interaction, chaque échange, chaque connexion était soigneusement planifiée pour servir les intérêts d'Aurélien.

Une nouvelle réalité avait émergé dans la tête d'Aurélien l'Orgevil. Les politiciens n'étaient plus les seigneurs du pouvoir absolu. Non, désormais, c'étaient les entrepreneurs, les jeunes visionnaires qui construisaient l'avenir à coups d'innovations et de startups. Ces créateurs de licornes[15], ces entreprises à la croissance impressionnante étaient devenues les nouveaux rois du monde.

Aurélien avait observé avec une fascination mêlée de convoitise la manière dont ces entrepreneurs avaient la faculté de transformer leurs idées en entreprises prospères, de bouleverser des industries établies et de façonner les tendances de demain. Il était convaincu que ceux qui possédaient les données de ces entreprises pouvaient avoir une longueur d'avance sur les autres, pouvant anticiper les mouvements économiques et influencer les décisions politiques et sociales.

Il était devenu impératif pour lui de s'infiltrer dans ce monde, de collecter les données confidentielles de ces licornes en devenir ou déjà bien établies. Ces données, ces précieuses pépites d'informations, lui permettraient de jouer son propre jeu, de manipuler les événements à sa guise, et de bâtir son empire.

Des informations gardées en secret dans les recoins les plus intimes de son cerveau étaient la clé de voûte de son plan. Il avait tracé un réseau de manipulations, de faux-semblants et d'opportunités.

Pris dans ses pensées, Aurélien n'avait pas vu l'heure passer. L'horloge sonna deux heures du matin, il se dirigea vers sa chambre. Dans quatre heures à peine, il devrait se lever pour... non, pas pour sauver Jean de La Motte, tout cela relevait du passé désormais.

Ces mots résonnaient dans sa tête alors qu'il se glissait entre les draps. Ses plans avaient évolué, sa vision s'était élargie, il se voyait désormais en tant que maître des fils invisibles qui façonnaient le destin des entreprises, des individus et même des nations.

Jean de La Motte et les autres étaient des pions dans un jeu bien plus vaste, et il n'avait plus de place pour les liens du passé.

Ses yeux se fermèrent, et il plongea dans le monde onirique où ses machinations prenaient vie.

---

15. Startups valorisées plus d'un milliard d'euros

43

À six heures du matin, dans le calme de l'aube naissante, dix policiers, tout de noirs vêtus et lourdement armés se rassemblèrent devant le domicile d'Aurélien l'Orgevil.

Les premières lueurs du jour commençaient à peine à se dessiner à l'horizon. Les feuilles des arbres bruissaient doucement dans la brise matinale, créant une ambiance à la fois paisible et chargée d'attente.

Les policiers se positionnèrent autour de la maison, certains près de l'entrée principale, d'autres aux fenêtres et à l'arrière du pavillon. Ils étaient concentrés, prêts à agir à la moindre instruction. Ils savaient, que dans toute intervention, que la cible soit dangereuse ou non, il ne fallait laisser aucune place à l'imprévu.

Aurélien l'Orgevil dormait ignorant la menace qui se profilait à sa porte.

Soudain, un bruit sourd brisa le silence : l'impact du bélier contre la porte d'entrée. Elle céda sous la force de l'assaut, résonnant comme un coup de tonnerre.

Les policiers s'engouffrèrent dans la maison, leurs bottes martelant le sol. Chaque pièce fut investie méthodiquement, leur formation restante impeccable. Lorsqu'ils atteignirent la chambre d'Aurélien, la tension atteignit son paroxysme. Il était là, assis sur son lit, effrayé par cette intrusion, étourdi par le bruit.

Un policier s'avança avec prudence, son arme pointée vers Aurélien. D'un geste rapide et précis, il l'immobilisa et lui passa les menottes. Ses collègues se tenaient prêts, surveillant chaque mouvement.

L'assaut avait été exécuté avec une efficacité militaire.

L'ambiance dans la chambre était tendue, le silence brisé seulement par les paroles autoritaires du policier judiciaire. Il portait un brassard « Police » au bras droit, il tenait un dossier dans sa main gauche.

Aurélien le fixait, comme s'il était en face d'une créature fantasmagorique. Les événements se précipitaient, la réalité rattrapant ses plans.

— Monsieur Aurélien l'Orgevil, à compter de 6h03 24 septembre 2023, je vous signifie votre mise en garde à vue dans le cadre d'une affaire dont la teneur vous sera notifiée ce jour par mes collègues du ministère de l'Intérieur, dit celui-ci.

— Vous avez le droit de garder le silence. Tout ce que vous direz pourra être retenu contre vous lors de votre procès, continua le policier, récitant, d'une voix impassible, les droits qu'Aurélien avait dans cette situation.

La scène était figée, chaque protagoniste jouant son rôle. Aurélien respira fortement, il ressentait le poids des circonstances s'abattant sur lui. Son visage trahissait à la fois de la tension et de la rage.

Le policier termina son annonce, conscient de ce qui allait se jouer. Il recula pour laisser place à l'exécution de la procédure. Les secondes s'étiraient et rien ne bougeait.

Pour Aurélien l'Orgevil, la mise en garde à vue était le début d'un périple judiciaire. Toutes les pièces de son échiquier savamment construit allaient être examinées à la loupe.

Aurélien, s'habilla et suivit les indications du policier. Il se retrouvait maintenant dans une situation très inconfortable, lui, le fin connaisseur de la justice.

Escorté par les policiers, il traversa les pièces de son domicile. Il en voyait chaque recoin d'un nouvel œil. Ses gestes étaient mécaniques, ses pensées en ébullition. Il savait qu'il quittait sa maison pour de très longues années.

Les véhicules de police stationnés dans la rue attendaient son arrivée, leurs gyrophares projetant des éclats bleutés dans la semi-obscurité. Le bruit strident des sirènes résonnait, déchirant le calme de la rue encore endormie.

Quelques voisins regardaient la scène. Aurélien pouvait sentir leurs regards pesants, mélange de curiosité et de questionnement.

L'officier ouvrit une portière, Aurélien s'assit. Le geste était sans équivoque, symbolisant la transition entre la vie telle qu'il la connaissait et le chemin judiciaire qui l'attendait.

Il promenait son regard sur le quartier où il avait pu vivre ses jours de liberté. Le bruit mat de la portière marquant le début d'un voyage inattendu.

Le moteur vrombit, les gyrophares scintillèrent, le véhicule de police s'éloigna, emmenant un homme dont les actions avaient été les fils conducteurs d'une intrigue complexe.

La rue retrouva son calme. Il était 6h10.

Pendant ce temps, sous le soleil éclatant de Tokyo, il est 13h. Une équipe d'élite des forces spéciales se tenait prête pour l'opération, près d'une minka[16] dans la banlieue ouest de Tokyo. Les visages impassibles, les équipements vérifiés. Chacun prenait conscience de la complexité de la mission qui les attendait : libérer un otage, de nationalité étrangère, de plus.

À l'intérieur de la minka, baignée par la lumière tamisée qui filtrait à travers les fines cloisons, Marc Primevort était allongé sur son lit, perdu dans ses pensées. Les derniers jours avaient été un tourbillon d'émotions et d'ajustements, il sentait que son esprit commençait à se plier à cette nouvelle réalité, même s'il restait un voile d'incertitude.

Le rythme régulier de sa respiration était à l'image du calme et de la sérénité de la pièce. Il était en proie à une dualité intérieure, une lutte entre l'acceptation et la résistance face à cette transformation contrainte de son existence. Les notions de libre arbitre et de manipulation s'entrechoquaient dans son esprit.

Un début d'acceptation avait émergé timidement. Il avait remarqué par des signes subtils que son esprit s'accommodait de sa nouvelle réalité physique, il la percevait toujours comme étrange et artificielle. Les mots du psychiatre, cette notion d'enveloppe corporelle, résonnaient dans sa tête. Était-ce sa propre acceptation ou une influence extérieure qui avait amené ce changement ? Le doute persistait.

Une question hantait Marc : était-il sous l'emprise d'une substance ou d'une manipulation psychologique ? Aurélien l'Orgevil avait-il une main invisible dans cette transition ? La frontière entre ses pensées et les potentiels stimuli extérieurs fluctuait, et cela l'inquiétait.

---

16. Maison traditionnelle japonaise

Devenir une arme issue de la fusion de l'homme et de la machine pour accéder aux données était un objectif difficile à appréhender. Il se sentait tiraillé entre la volonté d'Aurélien et son intégrité en tant qu'individu.

Une bataille intérieure faisait rage entre sa nature humaine et cette nouvelle composante artificielle.

En quelques secondes, l'équipe d'intervention avait investi la minka. Le fracas assourdissant des portes forcées et le vacarme des bottes qui claquaient sur le sol paraissaient lointains à Marc. Ne sachant pas exactement ce qui se passait, il percevait néanmoins une certaine agitation, un mouvement qui perturbait la tranquillité oppressante de sa chambre.

Un cri étouffé déchira le silence de la minka, suivi de bruits de lutte. Les secondes s'égrenaient.

Marc se retrouva figé, son pouls s'accélérant brutalement, alors que les sons de pas précipités se rapprochaient de l'endroit où il était retenu.

Soudain, sa chambre fut envahie.

Marc fut installé avec précaution sur une civière. Le rythme effréné de l'intervention donnait l'impression d'une danse chorégraphiée telle une symphonie d'actions précises et coordonnées. Marc fut délivré en un temps record.

Il fut accueilli par la lumière aveuglante du soleil, accompagnée du vrombissement des moteurs des voitures de police en stationnement. Les sirènes et les gyrophares obsédaient l'esprit de Marc encore plein de stress.

Marc fut pris en charge à bord d'une ambulance qui partit en direction de l'hôpital.

Un homme, un Européen, vêtu d'un costume de bonne allure, se tenait avec assurance à ses côtés. Ses paroles se détachaient dans l'agitation ambiante, atteignant ses oreilles comme une promesse de liberté tant attendue :

— Monsieur Primevort, c'est une opération de libération menée par les autorités japonaises à la demande de l'État français. Vous ne craignez plus rien, vous êtes libre.

La signification de ces mots lui parvint comme un écho lointain. Le soulagement et la réalité s'emparèrent de lui, son esprit vacillait entre l'éveil et le vertige, la conscience s'évanouit doucement, laissant derrière elle l'obscurité apaisante de l'inconscience.

Les agents quittèrent la minka, en accompagnant les gardiens vaincus et menottés.

Le silence retomba.

À 13h15, à Tokyo, l'opération était finie.

En des lieux différents, et presque simultanément, l'un avait perdu sa liberté tandis que l'autre avait regagné la sienne.

— Monsieur le président, les deux opérations se sont déroulées comme prévu, annonça le directeur de la sécurité intérieure.

— Merci Monsieur le directeur, ajouta-t-il au satisfecit de celui-ci.

Aurélien l'Orgevil fut escorté à travers les rues encore paisibles de Paris, les gyrophares des véhicules de police balafrant l'aube, les sirènes brisant l'atmosphère calme qui enveloppait la ville endormie. Les rues s'étiraient en un dédale qui le conduisait vers un destin inéluctable.

Le trajet fut bref, à peine dix minutes qui semblaient s'écouler à la fois rapidement et lentement. Les rues peu fréquentées à cette heure offraient un contraste avec la tumultueuse réalité.

Aurélien, encadré par les agents, se trouvait au cœur d'une situation qu'il n'avait pas prévue. Seuls les regards de quelques passants matinaux s'attardaient sur le cortège, cherchant à déchiffrer l'intrigue qui se déroulait sous leurs yeux.

En un clin d'œil, ils atteignirent les locaux du ministère de l'Intérieur à Levallois-Perret. Le bâtiment imposant allait devenir le théâtre de son isolement pendant les jours à venir.

Les portes s'ouvrirent, le passage vers l'inconnu qui s'ouvrait également devant Aurélien.

La réalité de la situation s'imposa avec force.

Aurélien l'Orgevil pénétrait dans cet environnement où les destinées se dessinaient et se brisaient, où les secrets des criminels étaient éventés et où les vérités se révélaient.

Allongé sur le lit, Marc Primevort ouvrit lentement les yeux. La sensation d'avoir vécu un rêve se mêlait à une lueur d'espoir. La voix douce de l'infirmière, qui était debout dans la chambre de l'hôpital, lui parvint comme une ancre, rattachant sa conscience à la situation présente.

— Bienvenue en France, Monsieur. Vous êtes dans un endroit français en territoire japonais. Le médecin colonel Dubois va passer vous voir et vous expliquer la situation. Mais sachez que vous êtes libre, que vous serez bientôt de retour en France.

Son regard croisa celui de la jeune femme qui lui sourit chaleureusement, atténuant les brumes de l'incompréhension.

Marc hocha la tête, exprimant sa gratitude d'un simple geste.

La jeune infirmière, gardienne d'informations plus vastes qu'elle ne pouvait partager, représentait une étape de transition entre l'inconnu et la vérité.

Il se sentait en sécurité dans cet espace mêlé d'énigmes et de promesses.

Il se rendormit dans un halo de réconfort.

À Paris, quatorze heures, au ministère de l'Intérieur, l'ambiance était plus tendue.

Dans une salle de réunion, les décisions étaient en train de prendre forme.

Assis autour de la table, un groupe restreint de hauts responsables et d'experts analysait chaque détail de l'affaire qui avait secoué la France.

Les échanges étaient vifs, accompagnant cette période de rétablissement de l'ordre.

Le directeur de la sécurité nationale, un homme au visage grave et aux yeux scrutateurs, prit la parole. Il résuma les événements qui avaient mis en lumière des failles et des vulnérabilités au sein des mécanismes de sécurité et d'intelligence de la nation.

— Mesdames et messieurs, il est clair que cette affaire a montré des lacunes que nous ne pouvons ignorer. Notre mission aujourd'hui est de corriger ces erreurs, de remettre en place des protocoles solides et infaillibles pour garantir la sécurité de notre nation. Nous ne pouvons pas permettre que de telles manipulations se reproduisent.

Chacun des présents hochait la tête en signe d'assentiment, conscient de l'urgence et de la responsabilité qui pesait sur leurs épaules.

Les échanges qui suivirent furent riches en propositions, en analyses pointues et en suggestions stratégiques pour renforcer les dispositifs de sécurité, de renseignement et de prévention.

La salle de réunion était pleine de l'énergie de ces esprits déterminés à rétablir l'équilibre, à garantir la stabilité et la sûreté de l'État. Les mots « remises à niveau » prenant vie dans ces discussions animées, chaque décision prise contribuait à restaurer la confiance envers les institutions.

Au fil des heures, les contours d'un plan d'action complet se dessinaient, prêts à être mis en œuvre rapidement. Tout avait été soigneusement examiné, chaque faille identifiée allait être comblée.

Au milieu de cette effusion d'idées et de stratégies, l'avenir de la sécurité nationale prenait une forme nouvelle.

Les remises à niveau, longtemps attendues et désormais inévitables, s'écrivaient, et chaque décision prise allait forger le chemin vers une nation plus sûre, plus vigilante et plus résiliente face aux défis à venir et notamment face à une réalité inévitable qu'est l'intelligence artificielle.

Vers 20h, le directeur de la sécurité nationale, debout devant ses collègues, en conclusion de cette réunion, termina :

— Mesdames et Messieurs, je tiens à vous remercier pour votre engagement et vos contributions précieuses au cours de cette réunion. Nous avons élaboré un plan d'action solide qui ouvrira la voie à une sécurité renforcée pour notre nation. Cependant, il est important de rappeler que notre travail ne s'arrête pas ici. Nous sommes une démocratie et nos propositions seront soumises au processus politique pour validation.

Il fit une pause, laissant le poids de ses paroles s'instiller dans la salle. Puis, son regard se fit plus sérieux, accentuant l'importance de ce qu'il allait dire.

— Comme nous l'avons discuté aujourd'hui, cette affaire nous a révélé les risques inhérents à l'utilisation de l'intelligence artificielle à des fins malveillantes. Nous avons dû employer des méthodes particulières pour protéger la sécurité nationale, mais cela soulève des questions sur l'équilibre entre transparence démocratique et actions nécessaires à la préservation de notre pays.

Il fit une nouvelle pause.

— L'État a utilisé l'intelligence artificielle pour créer une diversion, en détournant l'attention du public des véritables enjeux de cette affaire. Nous avons inventé des histoires de comptes offshore pour détourner l'attention de la vraie menace : l'utilisation de l'IA implantée dans un corps humain, avec des conséquences potentiellement dévastatrices pour notre nation.

Par ces méthodes particulières, le directeur de la sécurité nationale voulait rappeler, à partir de données totalement fictives, la création de comptes offshore qu'auraient gérés le P.-D.G. de Xonios, Jean de La Motte et son directeur financier.

Les regards attentifs étaient pleins de compréhension. Les enjeux étaient élevés, les responsables présents savaient que la sécurité nationale était primordiale.

— Nous devons désormais continuer à explorer les implications de l'intelligence artificielle, à la fois pour défendre notre nation et à la fois pour garantir la protection des droits et de la vie privée de nos citoyens. Nos décisions à l'avenir devront tenir compte des leçons que nous venons de tirer et allons continuer à tirer de cette affaire.

Le directeur de la sécurité nationale fit une nouvelle pause, retenant l'attention de la salle.

Il conclut d'une voix déterminée :

— C'est un moment crucial, où notre démocratie doit équilibrer la sécurité et la transparence. Nous devons nous améliorer pour faire face aux défis de l'ère numérique tout en protégeant les valeurs fondamentales qui nous définissent en tant que nation.

Fait rare lors des réunions de la sorte, des applaudissements respectueux résonnèrent dans la salle, témoignant de l'engagement de chacun envers la sécurité nationale et la démocratie.

La réunion touchait à sa fin. Elle laissait derrière elle une stratégie pour l'avenir et l'espoir que la nation puisse avancer, plus forte et mieux préparée pour les défis qui se dresseraient inévitablement à elle.

44

« Scandale de l'IA : des révélations dans une grande entreprise secouent la France.

Par Leila Dupont, rédactrice en chef

Paris, le 25 septembre 2023 - La France est sous le choc à la suite des révélations d'une affaire qui a secoué les plus hautes sphères de l'État. Les principaux journaux français publient aujourd'hui des articles détaillant l'affaire qui a été à l'origine d'un vaste scandale concernant l'utilisation de l'intelligence artificielle (IA) à des fins clandestines.

L'affaire a éclaté lorsque des documents ont filtré, révélant que le P.-D.G. de la société Xonios, Jean de La Motte, et son directeur financier, Laurent Lechine, étaient impliqués dans une opération de détournement de fonds à grande échelle. Cependant, cette affaire n'est que la pointe de l'iceberg.

Selon nos sources, les enquêteurs ont découvert que l'État avait également utilisé l'IA et créé de fausses preuves, notamment des comptes offshore fictifs aux Îles Caïmans, afin de détourner l'attention du public de la véritable conspiration. Cette dernière visant à implanter une puce d'IA dans le corps humain, ouvrant la porte à des manipulations complexes et potentiellement dévastatrices.

L'utilisation de l'IA dans cette affaire met en évidence les enjeux considérables liés à cette nouvelle technologie. L'IA offre d'énormes possibilités pour les progrès scientifiques et technologiques, elle soulève également des questions sur la sécurité nationale, la vie privée et l'éthique.

Hier le directeur de la sécurité nationale a déclaré lors de sa conférence de presse :

— Cette affaire a mis en lumière les défis auxquels nous sommes confrontés en matière d'IA. Nous devons trouver un équilibre entre les avantages qu'elle offre et les risques qu'elle présente.

L'opinion publique a exprimé son inquiétude quant à l'utilisation de l'IA à des fins malveillantes, appelant à une régulation stricte pour éviter de futures manipulations à des fins néfastes.

L'enquête se poursuit, les responsables de cette conspiration seront traduits en justice. La France est confrontée à une nouvelle période de vigilance en matière d'IA. Les répercussions de cette affaire auront sans aucun doute un impact durable sur les politiques et les attitudes à l'égard de cette technologie révolutionnaire.

Cette affaire de l'IA a rappelé à nos dirigeants et aux experts dans ce domaine la nécessité de maintenir l'équilibre entre l'innovation et la sécurité, de prendre les mesures adéquates pour prévenir toute utilisation abusive de cette technologie. Elle peut compromettre les valeurs fondamentales de la société française. »

Le ministre de l'Intérieur se réveilla en sursaut. L'article de Leïla Dupont n'était qu'un cauchemar.

Son cœur battait la chamade, la sueur au front.

Ce scénario fictif qui avait envahi ses pensées durant son sommeil aurait été une vraie bombe politique s'il avait été publié tel qu'il l'avait rêvé.

Dans la pénombre de sa chambre tout en s'asseyant sur le lit, il reprit son souffle. Les images du cauchemar s'envolèrent peu à peu, mais les émotions étaient encore bien présentes. Il se passa la main sur le visage, tentant de chasser les dernières traces d'angoisse.

— En effet, n'est-ce pas là une métaphore de toute cette affaire qui a été un véritable cauchemar ? songea-t-il avec amertume.

Il tourna la tête vers sa femme, dormant paisiblement à ses côtés, ignorante de toute de l'agitation qui l'avait secoué.

La respiration douce régulière de son épouse lui rappela que la réalité était bien différente de ses terreurs nocturnes. Après un soupir de soulagement, il sentait peu à peu les battements de son cœur retrouver leur rythme normal.

Il se leva doucement pour ne pas réveiller sa femme. Le ministre de l'Intérieur se dirigea vers la fenêtre et ouvrit les rideaux. La lueur du matin commençait à filtrer, éclairant légèrement la chambre. Il posa son regard sur l'horizon, prenant quelques instants pour se recentrer.

La nuit avait été courte, mais il était prêt à faire face.

Sur le bureau du colonel Alban Muller, un journal relatait la réalité de l'affaire, celle qui serait servie au grand public et qui ferait l'objet d'un reportage dans les journaux télévisés du soir sur toutes les chaînes.

« Nouveau Développement dans l'Affaire Xonios : révélations sur les comptes offshore et les fausses factures

De nouveaux détails ont émergé concernant l'affaire des fausses factures et des comptes offshore de Xonios. Les dernières révélations pointent du doigt l'avocat Aurélien l'Orgevil, avocat du groupe Xonios, comme étant le cerveau de ces manœuvres financières troubles. Les enquêteurs ont mis en lumière les comptes offshore. Ils ont été créés à l'aide d'une intelligence artificielle, en collaboration avec des ingénieurs japonais. Ces ingénieurs appartiennent à l'entreprise détenue au Japon par l'avocat lui-même.

Les directeurs de Xonios, Messieurs de La Motte et Lechine, peuvent être rapidement écartés de toute implication dans cette affaire. Le groupe doit maintenant affronter les conséquences relatives aux fausses factures. Des audits internes ainsi qu'un contrôle fiscal sont annoncés dans les prochains jours, posant un questionnement sur la situation financière de l'entreprise.

Une révélation douloureuse est venue éclairer l'affaire de la mort de Monsieur Pablo Miranda. Son décès n'était pas un meurtre, précisent les enquêteurs mais un suicide survenu alors que se profilait la découverte des fausses factures.

Cette triste révélation plonge Xonios dans une période difficile, entachant sa réputation et soulevant des questions sur les mécanismes internes de contrôle et de gestion. »

Le bureau d'Alban Muller était baigné par une lumière tamisée, propice à la réflexion. Il avait pris quelques instants pour lire le journal, lui aussi. Désormais il était perdu dans ses pensées, observant distraitement les techniciens affairés autour de la carte CI 75ONE.

Les écrans de contrôle clignotaient, affichant des informations cryptées et des schémas compliqués. Les experts examinaient chaque recoin de la carte, à la recherche du moindre indice pouvant les conduire à une meilleure compréhension de son fonctionnement.

Les techniciens étaient engagés dans un travail minutieux d'analyse. Leur expertise avait permis d'apporter des éclaircissements partiels sur cette énigme. Alban avait appris à apprécier encore plus leur persévérance et leur dévouement.

La réunion quotidienne avait été l'occasion de partager les dernières découvertes et d'échanger des hypothèses. Pourquoi cette carte n'avait-elle pas été détruite à la mort de Pablo Miranda ? Le silence qui s'était installé dans la pièce en disait long sur l'importance de ce mystère.

Bastien, un des techniciens, avait brisé le silence en émettant une théorie. Son ton était mesuré, ses mots choisis. Il était conscient de la gravité de ce qu'il allait dire. Il évoqua la possibilité que cette carte soit liée à une entité externe, un système d'auto-génération qui pourrait influencer son comportement.

— J'ai continué à analyser les codes de la carte, et j'ai remarqué quelque chose d'étrange. Il y a des portions de code, des processus, en quelque sorte, qui n'ont aucune origine claire. Ce sont des éléments greffés au code principal, sans que nous en ayons connaissance, poursuivit Bastien.

— Attends, Bastien, tu veux dire que la carte a des parties de code qui n'ont pas été programmées par les ingénieurs ? s'informa un de ses collègues, très surpris

— Exactement. Ces parties de code apparaissaient et disparaissaient de manière aléatoire. Comme si vous conduisiez sur une autoroute et que soudain, une bretelle de sortie ou d'entrée surgissait sans que vous sachiez d'où elle vient.

— Attends une minute. Tu veux dire que cette IA crée son propre code ? C'est impossible, elle ne peut fonctionner qu'à partir des données dont elle a été formée, intervient le chef de la programmation.

— Calmez-vous, tous. Laissons Bastien expliquer son raisonnement, intervient Alban qui aimait ce genre de raisonnement qui pour 99% des cas ne menaient à rien, et seuls 1% des cas ouvraient de nouvelles perspectives.

— Merci, Colonel. Pour reprendre mon analogie, imaginez que la sortie M soit la programmation de la mort de Pablo Miranda et que la sortie N soit la programmation de l'autodestruction de la carte. Il semblerait que la carte ait créé une sortie M', entre M et N pour continuer à fonctionner, expliqua Bastien.

— Quoi ? Tu veux dire qu'elle a créé une voie de sortie qui n'était pas prévue ? C'est incroyable ! s'enthousiasma le chef de la programmation, sur le ton de l'ironie.

— C'est exactement ça. Elle a créé un prolongement inattendu dans son propre code, sans que nous sachions comment, ni pourquoi.

— C'est impossible, Bastien. Les IA ne peuvent pas créer de nouvelles lignes de code. Elles ne sont pas autonomes, ricana l'un de ses collègues.

— Attendez, tous. Merci, Bastien, pour ces éclaircissements. Il est vrai que cela semble incroyable, mais gardons à l'esprit que nous sommes en train d'explorer une nouvelle dimension de cette affaire. Continuons à analyser les données et à creuser cette piste, intervient Alban. Il voyait l'heure tourner malgré l'intérêt que suscitait cette conversation.

— Bien sûr, Colonel. Je comprends que cela puisse sembler déconcertant, mais c'est ce que l'analyse du code suggère pour le moment.

— Très bien. Merci à tous pour cette discussion. Revenons à l'ordre du jour pour le reste de la réunion.

— Mais mon Colonel, si c'est vrai, cela signifie que l'IA peut vraiment créer sa propre programmation. C'est une avancée révolutionnaire ! reprit l'un des participants de la réunion.

— C'est une possibilité que nous devons explorer. Pour l'instant, concentrons-nous sur les données que nous avons et continuons à travailler ensemble pour résoudre cette affaire complexe, réaffirma Alban pour reprendre le cours de la réunion suivant les points listés sur le programme.

45

Les heures d'attente et les interrogatoires auxquels ils avaient été soumis avaient laissé des traces profondes chez Jean de La Motte et Laurent Lechine. Deux hommes que le destin avait liés par leur implication dans cette affaire, mais dont les réactions et les sentiments différaient grandement.

Ces moments d'incertitude avaient été particulièrement difficiles à vivre pour Jean de la Motte. L'homme qui dirigeait Xonios d'une main de fer se retrouvait soudainement dans une position vulnérable. La notion même de son pouvoir et de son influence était ébranlée. Il en était indigné et amer. Il était surtout profondément blessé par la trahison d'Aurélien l'Orgevil. La personne en qui il avait placé sa confiance et qui était son avocat, son conseiller, s'était avérée être le maître d'œuvre de toute cette affaire. La déception et la colère se lisaient sur son visage.

Quant à Laurent Lechine, il était passé par toute une gamme d'émotions. Son intégrité morale et professionnelle avait été mise en doute, ne serait-ce qu'un laps de temps. Il avait ressenti un mélange de rage face à ces accusations injustes mais aussi de soulagement une fois que les enquêteurs l'avaient innocenté dans l'affaire. Ces cicatrices émotionnelles étaient encore fraîches, il lui faudrait du temps pour se remettre de cette épreuve.

Les équipes de Xonios avaient résisté face aux accusations qui pesaient sur leurs dirigeants, mais l'atmosphère au sein de la société avait radicalement changé. Un sentiment de transformation indistincte, ayant touché tous les niveaux de la hiérarchie. Lorsque le nom de leur employeur avait fait la une des journaux, accusé de méfaits extrêmement graves, cela avait divisé les individus. Dans les couloirs et les espaces de travail, on évitait le sujet entre collègues, chacun avait secrètement élaboré sa propre opinion.

Une grande majorité des employés rejetaient les accusations portées contre leur P.-D.G. et leur directeur financier. Au sein de cette majorité, l'accusation ne pouvait s'appliquer qu'à l'un des deux hommes, particulièrement au P.-D.G. L'opinion largement partagée était qu'» il ne pouvait qu'être au courant ».

Une minorité cependant accordait du crédit à ces accusations et leurs réactions variaient du fataliste « ça devait arriver » à l'accusation générale «Tous corrompus, je suis persuadé que de plus sombres révélations émergeront. »

L'annonce de la presse révélant que le véritable coupable avait été identifié, que les deux dirigeants avaient été disculpés, n'avait pas éteint les doutes d'une minorité. Ces sceptiques persistaient à croire en la culpabilité des dirigeants. Ils soutenaient l'hypothèse que ces derniers faisaient porter la responsabilité de leurs actes répréhensibles sur un bouc émissaire.

Le 25 septembre, Jean de La Motte fit son retour au bureau alors que Laurent Lechine avait pris une semaine de congé. Ce retour se fit dans une atmosphère toujours profondément secouée par les événements. Jean de La Motte, lui aussi, était encore marqué par les chocs successifs, d'autant plus perturbé qu'en l'espace d'une semaine, il avait été l'objet d'accusations publiques dégradantes et avait découvert la trahison de son avocat, Aurélien l'Orgevil.

Des questions tournaient en boucle dans sa tête. Comment Aurélien avait-il pu orchestrer ses actions sournoises sous ses yeux, sans qu'il en ait eu vent ? Comment avait-il pu être aveugle et crédule à la trahison en cours ? L'interrogation la plus pénible était peut-être celle remettant en cause sa capacité de grand dirigeant. Ces questions préoccupantes l'accablaient.

Pour Jean de La Motte, la décision de retourner immédiatement au bureau était une tentative de panser une plaie encore béante. Il ressentait le besoin de réaffirmer sa présence et son leadership, de montrer à lui-même et aux autres qu'il était toujours en mesure de diriger l'entreprise malgré les épreuves. Il cherchait à apporter un semblant de guérison à une blessure encore douloureuse démontrant qu'il était résilient et déterminé à relever les défis.

En sortant de l'ascenseur, Jean de La Motte fut submergé par une vague d'émotions. Sur le palier, il aperçut Vincent Marche, accompagné de son assistante personnelle, Mireille. Cette simple vision suffit à ressasser en lui un tourbillon de sentiments. Leur présence à cet endroit symbolique, l'accueil qui se préparait, tout cela amplifiait l'importance du moment.

Ils l'accueillirent par des paroles chaleureuses et réconfortantes, en laissant transparaître une certaine distance naturelle liée à leurs responsabilités. Face à ces mots compatissants, Jean de La Motte ne put contenir l'émotion qui l'envahissait. Une tristesse profonde se mêlait à une vulnérabilité grandissante. En dépit de son statut de dirigeant, il demeurait, avant tout, un être humain.

Retrouver son bureau, son espace familier, devenait pour lui bien plus que la simple reprise de ses fonctions. C'était une manière de se réapproprier sa position au sein de l'entreprise, en quelque sorte. Une analogie lui vint à l'esprit : c'était comme s'il entamait une seconde phase de sa vie en tant que dirigeant. Cette pensée résonnait dans sa tête : « Tout ne sera plus jamais comme avant. »

Vincent Marche frappa à la porte et entra dans le bureau. Il s'assit face au bureau. Jean restait debout près de la fenêtre, absorbé dans ses pensées.

Jean brisa le silence, entamant une conversation plus personnelle. Selon lui, il existait une relation entre la vue qu'il avait de son bureau sur le monument de la Défense de Paris et l'affaire qui avait tenu en haleine le grand public. C'est précisément là, à cet endroit, que tout avait débuté avec la découverte du corps de Pablo Miranda.

Jean fit une pause, Vincent comprit intuitivement qu'il ne devait pas l'interrompre.

Il continua en disant qu'il n'avait jamais porté une attention particulière à cette statue. En cet instant, il en voyait un symbole plus profond. Il raconta à Vincent que cette statue incarnait la défense de Paris par son peuple face aux armées prussiennes en 1871. C'était ce symbole qui avait donné son nom au quartier de la Défense.

Les mains derrière le dos, Jean retrouvait sa posture, son assurance. Il continua à évoquer le symbole de la victoire face à l'adversité, l'énergie de la résistance.

Jean se tourna brusquement vers Vincent, mettant fin à sa réflexion intérieure. Son visage souriant, il déclara :

— Bon, allons-y. Commençons à travailler, signalant ainsi le passage à l'action.

Vincent comprit le signal et répondit :

— Oui, continuons.

Chez lui à Rueil-Malmaison, Laurent Lechine vivait une tout autre réalité émotionnelle. Depuis son retour, il avait traversé une montagne de sentiments et d'émotions. Il était passé de l'abattement initial à une résolution forte de se relever, d'affirmer sa détermination avec encore plus de force. Une question lancinante l'obsédait depuis qu'il avait appris que Jean de La Motte l'avait accusé d'être à l'origine des comptes offshore illégaux :

— Vais-je continuer à travailler chez Xonios ?

Lors d'un interrogatoire, un policier lui avait rapporté cette accusation dans une tentative de le briser. Contre toute attente, au lieu d'avouer les faits, Laurent Lechine avait fermement nié chaque allégation, conservant sa dignité. Ce mantra de dignité résonnait dans sa tête à chaque interrogatoire.

Cependant, retrouvant sa famille et sa maison, Laurent Lechine commença à montrer une faille dans sa posture. Les tensions accumulées, les pressions intenses, tout cela convergeait en un point de rupture nerveuse.

Une autre blessure psychologique cette fois, s'ajoutait à sa peine. L'appel de Jean de la Motte avait eu lieu quelques heures après leur disculpation mutuelle. Ce n'était pas une voix de réconciliation ou de regret qu'il avait entendue.

Jean de La Motte avait laissé un message simple et lapidaire.

— Laurent, c'est Jean. Je peux m'imaginer dans quel état tu es. J'ai commis une erreur en t'accusant d'un fait que tu n'as pas accompli. Nous pourrons en discuter.

Il n'y avait, dans ce message, ni excuse ni compassion pour ce qu'avait vécu Laurent. L'absence de compréhension, le manque de véritable empathie avaient ouvert une nouvelle blessure dans le cœur de Laurent.

Il sentait les larmes de frustration et de déception monter en lui. Cette blessure, différente des accusations publiques, était une plaie émotionnelle qui serait plus difficile à guérir. La confiance était brisée entre ces deux hommes autrefois proches. Jean ne présentait pas d'excuse.

46

Marc Primevort fut rapatrié à bord d'un avion de la République française. Le vol avait décollé d'un aéroport proche de Tokyo à 22h30 et était programmé pour atterrir vers 5h du matin à l'aérodrome de Vélizy-Villacoublay. C'était un voyage de retour, qui symbolisait une transition vers un avenir incertain.

Avant son départ, Marc avait été soumis à une série d'examens médicaux et psychologiques approfondis. Ces résultats étaient soigneusement archivés puis transmis au ministère de l'Intérieur français. Les rapports indiquant qu'il était en excellente santé ce qui témoignait du succès de l'implantation de la carte intégrée dans son corps. Cependant, les conséquences à long terme de cette intervention restaient en grande partie imprévisibles à ce stade.

L'alarme majeure provenait de l'état psychologique de Marc. Les rapports soulignaient l'impact que cette expérience avait eu sur son bien-être mental. Le jeune homme avait vécu un événement à la fois traumatisant et profondément transformateur. Son esprit avait été secoué et remodelé par une série d'événements qui avaient bouleversé sa vie de manière inimaginable.

D'autres expériences d'implantations d'intelligence artificielle dans des corps humains étaient peut-être en cours dans le monde, mais cela était toujours fait avec le consentement explicite des participants. Pour Marc, il n'y avait eu aucun accord. Il avait été soumis à cette expérience de manière forcée, un acte qui avait violé son autonomie et qui le transformait en cobaye.

Assis dans l'avion près d'un hublot, Marc émergea d'un profond sommeil, son esprit tourmenté l'ayant retenu dans un état de fatigue, le laissant plus épuisé que rafraîchi pour affronter cette longue journée. La transition entre le sommeil et l'éveil fut très lente, il sentit que son corps luttait pour retrouver l'énergie nécessaire.

Marc était réconforté de savoir que l'avion volait au-dessus de la France.

Près de lui, un homme se présentait comme étant un diplomate du nom de Séverin Noriand, représentant de l'État français. Malgré ce titre officiel, Marc avait des doutes quant à la véritable identité et aux intentions de cet homme. Il pressentait qu'une réalité plus complexe se cachait derrière ce rôle de diplomate.

Une femme élégante avait pris place à la droite de Séverin Noriand. Elle se présenta à Marc étant Aurélie Legendre, directrice au ministère de l'Intérieur, sans fournir plus de détails. Le manque d'informations supplémentaires suscita des interrogations chez Marc.

Une équipe médicale de deux personnes se tenait prête, à l'arrière de la cabine. Leur présence laissait penser que la santé de Marc était une préoccupation constante. Il ne savait pas exactement ce qui l'attendait à son arrivée. Le fait qu'une équipe médicale soit à bord indiquait que les conséquences de son expérience étaient prises au sérieux.

Tous les passagers s'étaient montrés très courtois et prévenants. Cela pouvait être perçu comme une tentative d'apaiser les tensions et de créer une atmosphère de confiance. Marc ne pouvait s'empêcher de se demander quels étaient leurs véritables desseins.

— Madame, Messieurs, nous allons commencer la phase d'atterrissage. Veuillez attacher vos ceintures, annonça le pilote. La déclaration marqua le début de la descente finale.

Marc serra instinctivement sa ceinture de sécurité. À travers le hublot, les lumières de Paris se dévoilaient graduellement, étincelantes. La banlieue parisienne s'étendait en une multitude de points lumineux qui contrastaient avec des zones non éclairées.

D'un côté, il y avait la vie, représentée par les lumières qui émaillaient la ville. Elles symbolisaient l'activité humaine, la vie sociale, les moments de joie et de connexion. D'un autre côté, les zones noires rappelaient la mort ou du moins une face cachée de la vie.

Cette vue aérienne de Paris reflétait les différentes dimensions de l'existence humaine, avec ses moments lumineux et sombres.

Marc fut saisi par cette vision, les pensées tournant dans sa tête à mesure que l'avion continuait sa descente.

L'avion finit par s'immobiliser sur le tarmac. Les minutes qui suivirent parurent se dérouler lentement. La porte s'ouvrit enfin, Marc retrouvait l'air frais de la France. Une brise balaya le tarmac, apportant un mélange d'excitation et d'appréhension pour les événements à venir.

Le tarmac était peu éclairé, créant des ombres mystérieuses dans la pénombre. Du haut des marches de l'avion, Marc ne voyait pas très bien les silhouettes qui l'attendaient. Parmi ces formes indistinctes se trouvait le ministre de l'Intérieur.

Le ministre s'avança en direction de l'avion et salua Marc d'une voix chaleureuse, prononçant quelques mots de bienvenue.

— Bonjour chez vous, Marc. Nous sommes ravis de vous savoir de retour, dit-il en toute simplicité.

Les événements qui suivirent embrumaient la mémoire de Marc. Il se souvint avoir retrouvé Émilie, ses parents et les avoir enlacés avec beaucoup d'émotion.

À cette heure de la nuit, un cortège de véhicules officiels l'accompagna dans les rues de Paris, les rares passants curieux et intrigués par cette procession inhabituelle. Tout se déroula comme dans un rêve.

Il fut conduit à l'isolement pour subir un examen complet, « après la visite de vos proches, bien sûr » comme on lui avait dit. Marc ne pouvait s'empêcher de ressentir une tension persistante. En sécurité et entouré de personnes qui lui semblaient favorables, il restait sur ses gardes. L'expérience qu'il avait traversée l'avait transformé.

Au troisième jour de son retour, la vie de Marc bascula une fois de plus. Avant qu'il ne puisse regagner son domicile, une information nouvelle le figea littéralement. Le choc de cette révélation traversa son être, le glaçant.

Selon l'état actuel des connaissances médicales, les médecins ayant étudié son cas concluaient qu'il était impossible d'extraire la carte intégrée de sa moelle épinière.

Les détails étaient précis : techniquement, l'acte d'extraction pouvait être réalisé, mais les conséquences étaient totalement inconnues. Aucun médecin ne pouvait prévoir avec certitude si l'extraction mènerait à sa mort ou à une paralysie partielle voire totale. À la pensée d'un tel scénario, une tension insupportable le submergea.

Cette nouvelle restriction réveilla en lui un sentiment d'impuissance et de frustration, dans un contexte où il ne contrôlait plus de nombreux aspects de son existence.

La décision de ne pas entreprendre la tentative d'extraction sans certitudes avait été prise pour sa sécurité. Marc avait l'impression qu'une nouvelle fois, on ne lui avait pas demandé son avis. L'incertitude concernant son avenir, la dépendance forcée à cette carte intégrée qui lui avait été implantée contre son gré, tout cela s'accumulait pour former une montagne d'injustice et de colère.

Le même jour, une seconde révélation lui fut dévoilée : les psychiatres ainsi que les psychologues, d'ordinaire en désaccord, étaient unanimes sur la nécessité de tout lui révéler d'un seul coup, plutôt que par étapes. Le poids des informations avait atteint un point critique, et il était temps pour Marc de faire face à la vérité.

Deux personnes se présentèrent, porteurs de cette nouvelle perspective. Ils agissaient au nom de l'État français, précisément au nom du ministère de l'Intérieur. Leur présence avait un caractère officiel, la proposition qu'ils allaient lui faire allait redéfinir son chemin.

Cette proposition était d'une envergure inattendue et intrigante. On lui offrait l'opportunité d'intégrer les effectifs du ministère de l'Intérieur dans le cadre d'un vaste programme.

Celui-ci visait à explorer et à comprendre l'intelligence artificielle. Il s'agissait de saisir comment l'intelligence artificielle pouvait être utilisée pour résoudre des affaires étatiques et sécuritaires en complément des compétences humaines. Une perspective stimulante et innovante, même si le contexte dans lequel cette proposition s'inscrivait laissait Marc perplexe.

La notion de combiner les capacités humaines avec celles de l'intelligence artificielle pour résoudre des problèmes l'intriguait. Il se demandait aussi si cette proposition était authentique, ou s'il s'agissait simplement d'un moyen de contrôler et d'utiliser davantage son savoir-faire. Le ministère de l'Intérieur, en tant qu'entité gouvernementale, avait déjà été impliqué dans des épisodes troubles de sa vie, et Marc restait prudent face à leurs intentions.

Il se retrouvait face à un dilemme. D'un côté, une telle proposition pourrait représenter une opportunité de redonner un sens à sa vie, d'utiliser ses connaissances pour un objectif valable. D'un autre côté, il se demandait si son consentement serait véritablement respecté, ou s'il se retrouverait à nouveau pris dans un réseau d'influences et de secrets.

Marc ressentait plutôt une perte progressive de sa maîtrise. Malgré l'opportunité qui lui était offerte, l'idée même de cette proposition faisait naître en lui de nouvelles inquiétudes.

Chaque aspect de cette proposition, bien qu'exprimé avec subtilité, soulignait la dualité de son état : à la fois humain et artificiel. Des questions existentielles surgissaient en lui. L'intégration des deux intelligences – la sienne et celle de la technologie – avait créé un être hybride, un individu dont les frontières entre l'humain et la machine n'étaient pas clairement définies.

Cette notion d'hybridité suscitait une masse de questions. Qui était-il désormais ? Où se situait la ligne entre son humanité et la technologie implantée en lui ? Était-il encore en mesure de distinguer ce qui relevait de sa propre pensée et de ce qui était influencé par la carte intégrée ?

Son identité complète semblait être en suspens, oscillant entre les différentes facettes de son être et les forces extérieures qui paraissaient lui dicter sa trajectoire. Tout ce qu'il avait cru être lui-même, son individualité, ses choix et ses valeurs, était maintenant remis en question de manière déconcertante.

Malgré une peur énorme qui, en quelque sorte, validait la présence encore bien vivante de sa partie humaine, Marc sentit sa propre volonté émerger au milieu de ses tourments. La carte intégrée n'avait pas réussi à submerger ou à éteindre cette part essentielle de lui.

C'est dans cet état d'esprit, marqué par des incertitudes et des doutes mais également par une profonde détermination, que Marc prit une résolution audacieuse.

Il décida que sa réponse à la proposition du ministre allait marquer le début de sa nouvelle vie, une phase durant laquelle il reprendrait le contrôle autant que possible et il œuvrerait pour une harmonie entre son humanité et la technologie qui l'avait transformé.

Il était conscient que sa décision ne serait pas facile à mettre en œuvre.

Les défis à venir étaient immenses.

Il avait pris la résolution d'affirmer sa propre humanité hybride en acceptant la proposition du ministère de l'Intérieur.

Il reçut, le jour même, un message :

— Vous avez fait le meilleur choix. Nous sommes certains que nous allons faire avancer les connaissances. Bienvenue, cher Marc.

Épilogue

À Montmartre, Marc Primevort s'assied sur un banc, dans le square du Sacré-Cœur. Il a tout Paris sous les yeux. La ville s'imprègne des teintes dorées et rose du crépuscule. Une clarté et une précision surhumaines émanent de ses yeux écarquillés. Il s'amuse à mesurer les distances, les hauteurs, et les volumes avec une exactitude inégalée. Dans Paris, chaque mouvement lui révèle une symphonie de données interprétables, uniquement par lui, pense-t-il. Scrutant la ville, il perçoit les émotions fugitives des passants, ressentant leurs joies, leurs peines et leurs angoisses, sans toutefois infiltrer leurs pensées. La mer infinie de l'éthique de l'intelligence artificielle l'accueille, il navigue entre moralité et responsabilité, discernant les mensonges et les fraudes.

Il aspire à un rôle de défenseur de la justice, souhaitant rendre ce monde plus juste. Les possibilités lui semblent infinies, le futur est une toile vierge sur laquelle il peut peindre ses idéaux. Avec toujours l'ombre du doute. Sa nouvelle position au ministère de l'Intérieur le confronte à un conflit intérieur. Les bureaux austères et les couloirs silencieux sont moins propices à la réalisation d'un monde nouveau.

Chaque émotion et chaque pensée tissent une toile dans sa conscience élargie. Il veut transformer ces fils d'or en sagesse. Le Sacré-Cœur projette son ombre bienveillante, il contemple les lumières de Paris, chaque scintillement se transformant en une constellation dans son univers.

Enveloppé par le murmure du vent et l'atmosphère tranquille de la nuit envahissante, Marc se perd dans ses rêves et espoirs, naviguant dans l'inconnu cherchant sa propre vérité dans l'obscurité incertaine.

Il réfléchit aux tumultueux bouleversements qu'il vient de subir au cours du mois. Son être, transformé à la fois physiquement, de façon invisible, et psychiquement, vibre d'une intensité nouvelle et mystérieuse. Il se souvient des moments et des semaines précédentes, où l'insouciance coulait dans ses veines, son avenir professionnel brillait, riche de promesses dans le monde de la finance.

Aujourd'hui, il navigue dans une mer d'incertitudes, cerné par des contours et des limites flous, essayant de comprendre cette nouvelle identité qui lui a été imposée. Les murs, pourtant solides de ses convictions et de ses aspirations se sont écroulés.

L'énigme de son existence nouvelle le met au défi chaque matin, sa quête de compréhension devenant un compagnon permanent. Les courbes de son identité lui semblent éphémères et insaisissables, il évolue chaque jour. Les questions tourbillonnent dans son cerveau.

Marc sent la solennité de chaque pas pendant qu'il descend les marches du Sacré-Cœur, chaque écho amplifiant son existence modifiée.

Une perception de l'immensité des données environnantes le submerge au-delà de son identité redéfinie. Il pressent l'énorme potentiel à utiliser ces fragments d'information infinis. Les codes, les clés pour déchiffrer cet univers de connaissances sont encore hors de portée, flottant quelque part dans les confins inexplorés de son esprit éclairé.

Néanmoins, une sensation l'enveloppe, telle une vague déferlante, puissante et inexorable, créant en lui une banque de données énorme. Ces possibilités virtuelles l'appellent à fouiller plus profondément, à explorer les abysses de l'inconnu et à débloquer les secrets qui dorment dans la réalité. Chaque pas vers l'inconnu est empreint d'un mélange d'anticipation et de crainte. Chaque découverte lui apportant son lot de questions et de mystères.

En marchant, Marc pense que s'ouvre à lui une mer de possibilités illimitées. Les échos des mondes à découvrir résonnent en lui, en attendant d'être dévoilés et compris. La quête de vérité et de connaissance s'installe en lui.

Hier, Marc avait été marqué à vie lors de sa confrontation avec Aurélien l'Orgevil dans une cellule du ministère de la Défense. Cet homme, seul, maître d'œuvre de sa transformation irréversible, avait été le catalyseur de sa haine et de sa répulsion. Marc avait ressenti une distorsion de la réalité, une révélation.

Il avait perçu une sorte de parité dans les compétences, une ressemblance troublante dans leurs aptitudes. Aurélien parlait d'une compétence accrue, d'une intelligence aiguisée rivalisant avec Marc. Les échanges de regards tels des duels silencieux, des confrontations de volontés et de puissances allaient bien au-delà des mots et des gestes.

Cela avait conduit Marc à une réflexion sur la nature de la transformation qu'il avait subie. Était-il unique dans sa nouvelle existence, ou existait-il d'autres individus parcourant le monde avec des facultés similaires ? Dotés d'une compréhension et d'une perception élargies du monde ? Si oui, quelle était la portée de leurs intentions, étaient-elles bonnes ou mauvaises ?

Aurélien, par sa présence et son intelligence manifeste avait introduit une variable inconnue dans l'équation de Marc. Il se posait des questions sur la moralité, la puissance et l'éthique dans ce nouveau monde d'intelligence augmentée. Chaque interaction, chaque confrontation à venir serait un pas de plus dans cette danse complexe entre le savoir et l'ignorance.

En le quittant, Marc avait une prémonition encore imprécise mais persistante. Elle lui soufflait qu'il croiserait à nouveau le chemin d'Aurélien l'Orgevil. Les circonstances de leur future rencontre se drapaient d'ombres et d'incertitudes. Seront-ils alors ennemis ou alliés ?

Les fils du destin s'entrelaçaient et se tissaient de manière insaisissable, dessinant des schémas complexes et indéchiffrables.

Marc se dirigea rapidement vers le métro.

Les portes s'ouvrirent pour l'accueillir. Les vibrations du wagon, les murmures des conversations, le frottement des vêtements contre les sièges, tout résonnait en lui.

Malgré cet océan de stimuli, une image de clarté s'imposait toujours à son esprit : celle d'Émilie. Elle était le phare dans la tempête, le point d'ancrage dans ce monde en mutation perpétuelle, la lumière dans les méandres de son existence bouleversée. La perspective de la retrouver insufflait en lui une sérénité toute relative, atténuant les turbulences de ses pensées et éclairant sa route de douces nuances.

Traductions

Lettre envoyée en interne aux employés de Xonios.

Chers collègues,

Nous souhaitons vous informer d'une série d'événements récents qui ont profondément affecté notre entreprise. C'est avec une profonde tristesse que nous annonçons le décès tragique de Pablo Miranda, un membre apprécié et respecté de notre équipe de direction. Nous sommes tous dévastés par cette perte et nos pensées vont à sa famille et à ses proches.

Par ailleurs, nous sommes confrontés à une situation difficile concernant la disparition inexpliquée de Marc Primevort, une jeune recrue talentueuse au sein du service financier de notre siège. La police mène actuellement une enquête approfondie pour faire la lumière sur les circonstances de ces événements troublants.

Nous voulons vous assurer que la direction exécutive coopère pleinement avec les autorités pour découvrir la vérité sur cette affaire. La transparence et la collaboration sont nos priorités alors que nous travaillons ensemble pour obtenir les réponses nécessaires.

En cette période difficile, nous comprenons que de nombreuses questions et préoccupations puissent surgir. Pour soutenir nos collaborateurs, nous avons mis en place une ligne d'assistance téléphonique à votre disposition. Si vous ressentez le besoin de vous exprimer, de partager vos inquiétudes ou simplement de demander de l'aide, notre équipe est là pour vous aider.

Nous souhaitons également souligner que malgré ces circonstances difficiles, notre engagement envers notre mission et nos objectifs reste inébranlable. Tout au long de cette épreuve, nous ferons tout ce qui est en notre pouvoir pour garantir que chacun d'entre vous puisse continuer à travailler dans un environnement solidaire et stimulant.

Nous vous remercions de votre compréhension et de votre soutien alors que nous traversons ensemble cette période sensible. Soyez assuré que nous vous tiendrons informés dès que nous aurons de nouvelles informations à partager.

Avec respect et solidarité,
Jean de La Motte

Lettre envoyée en interne aux actionnaires de Xonios.

Chers actionnaires de Xonios,

Nous souhaitons vous parler d'une série d'événements récents qui ont profondément marqué notre entreprise. Le cœur lourd, nous partageons la nouvelle tragique du décès prématuré de Pablo Miranda, un membre très estimé et respecté de notre équipe de direction. La perte est profonde et nos pensées vont à sa famille et à ses proches pendant cette période difficile.

Par ailleurs, nous sommes confrontés à une situation difficile concernant la disparition inexpliquée de Marc Primevort, une jeune recrue talentueuse au sein du service financier de notre siège. Les forces de l'ordre mènent actuellement une enquête approfondie pour faire la lumière sur les circonstances entourant ces événements troublants.

Nous tenons à vous assurer que la direction exécutive est pleinement engagée à collaborer avec les autorités pour découvrir la vérité sur cette affaire. La transparence et la coopération sont au premier rang de nos priorités alors que nous travaillons avec diligence pour obtenir les réponses nécessaires.

En ces temps difficiles, nous comprenons que de nombreuses questions et préoccupations peuvent surgir. Pour garantir la clarté et répondre à toutes vos questions, nous sommes facilement disponibles pour communiquer. Votre confiance et votre soutien sont de la plus haute importance pour nous, et nous sommes fermes dans notre engagement à vous tenir informés à mesure que la situation évolue.

Il est essentiel de souligner que malgré les défis auxquels nous sommes confrontés, notre dévouement à notre mission et à nos objectifs reste inébranlable. Nous sommes résolus à traverser cette période avec force et résilience, réaffirmant notre engagement inébranlable à créer de la valeur pour nos actionnaires.

Nous vous exprimons notre plus profonde gratitude pour votre compréhension, votre confiance et votre soutien continu alors que nous traversons ensemble ces circonstances sensibles. Nous continuerons à vous tenir au courant de tout nouveau développement au fur et à mesure de son évolution.

Avec une détermination et une unité inébranlables,

Jean de La Motte
P.-D.G.

Remerciements

Le moment est venu pour moi d'exprimer ma profonde gratitude envers ma famille et mes amis, qui m'ont soutenu tout au long de cette extraordinaire aventure.

Quand on me demande pourquoi j'ai écrit ce livre, je réponds que j'ai entrepris ce « voyage littéraire » sur un coup de tête. Quant à l'inspiration, elle s'est révélée au gré des pages rédigées. C'est la stricte vérité. S'il devait avoir qu'une ou deux vérités dans ce roman, celles-ci compteraient.

Je tiens également à remercier tous mes personnages.
Ils ont pris vie sous le clavier de mon ordinateur, ils m'ont accompagné, jour après jour, pendant des semaines. Je me suis finalement lié à eux (la réciproque est-elle possible et vraie ?), qu'ils soient les héros ou les antagonistes de mon récit.

Un remerciement tout particulier à mes premiers lecteurs qui ont eu le courage de lire l'ébauche et de partager avec moi, durant de nombreuses semaines, leurs impressions, leurs conseils et leurs remarques, page après page, voire paragraphe après paragraphe.

Mes remerciements vont également à Delphine, ma graphiste, pour avoir conçu la couverture et le design de ce roman.

Et un merci très particulier à Marc Primevort, avec qui je m'apprête à collaborer sur de nouvelles pages blanches, dans un avenir très proche.

Éric Howsam est né en région parisienne à côté de Paris en 1970.
Il travaille comme consultant indépendant dans le domaine de la finance et de la gestion auprès d'entreprises.
En dehors de son travail, il aime lire et écrire.
L'éveil de l'IA – Aux frontières du virtuel est son premier roman auto édité.

Made in the USA
Monee, IL
19 October 2026

66039187R00184